PETIT COURS

D'AGRICULTURE

ou

ENCYCLOPÉDIE AGRICOLE.

TOME SEPTIÈME.

LIVRE DE L'ÉCONOMIE ET DE L'ADMINISTRATION RURALE.

BAR-SUR-SEINE. — IMP. DE SAILLARD.

LIVRE

DE

L'ÉCONOMIE ET DE L'ADMINISTRATION

RURALE.

GUIDE COMPLET

DU FERMIER ET DE LA MÉNAGÈRE,

CONTENANT :

Un Traité sur le LAIT, la fabrication du BEURRE et toutes les espèces de FROMAGES. Des notices étendues sur la conservation des *laines, poils, crins* et *plumes*, et sur les préparations que ces matières doivent subir pour acquérir toutes leurs valeurs ; sur la conservation des VIANDES, par le *salage*, le *fumage* et la méthode d'*Appert* ; sur le parti que le cultivateur peut tirer des animaux morts ; sur les meilleurs moyens d'obtenir la *filasse* du LIN et du CHANVRE ; sur l'éducation des ABEILLES ; enfin un Guide complet de l'entrepreneur et de l'administrateur de biens ruraux, accompagné de nombreux modèles d'actes et des règles de la jurisprudence.

PAR M. MAUNY DE MORNAY,

Membre de plusieurs Sociétés savantes et agricoles.

OUVRAGE ORNÉ DE FIGURES.

PARIS,

A LA LIBRAIRIE ENCYCLOPÉDIQUE DE RORET,

Rue Hautefeuille, 10 bis.

1842.

INTRODUCTION.

Ce livre vient compléter le Cours d'agriculture dont les diverses parties ont déjà paru, indépendantes il est vrai, mais formant cependant, par leur réunion, une véritable *Encyclopédie agricole*. Dans ce dernier volume, nous avons renfermé 1° tous les préceptes connus, en indiquant les meilleurs, pour faire, avec le plus de profit, les petites fabrications ménagères ; 2° toutes les règles d'une bonne administration rurale.

Nous traitons d'abord du lait, de sa production, de sa vertu, de sa transformation en beurre et en fromage : puis nous disons quels sont les meilleurs moyens de préparation et de conservation pour les laines, poils, crins et plumes ; nous indiquons

comment on peut prolonger la durée des viandes,
soit en les salant, soit en les fumant, soit en leur
appliquant le procédé d'Appert, et comment on
peut tirer parti des animaux morts de maladie ;
nous décrivons les modes de rouissage et de broyage
que l'on doit employer de préférence, et nous ajou-
tons quelques mots sur le filage à la main. Passant
ensuite à l'éducation des abeilles, nous donnons
toutes les règles qu'il est nécessaire de connaître
pour les élever, les conserver, et en obtenir le produit le plus élevé possible. Enfin, nous terminons
par un Guide complet de l'administration d'un
domaine rural et par les règles qui doivent guider
dans le choix de ce même domaine : nous y donnons de nombreux préceptes, bien complets et bien
étendus, et beaucoup de modèles d'actes de vente,
de baux, et de formules de comptabilité.

Ainsi que nous l'avons dit dans un volume de cette
Encyclopédie agricole, nous avons la conscience
d'avoir produit un travail complet et digne d'être
placé sous les yeux des agronomes habiles. Puis-
sent-ils récompenser nos efforts par de bienveil-
lans suffrages, et regarder comme utile ce livre,
fruit de douze années d'expérience et de travail.

LIVRE

DE L'ÉCONOMIE ET DE L'ADMINISTRATION RURALE.

PARTIE HISTORIQUE.

Les matières traitées dans ce livre sont trop différentes les unes des autres pour qu'il soit possible de
tracer l'histoire complète de la découverte de chacuue
d'elles et des progrès intervenus dans la préparation
de celles qui exigent la main de l'homme. Nous serons
donc fort courts dans cette notice.

L'origine de l'emploi du lait des femelles des animaux domestiques, remonte à l'origine du monde, ou
si l'on veut aux premiers jours de l'homme. Les pa-
triarches, comme encore aujourd'hui les peuples er-
rans de l'Arabie et de l'Afrique centrale, ne vivaient que
du produit de leurs troupeaux; et, certes, parmi ces produits, le lait tenait le premier rang. De nos jours, nous savons que les Tartares au milieu des Steppes, les Maures
de la Sénégambie, les Kurdes, les Arabes, etc. se nourrissent avant tout de lait de jumens, de vaches, de brebis, de chèvres et de chamelles. Les uns le consomment
tel qu'il est trait, d'autres en extraient le *caséum* ou
caillé, quelques uns préparent du beurre, tandis que

d'autres font avec le petit-lait une liqueur enivrante.

Si nous jetons les yeux autour de nous, nous voyons partout le lait employé sous toutes les formes; ici en fromage, plus loin en beurre, souvent et tout à la fois en beurre, fromage et naturel dans la même localité. Les habitans des pâturages alpins doivent à la préparation du fromage, le bien-être dont ils jouissent, et la possibilité de tirer parti des pâturages sapides et abondans qui les avoisinent. L'Angleterre produit une diversité étonnante de fromage; l'Irlande fournit une grande quantité de beurre délicieux; la Hollande a ses fromages qui joignent à une saveur fort agréable, la facilité d'être gardés pendant long-temps et de soutenir les plus longs voyages sur mer.

Notre France n'a rien à envier aux autres pays : elle produit des substances aussi bonnes et plus variées qu'aucune autre contrée. Ses beurres de Bretagne, et surtout ceux de la Prévalaye, ses beurres de la Normandie, ses fromages de Brie, de Langres, de Neufchâtel, du Mont-d'Or, de Roquefort, de Sassenage, du Jura, etc., etc., ne nous laissent rien à désirer.

Les anciens ont connu les abeilles, mais les ont mal connues; s'ils les ont réduites à la servitude, s'ils les ont fait contribuer à leur bien-être propre, ils n'ont point su quel était leur mode d'accouplement ou de fécondation; ils ont ignoré la plupart des particularités de leur vie et de leur gouvernement. Il était donné aux modernes de soulever le voile et de montrer cet agencement admirable, cette organisation intérieure parfaite et cet instinct qui est presque de l'intelligence.

Au seizième siècle, le Hollandais Swammerdam découvrit par de nombreuses dissections, les ovaires de la reine-abeille et les œufs qu'ils renfermaient : il fit encore d'autres découvertes que Maraldi put confirmer en se servant de ruches en verre. Plus tard, Réaumur, par une observation habile et attentive, se mit à même d'éclairer presque tout ce que la vie de l'abeille avait eu d'obscure jusqu'alors : un seul secret restait encore inconnu des savans, l'acte par lequel le mâle féconde la femelle : Réaumur ne pouvait à cet égard offrir que des présomptions qui étaient repoussées ou combattues par Wilhelmi, Schirach, Bonnet, Hattort. Il fallut, pour résoudre ce problème, les travaux d'un apinôme savant et infatigable, le Genevois Huber ; à force de travail et de patience, il parvint à découvrir que la fécondation de la reine s'opérait dans les airs et par l'accouplement : alors tout fut connu et fixé ; l'histoire naturelle de l'abeille n'était plus un mystère, et tous les soins se portèrent dorénavant sur ce que l'on est convenu d'appeler sa culture. C'est alors que nous vimes s'éclore les travaux des Lombard, des Féburier, des Desormes et de tant d'autres. De grands perfectionnemens furent apportés à l'éducation de cet utile insecte, mais malheureusement ils sont encore peu répandus.

L'administration rurale n'est point, quoiqu'on ait dit, une invention toute moderne. Caton en donne les règles, et nous trouvons des preuves certaines de son existence dans ce qui nous reste sur les travaux des moines au moyen-âge. Les comptes de culture ont souvent recouvert à cette époque les fragmens éloquens du rhéteur ou du poète de la Grèce et de Rome. Quelque soit son origine, l'administration rurale, et surtout sa comptabilité, ont repris dans nos cultures

1.

soignées l'importance qu'elles n'auraient jamais dû perdre ; grâces en soient rendues aux savans agronomes français et étrangers, qui nous ont fait sentir le besoin de cette partie si importante de l'agriculture. « Le travail ainsi évalué, dit M. Berthevin, devient à tout moment, pour l'exploitation, un guide qui l'avertit des changemens à opérer, s'il y a lieu ; lui trace, pour ainsi dire, la marche à suivre dans les opérations, et lui indique celle qu'il doit étendre et celle qu'il doit abandonner : la comptabilité est un flambeau dont il faut toujours alimenter la lumière. »

PARTIE BIOGRAPHIQUE.

—

SCHEUCHZER (Jean-Jacques), naquit à Zurich, en 1672, fit une partie de ses études à l'université d'Utrecht, où il prit le grade de docteur, voyagea en Allemagne, et vint se livrer à l'étude des mathématiques à Alterff; il parcourut à diverses reprises toute la Suisse, et y recueillit une remarquable collection de produits de la nature. L'Histoire naturelle fut la passion de sa vie, et il publia sur cette science de nombreux ouvrages. Le premier, il établit la véritable origine des poissons et coquillages fossiles ; le premier aussi, il donna la description des procédés de la fabrication du FROMAGE de Gruyères, et l'on doit encore regarder son ouvrage comme un de ceux dans lesquels on trouve les meilleurs renseignemens. Il fut médecin de la ville de Zurich, et refusa les offres de Pierre-le-Grand, qui l'appelait près de lui. Il mourut à Zurich, en 1733, et a laissé de nombreux ouvrages.

Le plus intéressant pour nous est son *Ouresiphoites helveticus, seu itinera per helvetiæ alpinas regiones facta*, ann. 1702, 1711. Leyde, 4 tom. in-4°, 132 planches. C'est dans cet ouvrage qu'il traite *in extenso* de la fabrication des fromages du canton de Fribourg. Tous ses autres ouvrages ont pour but l'histoire naturelle.

Réaumur (René-Ant. Ferchault de), est né à la Rochelle, en 1683 ; il annonça de bonne heure tout ce qu'il deviendrait un jour. Il vint à Paris en 1703, et entra à l'Académie des sciences en 1708. Réaumur fut pendant de longues années un des membres les plus éclairés et les plus utiles de cette illustre société ; ses connaissances étaient immenses ainsi que ses travaux ; il s'occupa des arts industriels et en particulier de la production du fer, de la physique générale et de l'histoire naturelle. Il reçut le brevet d'une pension de 1200 fr. pour son ouvrage sur la conversion du fer en acier. Il donna son nom à un thermomètre fameux et connu de tout le monde ; il fit de nombreuses recherches sur les insectes, et on lui doit sur les ABEILLES, une foule d'aperçus ingénieux et de notions ignorées jusqu'à lors. Il mourut des suites d'une chute, le 18 octobre 1757, dans son château de La Bermonchère, dans le Maine.

Ses principaux ouvrages sont : *Mémoires pour servir à l'Histoire des Insectes.* 6 vol. in-4º, 1734 à 1742. Paris. *Traité sur l'art de convertir le fer en acier et d'adoucir le fer fondu.* Paris. 1722. De nombreux Mémoires insérés dans le Recueil de l'Académie ; on remarque parmi eux, ceux sur *le fer-blanc, la porcelaine,* et son fameux *thermomètre* qui parut en 1731.

L'espace nous manque pour donner la biographie de tous les hommes qui ont rendu d'éminens services aux branches de la science agricole qui nous occupent dans ce volume. Nous nous contenterons de donner les noms des principaux : Marshall, Desmarets, Charles Lullin, Anderson, Grognier, Monge, Huzard, Ber-

kley, Boss, Parkinson, Witte, Guyetant, Denys-Mont-
fort, Barelli, Proust, Tozelli, Marcorelle, Duffours-
Dupont, Valcourt, Girou de Buzareignes, Bonvié,
Desjobert, d'Angeville, Dubrunfaut, Payen, Appert,
Lombard, Huber, Féburier, Swammerdam, Maraldi,
Schirac, Riémer, Butler, Nedham, Widman, Mouxy
de Loches, Latreille, Lagrenée, Désormes, Martin,
Coutardi, John Hunter, Duchet, Dubost, Mahogoni,
Galien, Della Roca, Palteau, Bonnet, Moufte, Wilhelmi, Tessier, d'Espaignet, Paroletti, Loiseleur des
Longchamps, Smith, de Chapelain, Aüdouin, Bois-
sier de Sauvages, Loméni, Deby, de Perthuis, Cointe-
reau, Dombasle, Gasparin, et tant d'autres anciens ou
modernes, que le défaut d'espace nous empêche de
nommer.

PARTIE PROFESSIONNELLE.

Iʳᵉ DIVISION.

CHAPITRE I.

DU LAIT.

Le lait, dit M. Desmarets, est un fluide que secrètent des vaisseaux particuliers des femelles de l'espèce humaine, des quadrupèdes, des cétacés, et qui est destiné à nourrir leurs petits. Les principes immédiats du lait, sont le *beurre*, ou la matière grasse; le *sérum*, qui est liquide; le *caséum*, partie solide qu'on obtient en coagulant le lait ordinaire par un acide. Un repos de plusieurs heures divise le lait en deux parties, la crème et le lait ordinaire.

La *crème* renferme toute la matière grasse du lait; fraîchement obtenue, elle contient du lait ordinaire; en l'agitant à l'air libre ou en vases clos, elle se divise en trois parties: le beurre, le *sérum* et un peu de *caséum*. Examinée au microscope, la crème paraît être composée de globules oléagineux et de globules albumineux.

Le *beurre*, ordinairement jaune, est formé *d'oléine*,

de *stéarine* et d'un acide particulier que M. Chevreul appelle *acide butyrique :* cet acide liquide et qui s'unit à la plupart des bases, paraît être le produit de la saponification d'un principe immédiat nommé *Butyrine ;* l'un et l'autre sont peu connus. Lorsque le beurre sort de la baratte (appareil dans lequel on agite la crême et où s'opère la séparation du beurre), il contient du *sérum* et du *caséum*; c'est la présence de ces deux corps qui le rend si apte à rancir, car si on tient le beurre en fusion à une température d'environ 80°, de manière à opérer la séparation presque complète du *caséum*, on sait que le beurre, dit alors *beurre fondu*, peut, pendant plus de six mois, conserver toute sa qualité. Si au lieu de laisser le lait dans un lieu frais, sans le remuer et sans rien lui mélanger, on y verse un acide, de l'alcool, etc., ce lait se coagule à l'instant et se divise en deux parties : une liquide appellée *sérum* ou *petit-lait*, et une partie solide blanche, appelée *caséum*.

Le *sérum* purifié est transparent, verdâtre, et renferme une matière saline cristallisable, appelée *sucre de lait*, que l'on peut obtenir par l'évaporation du petit-lait et dont on prépare une grande quantité en Suisse. Le *sérum* contient en outre un acide regardé comme particulier par M. Berzélius, qui l'a nommé *acide lactique*. Le *caséum* est une matière très animalisée, qui est la base de tous les fromages ; la chimie donne peu de lumière sur ces derniers produits ; ils paraissent être le mélange de toute l'huile et de l'albumine du lait dont on arrête la fermentation putride, en provoquant toutefois la fermentation acide par l'addition du sel marin. Suivant Proust, les vieux fromages offrent un *caséum* altéré et transformé en deux corps : en *oxide caséeux*, et en un acide que le même chimiste appelle *acide caséïque,* et qui est alors neutralisé par l'ammoniaque.

On a comparé la composition de plusieurs espèces de lait et on a constaté les faits suivans : par rapport à la quantité de sucre de lait qu'ils renferment, les divers genres de lait suivent l'ordre suivant : lait de jument, de femme, d'ânesse, de chèvre, de brebis, et de vache. Si on les considère par rapport au petit-lait, ils se présentent dans l'ordre suivant : lait d'ânesse, de jument, de femme, de vache, de chèvre et de brebis. Ils forment par rapport à la crême, cette série : lait de brebis, de femme, de chèvre, de vache, d'ânesse et de jument. Pour le fromage, on a : lait de brebis, de chèvre, de vache, d'ânesse, de femme et de jument.

«Le lait, dit un des meilleurs ouvrages sur la matière, est un liquide blanc opaque, légèrement sucré, d'une odeur et d'une saveur douce, qui, au moment où il sort des mamelles, a un goût particulier qui ne plaît généralement pas aux personnes adultes et qui fait dire que le lait sent la vache, sent la brebis, sent la chèvre; il plaît au contraire à presque tout le monde lorsqu'il s'est refroidi lentement. Non-seulement le lait varie de qualités dans les femelles des diverses espèces d'animaux, mais il varie aussi dans la même femelle, suivant sa nourriture et son état de santé : le lait du commencement de la traite est même tout différent de celui de la fin; en sorte qu'il paraît impossible de trouver deux laits absolument semblables.» Nous allons faire suivre ces différentes définitions du lait et de sa composition , par la description des constructions et des instrumens que réclament ses diverses manipulations, opérations que nous décrirons après.

§ I. DES CONSTRUCTIONS ET DES INSTRUMENS.

I. LAITERIES. — Le lieu destiné à recevoir le lait, à quelque usage que celui-ci soit consacré, ne doit servir qu'à cette production; il faut qu'il soit suffisamment grand, plutôt frais que chaud, mais cependant inaccessible à la gelée comme à la chaleur. On doit le disposer de façon que le nettoyage en soit facile et que les matériaux employés à ses parois intérieures soient de telle sorte qu'ils ne puissent s'imprégner de substances odorantes ou sapides. Les moyens d'aération seront puissants, mais pourront être clos hermétiquement. Les laiteries établies d'après les conditions générales que nous venons d'annoncer, en demandent encore d'autres suivant l'usage auquel elles sont plus particulièrement destinées. Nous distinguerons donc ici trois genres de laiteries : celle qui est plus spécialement consacrée au dépôt du lait, qui doit être consommé dans son état primitif; celle dite *laiterie à beurre* et *la laiterie à fromage.* Ces trois genres se trouvent souvent réunis, et ce n'est que dans quelques pays où l'un ou l'autre des produits indiqués plus haut, est l'objet d'une production en grand et d'une vente importante, que l'on construit des laiteries spéciales à beurre ou à fromage. Nos descriptions détaillées de chacun des genres n'en seront pas moins utiles, parce qu'elles serviront toujours de règles aux établissemens qui nous occupent ici, et que les propriétaires ou fermiers pourront, après une lecture attentive, choisir ce qui conviendra dans la position où ils seront placés.

1° *Laiterie à lait :* celle-ci reçoit le lait destiné à être consommé de suite, avant que la crème soit séparée du petit-lait. Elle n'a guère d'utilité que dans le voisinage des villes où le produit le plus utile du lait est le lait lui-même. Cette laiterie ne demande pas d'autres conditions d'établissement, que les conditions générales indiquées plus haut, comme s'appliquant à toute espèce de laiterie. Nous allons pourtant les développer, parce que les règles prescrites ici serviront à toutes les laiteries de quelque genre qu'elles soient.

On ne construit pas toujours une laiterie, et l'on se contente souvent de disposer pour cet usage, une petite cave, ou une petite chambre bien close et peu aérée. Ceci est bien dans les petites exploitations, mais partout ailleurs on devra construire *ad hoc,* une laiterie; les produits qui s'y fabriquent sont d'une immense importance et doivent souvent toutes leurs qualités aux lieux où ils ont été préparés. Voici ce que l'on doit observer en construisant une laiterie à lait. Il faut la placer près de l'habitation ou dans celle-ci pour que l'on puisse y aller sans sortir, ou du moins beaucoup s'éloigner; on la mettra dans un lieu tranquille, ombragé, loin des égoûts, des latrines et des fumiers; elle sera exposée au nord ou au nord-est, et si on ne le peut pas, d'épais ombrages la mettront à l'abri de la chaleur. L'eau doit y être abondante; ainsi, pour diminuer les travaux des gens de service, et surtout pour qu'ils n'aient aucun prétexte de négliger les soins de propreté, on placera dans la laiterie le robinet d'une fontaine, d'un réservoir ou le tuyau d'une pompe. La meilleure forme à donner à une laiterie est celle d'un carré plus long que large, ayant à chaque bout une porte ou une fenêtre pour que l'on puisse établir à volonté un courant d'air. Si la laiterie a de l'importance, on placera près d'elle un échaudoir où se laveront tous les vases et tous les instrumens. Le plafond ou la voûte, ce qui convient bien mieux, sera à 7 ou 8 pieds au-dessus du niveau du sol. Le but à se proposer, en construisant, doit être d'obtenir une température toujours égale, semblable à celle de la plupart des caves ; mais cependant on ne peut enterrer autant la laiterie, et nous conseillerons, si la nature du sol ne s'y oppose pas, de la placer seulement à 3 ou 4 pieds au-dessous du niveau du terrain environnant. A cette profondeur, avec des murs épais et de bons ombrages, on obtiendra une température qui ne variera guère que de 5° à 12° au-dessus de glace.

Une étendue de 12 pieds sur 8 est suffisante pour un troupeau de 12 vaches, si l'on vend tous les jours le lait produit. Les murs seront épais et construits en pierres ; on les enduira dans l'intérieur d'un mortier composé de ciment et de chaux hydraulique, ou mieux encore de ciment romain ou de Pouilly. Le mortier des murs sera fait à chaux et à sable, et dans les sols humides, on emploiera, pour la confection de ce mortier, la chaux hydraulique. Des rayons ou tablettes en pierres aussi polies que possible, seront placés tout autour des murs, mais engagés dans ceux-ci. L'espace que l'on devra laisser entre eux sera calculé sur la hauteur des vases en usage dans la contrée. Si l'on pouvait revêtir tous les murs de pierres polies ou de carreaux de faïence, on ajouterait beaucoup par là à la propreté du lieu. La dernière tablette du bas sera mise à 2 pieds et demi au-dessus du sol, et au milieu de la laiterie, on placera une table longue en pierre, un peu concave et percée, dans sa partie la plus creuse, d'un trou, au-dessous duquel on mettra un baquet qui recevra les eaux d'égouttage.

Le sol sera revêtu d'un pavé et non d'un plancher : ce pavé sera légèrement en pente pour que tous les liquides puissent s'écouler au-dehors ou mieux dans un égoût ; celui-ci se vidant de suite, parce que sans cela les eaux qui s'y seraient jetées, s'aigriraient ou se putréfieraient, et leur odeur se répandrait dans l'intérieur de la laiterie. Si les pierres étaient rares, on pourrait établir un dallage en asphalte, comme on vient de le faire sur les boulevards et les trottoirs de Paris. Nous terminerons en disant que les fenêtres doivent donner assez de jour, pour que le nettoyage puisse être parfait ; quelques personnes conseillent de dépolir les verres ou de coller sur eux du papier huilé pour diminuer l'intensité du jour. On peut aussi établir aux fenêtres de doubles châssis et même des volets pour l'hiver ; alors on placera entre les doubles verres ou entre la fenêtre et le volet une couche de paille épaisse et bien tassée.

2°. *Laiterie à beurre.* Dans beaucoup de pays, cette laiterie ne diffère de la précédente que par plus de grandeur, puisque le lait doit y rester plus long-temps ; lorsqu'on opère en grand, il vaut mieux distribuer sa laiterie en 3 pièces accompagnées d'un échaudoir. La première est destinée à recevoir les vases pleins de lait, la seconde à battre le beurre, et la troisième à le conserver. Cette dernière doit être maintenue aussi fraîche que possible.

Nous allons emprunter à la traduction d'un ouvrage anglais, par Twamley et Anderson, traduction insérée dans l'Art de faire le beurre, publié chez Mme Huzard, la description d'une laiterie à beurre, très utile lorsque l'on ne peut creuser le sol trop humide.

Cette construction doit se composer d'un bâtiment, disposé comme on le voit (*Fig.* 1, *Fig.* 2 et *Fig.* 3.) *Fig.* 1re. A, la laiterie dans le centre du bâtiment ; elle est environnée de passages ; B, est l'entrée de la laiterie du côté du nord ; C, la glacière ; D, un lavoir, espèce de cuisine où on lavera les ustensiles de la laiterie, avec une porte au midi et des rayons de planches autour de la pièce ; F, une porte qui donne dans la laiterie ; H, la cheminée

Fig. 2. A, la laiterie ; BB, passage qui l'entourent ; C, fenêtre intérieure correspondant avec la fenêtre extérieure ; D, ventilateur, ou tuyau conducteur de l'air ; G, fenêtre extérieure.

Fig. 3. Détails du ventilateur. I, vasistas du haut ; K, vasistas du bas, ouvrant sur la laiterie ; N, vasistas communiquant au passage.

On s'était d'abord proposé de conseiller, pour cette construction, de faire les murs en briques, recouverts à l'extérieur d'une forte couche de terre recouverte elle-même d'un toit de paille, afin d'empêcher les variations de température à l'intérieur, effet que produit très bien ce genre de construction ; mais des ex-

périences plus récentes ont prouvé que ce but pouvait
être atteint à beaucoup moins de frais par un double
mur tout autour de la laiterie. La muraille intérieure
doit être en briques ou en charpente enduite de plâtre
ou de chaux des deux côtés; la muraille extérieure
peut être en charpente. L'entrée de la laiterie doit être
placée au nord en B, (*Fig.* 1), mais il doit aussi y avoir
une autre communication par la porte *f*, donnant sur
le lavoir; communication qui sera souvent utile, surtout l'hiver, saison où, par ce moyen, la porte extérieure B pourra être tenue toujours fermée. Le toit
supérieur doit être couvert en bonnes ardoises ou en
tuiles : le toit inférieur sera un bon plafond; entre ces
deux *toits*, doit exister un certain espace pour la libre
circulation de l'air, ainsi qu'il est représenté *Fig.* 2,
dans laquelle la lettre A représente l'intérieur de la
laiterie, et BB, l'espace ou passage entre les deux murs;
l'espace entre les deux toits diminue graduellement
vers le sommet, qui se termine en une cheminée de
charpente *d*, qui est destinée à servir de ventilateur,
et doit s'élever à une hauteur d'au moins 6 à 8 pieds
au-dessus du toit. La portion d'air échauffée par le
soleil sur la muraille extérieure s'échappera par ce
tube, de manière à n'influer jamais sur la température
de la laiterie dans l'intérieur de la seconde muraille.
Un vasistas, qui se ferme à volonté, est placé en *i*,
(*Fig.* 3); quand il est baissé, il empêche la sortie de
l'air échauffé lorsqu'on le juge nécessaire. Le sommet de ce ventilateur est recouvert d'une espèce de
toit qui empêche la pluie d'y tomber sans interrompre
le courant d'air. Il y a une ouverture au plafond intérieur, qui communique avec ce tube, et par laquelle

peuvent s'échapper toutes les particules d'air qui viendraient accidentellement à s'échauffer. Il y a aussi à cette ouverture un vasistas *k*, qui peut se fermer à volonté. Le sol de la laiterie est d'un pas plus élevé que celui des corridors qui l'entourent, lesquels sont au niveau de terre ; par ce moyen, l'air froid qui pourra s'y introduire pendant l'hiver n'affectera pas la température intérieure.

Pour donner du jour à la laiterie, une croisée aussi grande qu'on le jugera nécessaire sera pratiquée au plafond intérieur en *c*, du côté du nord. Les vitres seront placées à demeure, de manière à ce que cette croisée ne puisse s'ouvrir. Sur la pente du toit extérieur en *g*, une autre croisée sera pratiquée, correspondant exactement à la précédente : le vitrage de cette croisée sera de même placé à demeure, ensorte qu'elles donneront du jour et ne dérangeront en rien l'économie des courans d'air. Il n'est pas possible que l'action des rayons obliques du soleil, qui viendront donner sur cette croisée le matin et le soir, puissent exercer une influence sensible sur l'atmosphère de la laiterie ; mais si cela arrivait, il serait possible de remédier à cet inconvénient en plaçant des planches d'abri à l'est et à l'ouest de cette croisée, ce qui la garantirait complètement de l'action des rayons du soleil.

L'espace qui entourera la laiterie n'aura qu'une seule communication avec l'air extérieur ; cette communication sera au nord, au seuil de la porte B. Quatre ouvertures peuvent être pratiquées dans les murs de la laiterie, une de chaque côté, à environ un pied du plancher haut, pour donner de l'air à l'occasion ; ces ouvertures doivent être susceptibles de fermer hermétiquement; et devant chaque ouverture, il faut avoir soin de tendre un canevas qui empêche l'entrée des insectes et des autres vermines. Si l'on ouvre de temps en temps le vasistas du haut, lorsque le soleil donnera, cela fera circuler l'air, et enlèvera toutes les vapeurs humides qui auraient pu s'élever dans la laiterie; mais il ne faudra recourir à ce moyen que lorsqu'une odeur de renfermé en indiquera la nécessité. Pendant l'hiver, la ventilation s'effectuera, ainsi qu'il est expliqué plus loin, par le moyen d'un corps échauffé, apporté dans la laiterie à cet effet. Les murs de la laiterie doivent être, à l'intérieur, revêtus d'un enduit, bien uni, sans aucune espèce d'ornemens, afin qu'ils puissent être facilement nettoyés. On ne doit jamais employer de peinture à l'huile dans une laiterie; on peut la blanchir avec du blanc délayé dans du petit-lait, qui remplace la colle et ne donne aucune odeur. Cette préparation est susceptible de recevoir telle couleur qui conviendra, et coûte si bon marché qu'on peut renouveller très souvent un semblable nettoyage.

Dans toute la longueur, au milieu de la laiterie, doit régner une table en marbre (si le propriétaire ne regarde pas à la dépense) ou en pierre, large de trois pieds et élevée de deux pieds et demi. Sous cette table on établira une espèce d'auge, ou bassin en pierre, dont le fond sera à peu près au niveau du terrain extérieur, et dont les bords s'élèveront de 6 pouces au-dessus du sol de la laiterie, de manière à ce que ce bassin étant plein, il y ait à peu près un pied d'eau qui puisse s'écouler, à volonté, par le moyen d'un tuyau. Si l'eau est courante dans la laiterie, ce bassin existera toujours et ira un peu en pente d'un côté, afin que l'eau puisse s'écouler aisément et sortir du bâtiment.

Rien n'est plus préjudiciable à une laiterie qu'un air humide et renfermé, qui se corrompt bientôt, prend un goût de moisi, et le communique aux produits de la laiterie; il est donc bien nécessaire de prendre des précautions efficaces contre cet inconvénient : c'est pour cela qu'a été imaginé le tuyau en forme de cheminée *d*, (*Fig.* 3), qui doit être placé au faîte du bâti et dont nous allons expliquer en détail la construction et le but.

Ce tuyau peut être fait sur trois côtés en planches enduites de plâtre, afin que ce soit bien clos. Le quatrième côté, qui regardera le midi, sera en vitrage bien mastiqué, afin que l'air ne pénètre pas. La dimension de ce conduit peut varier, à volonté, d'un à deux pieds de diamètre intérieur; plus il aura de largeur du levant au couchant, ou du côté du midi, mieux il remplira le but proposé. Sa hauteur aussi peut varier, mais ne doit pas être moindre de six pieds; car l'effet produit par ce tuyau croît en proportion de sa longueur. Il doit y avoir un vasistas au sommet, immédiatement au-dessous du soupirail, comme cela est représenté, en *i*, figure 3, il doit fermer à volonté : un autre vasistas au bas en *k*, doit pouvoir aussi se fermer ou s'ouvrir, suivant que les circonstances le voudront. Le tuyau inférieur qui s'ouvre dans la laiterie doit être plus petit que le tuyau supérieur. En *n*, est un vasistas qui, lorsqu'il est baissé, interrompt toute communication entre cette partie et l'air extérieur; par le moyen de ces vasistas, on fait agir le ventilateur à volonté.

Quand le soleil donne, il agit au travers du vitrage

2

sur l'intérieur du tuyau dans toute sa longueur, et conséquemment échauffe et raréfie l'air qui y est contenu, ce qui donne à cet air une tendance à s'élever avec une vélocité proportionnée à la chaleur produite par l'action du soleil, et aussi par la hauteur du tuyau. Si le vasistas en i est ouvert, l'air échauffé s'échappera par le soupirail du sommet, ce qui établira un courant d'air de bas en haut. Si la laiterie a besoin d'être ventilée, on lève le vasistas k, et l'on ferme en même temps le vasistas n; alors l'air nécessaire pour former le courant dans le tuyau sera tiré de la laiterie, dont l'air peut, par ce moyen, être complètement renouvelé; l'air sera remplacé par celui qui entrera par les ouvertures inférieures de la laiterie, telles que les ouvertures pour laisser entrer et sortir l'eau, les jointures de la porte, celles même des fenêtres qui donnent sur les corridors; il pourra même s'établir un double courant d'air ascendant et descendant dans le tuyau. Quand le vasistas k est fermé, et que les vasistas n et i sont ouverts, la ventilation ne s'opère que sur l'espace extérieur de la laiterie. Si les vasistas k et n sont fermés en même temps, aucune ventilation ne s'opérera. Si ces vasistas inférieurs sont fermés en partie, la ventilation de l'intérieur sera modérée au degré que l'on jugera convenable.

En été, il serait convenable d'avoir habituellement le vasistas n et le haut du tuyau ouverts, et le vasistas k fermé, si ce n'est dans le cas où une ventilation serait jugée nécessaire; avec cette précaution, on laisserait ainsi continuellement échapper l'air échauffé du passage exposé au midi.

En hiver, le vasistas n doit ordinairement être

fermé, pour que l'air échauffé dans les corridors par l'action du soleil ne s'échappe pas; ce qui diminue le froid dans cet espace. Le vasistas i, doit aussi, pendant toute la durée de l'hiver, être soigneusement fermé, à moins que des circonstances extraordinaires n'obligent à l'ouvrir. Le vasistas k, au contraire, doit être ouvert; par l'effet de cet appareil, l'air qui est échauffé et raréfié par le soleil dans le tuyau, sera forcé de se mêler un peu, par l'ouverture k, avec celui de la laiterie; ce qui tendra conséquemment à modérer le froid dans son intérieur.

C'est dans les corridors qui entourent la laiterie, et qui doivent avoir au moins quatre pieds de large, que l'on déposera le beurre et les autres choses qui demandent à être tenues au frais. Ces corridors ne doivent pas avoir de croisées ni aucune ouverture au mur extérieur, mais être éclairés par la laiterie; à cet effet, chacun des murs intérieurs aura une ouverture avec un vitrage à demeure et bien clos, afin qu'il ne laisse passer que la lumière seule, mais pas du tout d'air. Les murs de ces corridors devront être de tous côtés soigneusement enduits de plâtre; cet enduit de plâtre doit s'étendre sur le toit intérieur et en dedans du toit extérieur, afin qu'ils soient aussi impénétrables à l'air que possible, surtout vers la partie supérieure. On appliquera donc avec grand soin un double enduit de plâtre, afin de remplir toutes les fentes et crevasses qui se feraient en séchant, et afin de boucher la moindre petite fente qui pourrait exister, et l'on aura soin d'examiner de temps en temps s'il ne se forme pas de lézardes, qui devront être immédiatement bouchées. On expliquera ci-après l'utilité de ces précautions en apparence minutieuses.

Aux environs des grandes villes, où l'on pourrait vendre de la glace en été, il serait avantageux d'avoir une glacière attenante à la laiterie, comme en C, (*Fig.* 1); elle serait, comme la laiterie, entourée d'une double muraille sur trois côtés, avec un intervalle entre les deux murs. L'endroit où l'on conservera la glace sera fermé de murs en pierre, revêtus d'un treillage ou d'une claie. Autour régnera un passage large de 2 pieds et demi; on établira une gouttière pour l'écoulement de l'eau qui tomberait de la glace, ceci est le moyen le plus facile et le plus économique d'établir une glacière, en quelque endroit que ce soit; c'est un genre de cellier infiniment préférable aux voûtes souterraines, qui sont plus exposées à l'humidité, plus sujettes à la moisissure et à la pourriture, coûtent beaucoup plus cher, ne sont pas plus fraîches, et ne conservent pas mieux une température égale en toute saison.

La pièce marquée D, (*Fig.* 1), est destinée à recevoir les ustensiles de la laiterie; c'est-là qu'ils seront nettoyés, rangés, et qu'on les trouvera prêts lorsqu'on en aura besoin; pour cela il faudra qu'il y ait plusieurs rangs de planches autour des murs, des tables, et toutes les autres choses nécessaires à la destination de cette pièce. La porte s'ouvrira au midi, où le toit s'avancera d'envion 2 pieds au-delà de la muraille; à une encoignure *h*, est une cheminée à laquelle sera attaché un chaudron d'une grandeur convenable, utile pour la laiterie. *f*, est une porte donnant dans la laiterie, dont on pourra se servir en été, mais par laquelle seule on entrera en hiver; car, pendant toute cette saison, la porte B (*Fig.* 1) devra rester constamment fermée.

On comprendra facilement que le but de tous ces arrangemens est de tenir le lait dans une température convenable pendant l'été comme pendant l'hiver, et de mettre le propriétaire d'une laiterie à même d'en exécuter toutes les opérations avec le moins d'embarras et de dépense possible. L'égalité constante de la température d'une laiterie est une chose très-importante, car une variation dans l'atmosphère dérange les opérations et diminue la valeur des produits. Par exemple, quand la chaleur est trop forte, le lait se coagule de suite, la crème ne peut monter, et il tourne si promptement à l'aigre qu'on n'en peut rien faire de bon. Si au contraire le lait est exposé à une température trop froide, la crème montera lentement et difficilement; elle acquiert un goût amer et désagréable, et il est presque impossible de faire du beurre, ou quand on vient à bout d'en obtenir, c'est en si petite quantité, il est si pâle, et quoique dur, il est si peu lié, a si peu de consistance et si peu de goût, qu'on en trouvera un prix bien moindre que celui qu'on aurait tiré de crème montée à un degré de chaleur convenable.

C'est donc afin d'éviter ces deux extrêmes que la pièce appelée proprement la *laiterie,* sera placée au centre du bâtiment, de manière à ne recevoir aucune action directe de l'air extérieur; un certain espace existera aussi tout autour, puisque l'expérience a montré que l'air, quand il est convenablement réglé, est un mauvais conducteur de la chaleur ou du froid;

en sorte que la durée d'un temps très-chaud ou très-froid, quelque longue qu'elle soit, n'exercera aucune influence sensible sur la température de cette pièce; et si par hasard, il s'y trouvait quelquefois quelques degrés de chaud ou de froid de plus qu'il ne convient, on remédierait de suite à cet inconvénient par les moyens artificiels que nous avons décrits; moyens qui d'ailleurs entretiendront cette température convenable aussi long-temps que l'on voudra. Tels sont les avantages que l'on recueillera de ce mode économique et simple de construction, que nous avons jugé nécessaire de décrire en détail.

Cependant il serait possible qu'en été la chaleur du lait nouvellement tiré, si on en apportait en grande quantité dans un endroit aussi peu étendu que le serait la laiterie, influât sur la température, et ne produisît un degré de chaleur plus fort qu'il n'est convenable. C'est pour remédier à cet inconvénient que l'on a recommandé de faire passer au travers de la laiterie un filet d'eau courante, qui vient remplir l'espèce de bassin dont nous avons parlé, et au bord duquel on pourrait placer les terrines de lait pendant quelques heures, pour les rafraîchir plus promptement; si même quelquefois cela ne suffisait pas, on pourrait plonger les terrines dans le bassin. C'est dans cette vue, surtout dans les endroits où l'on ne pourrait avoir d'eau courante, que l'on a proposé de joindre une glacière à la laiterie; car une petite quantité de glace placée dans la laiterie suffirait pour en modérer la chaleur en très-peu d'instans. Il faudra pour cela suspendre la glace un peu au-dessus du sol. Le beurre une fois fait, avant d'être porté au marché, se tiendrait aussi plus frais dans les petites pièces attenantes à la glacière, ou dans le passage autour de l'amas de glace, que dans la laiterie. Il résultera de la proximité de cette glacière d'autres avantages que l'on comprendra aisément.

En terminant nos observations sur la construction de la laiterie et de ses dépendances, nous désirons que l'on se rappelle que nous avons plus songé à la préserver de la chaleur pendant l'été, que du froid pendant l'hiver, parce que les produits d'une laiterie ont bien plus d'importance pendant la belle saison que pendant l'hiver. Cependant si le froid en hiver y devenait trop rigoureux, il serait très-facile de l'adoucir en plaçant dans la laiterie, soit un baril d'eau bouillante bien bouché, soit quelques briques chaudes, que l'on poserait par terre ou sur la table; mais il ne faudrait jamais, dans quelque cas que ce fût, y introduire de réchaud de charbon allumé, parce que cela communique un mauvais goût au lait.

3º. *Laiterie à fromage* ou *Fromagerie*. Celle-ci demande plus d'espace que les deux autres et doit renfermer quatre pièces, 1º *la laiterie* proprement dite ou *laitier*, qui ne diffère en rien des deux précédemment décrites. 2º *La cuisine*, où l'on fait et où on presse le fromage. 3º *Le saloir*, où l'on sale et où on lave les fromages; cette pièce est quelquefois supprimée, et alors on lave et on sale dans la cuisine. 4º *La chambre à fromage* ou *magasin* : dans celui-ci on dépose et on soigne les fromages jusqu'à l'instant où ils sont vendus.

La cuisine doit être vaste et garnie de fourneaux, de presses et autres ustensiles que nous décrirons tout à l'heure. Le saloir sera dallé en pierre ou en asphalte, pour que les eaux puissent s'écouler facilement; au milieu sera placée une table de pierre en façon d'évier. Le magasin sera construit le plus près possible des autres pièces; si rien ne s'y oppose, on doit le placer au-dessus et établir entre les deux étages de petites trappes par lesquelles on passera les fromages. Tout autour du magasin régneront des rayons volans sur lesquels on mettra les fromages. Les fromages peuvent être aussi disposés dans des caves bien sèches et aérées. Il est même quelques espèces de fromage qui doivent à leur séjour dans des caves une partie de leurs qualités.

Nous n'en dirons pas d'avantage sur ce genre de laiterie, parce que dans la description des instrumens qui servent à la fabrication du fromage, nous traiterons nécessairement de leur disposition. Nous terminerons en disant que dans les montagnes, les laiteries sont ordinairement accompagnées d'étables où l'on renferme le troupeau pendant la nuit. En Angleterre, les vaches restent continuellement à l'air au moins pendant la plus grande partie de l'année; cela nécessite, près de la laiterie, la construction d'un hangar sous lequel se fait la traite.

II. INSTRUMENS ET OUTILS. Ceux-ci sont, comme les laiteries, de trois genres différens, suivant qu'ils appartiennent à la traite et au dépôt du lait, à la fabrication du beurre ou à celle du fromage. Nous établirons donc ici trois divisions.

1º *Instrumens, outils et vases pour traire et conserver le lait.* Pour traire, on se sert de vases de grandeur, de forme et de matières différentes. Les plus em-

ployés et les meilleurs sont ceux en douves ou *douelles*
de bois de sapin, de forme conique renversée, d'un pied
de hauteur sur 10 pouces d'ouverture et 8 pouces au fond ;
une douve plus longue que les autres et percée d'un trou
sert à saisir ce seau et à le transporter. On en fait aussi
de cylindriques ou bien d'autres plus larges au fond qu'à
l'ouverture, mais nous les avons trouvés moins com-
modes que le premier décrit.

Lorsque le vase dans lequel on trait se trouve plein,
on en verse le contenu dans un plus grand, où l'on recueille le produit de toutes les traites pour les porter à
la laiterie. On fait ces grands vases de diverses formes
et matières : les plus ordinaires sont en bois, semblables à un seau ou à une hotte de brasseur. Quelquefois
ces seaux fort grands, sont portés par deux hommes,
au moyen d'un bâton ; à Zurich, on adapte aux seaux
un canal en fer-blanc pour l'écoulement du lait et une
traverse en fer que l'on fait entrer dans deux des douves lorsqu'il faut transporter le vase. En Angleterre, les
seaux ou *rafraîchissoirs* sont en fer-blanc ou en
zinc, et ce sont ceux que l'on doit préférer partout :
leur forme est variable ; le plus souvent ils affectent
celle du cône tronqué, cependant chacun choisira celle
qui lui semblera le plus commode : il en sera de même
de la grandeur. Tous ces vases doivent porter des
couvercles qu'il ne faut jamais négliger d'y placer. On
leur donne divers noms suivant les contrées où l'on s'en
sert ; on les appelle rafraîchissoirs, gerles, bastes, com-
portes, chaudrons, etc. Les mêmes vases servent encore
à transporter le lait sur les marchés. Dans quelques
pays on se sert de cuivre pour leur confection, et c'est
à grand tort, car un défaut de propreté et de soin pour-

rait entraîner l'empoisonnement de beaucoup de personnes; on ne doit donc employer que des vases en ferblanc, en zinc, ou en bois tenus bien propres.

Le lait doit être séparé des corps étrangers qui ont pu s'y mêler, aussitôt qu'il est arrivé à la laiterie. On se sert pour cela de passoires ou *couloirs*. Ceux-ci sont des portions de cônes tronqués, sans fond et garnis au petit bout de toile bien propre, de tissu de crin, de feuilles de sapin ou d'herbages. Dans quelques laiteries très soignées, on emploie une toile métallique, très fine, en fil d'argent; les vases sont en bois et plus convenablement en fer blanc ou en zinc : on en fait aussi quelques uns en terre, mais nous ne les croyons pas préférables à ceux en bois. Le linge, le tissu ou la toile métallique seront lavés souvent, et aussitôt après leur service, détachés et mis à tremper dans une eau bien limpide et bien propre. Pour puiser le lait, on se sert de cuillères en bois ou en fer-blanc, de jattes, de pots en faïence, etc.

Au fur et à mesure que l'on passe le lait, on le dépose dans des vases qui varient de grandeur et de forme; ici ils sont cylindriques et très profonds, là ils sont fort larges et hauts seulement de quelques pouces. Dans un pays, on les fait en bois, dans un autre en terre ou en métal. Sans nous enquérir de ce qui se passe dans toutes les localités, nous parlerons seulement de ce qui nous semble le plus convenable : nous n'avancerons rien que l'expérience n'ait consacré. Deux sortes de vases nous ont donné les meilleurs résultats : les premiers étaient des terrines du Montet (Saône-et-Loire) (*Fig. 4.*) à rebords assez forts, profondes de 6 à 7 pouces, larges de 16 pouces dans le haut et de 6 pouces au fond. Les seconds étaient des vases, en zinc, (*Fig.* 5) plus longs que larges, de 6 pouces de profondeur, 18 de longueur à l'ouverture, et 12 de largeur; le fond était un peu plus étroit et moins long; tous les angles de l'intérieur étaient arrondis. Ces deux vases étaient fermés par des couvercles qui étaient en terre pour le premier et en zinc pour le second. La profondeur que nous avons donné à ces vases, nous a été indiquée par une moyenne que nous avons prise dans les temps très chauds et pendant les fortes gelées. Ainsi, en hiver, les vases profonds valent mieux et en été ceux dans lesquels le lait ne forme qu'une couche mince.

Tous les vases autres que ceux faits en terre revêtue d'une couverte non métallique ou en zinc, présentent des dangers. Ainsi le bois ne se nettoie jamais parfaitement; la terre non vernissée se trouve dans le même cas; celle qui l'est au moyen d'émaux métalliques peut donner au lait des propriétés délétères; il en est de même de tous les vases en cuivre, plomb, etc.; le zinc même pourrait, car à cet égard rien n'est encore parfaitement établi, pourrait peut-être nuire si le lait y restait trop long-temps et s'il y passait à l'acide. Ce que nous disons ne s'applique qu'aux vases dans lesquels le lait séjourne, et non à ceux qui servent à traire ou à transporter. Ces derniers peuvent être en bois blanc. Nous devons dire que la crème se forme plus promptement dans les vases de zinc que dans ceux de terre, et surtout que dans ceux en bois. En Ecosse, on est parvenu à tellement adoucir la fonte, que les vases faits en cette matière peuvent tomber sur la pierre sans se briser. On les étame avec soin, et ils offrent de grands avantages dans les laiteries; l'extérieur est verni. On trouve, dans ces ustensiles, les avantages suivans : grande solidité, montage de la crème plus rapide et nettoyage très facile. Nous ne dirons rien des vases en ardoises ou en marbre, employés dans le même pays; les premiers laissent fuir le lait et se nettoient difficilement; les seconds sont trop chers et trop lourds.

Lorsque la crème est bien séparée du petit-lait, on l'enlève au moyen d'*écrémoires* de diverses formes. On se sert d'une valve de coquille fort applatie, ou d'un petit instrument de forme presque semblable en fer-blanc, en étain, en bois, et même en ivoire. On les perce de quelques trous pour que le petit-lait que l'on aurait pris avec la crème puisse s'écouler. Dans quelques petites laiteries on se sert tout simplement d'une large cuillère ou d'un écumoir. La chose importante est de bien enlever toute la crème avec le moins de petit-lait possible. La crème enlevée se dépose dans un vase profond, à gros ventre, mais dont l'entrée doit être assez large pour que la main y passe facilement, afin que le nettoyage en soit facile. Un petit trou fermé d'une cheville est pratiqué dans le bas, et sert à soutirer le petit-lait, avant de mettre la crème dans la baratte. On se sert aussi d'un couteau de bois ou spatule allongée, nommée *tranche-crème*, pour remuer de temps en temps la crème dans le vase dont nous venons de parler. La laiterie doit encore renfermer un certain nombre de baquets pour laver et recevoir le petit-lait, de brosses, d'éponges, de torchons et de linges, de petits et grands balais, et d'égouttoirs de diverses formes. Ces derniers doivent être appropriés aux vases en usage; ainsi, on aura pour ceux qui sont profonds, une souche fixée debout sur deux traverses en croix, qui lui servent de pieds et revêtue tout le long, de chevilles de 8 à 10 pouces, solides et placées en diagonale, plus ou moins rapprochées du tronc. Pour les vases peu profonds, comme les terrines indiquées pour recevoir le lait, on se servira d'égouttoirs semblables à ceux en usage dans nos cuisines.

Nous ne dirons rien ici de divers instrumens de précision, conseillés dans quelques ouvrages, tels que aréomètres, galactomètres, lactomètres, etc. Tous conviennent mieux dans le cabinet d'un observateur que dans une laiterie. Le meilleur moyen d'apprécier les quantités produites de lait, de crème et de beurre, est d'enregistrer avec soin ce que chaque vache donne de lait, d'en tirer une moyenne et de savoir combien ce lait produit de crème, beurre et fromage : encore ce mode d'appréciation ne sera-t-il à peu près juste qu'autant que les produits de chaque vache seront mis à part pendant une année, parce que les quantités fournies par elle, varient suivant son état de santé, sa nourriture et l'époque plus ou moins éloignée de sa mise bas. Tout en rejetant l'emploi de ces divers instrumens, nous conseillerons celui du thermomètre. Toute laiterie importante doit en avoir un, pour donner l'éveil dans le cas d'un trop grand abaissement de la température ou de son élévation.

2°. *Instrumens, outils et vases nécessaires pour la fabrication du beurre.* Dans l'article précédent, nous avons déjà traité d'une partie des vases nécessaires dans une laiterie à beurre, et nous en avons même indiqués de spéciaux, comme vases à crème et écrémoirs. Nous allons donc passer à l'instrument le plus important pour la fabrication du beurre.

La Baratte la plus commune en France est formée de douves ordinairement de sapin et quelquefois de chêne. Elle est plus large au fond qu'à l'ouverture, et sa hauteur est au moins de 4 fois sa largeur moyenne; on la revêt de cercles en bois ou en fer, on la ferme d'un couvercle qui entre à frottement et dans le milieu duquel passe le bâton du bat-beurre. Ce bâton porte à son extrémité inférieure une petite planchette ronde percée de trous et moins large que la partie la plus étroite de la baratte. Le couvercle est légèrement creusé dans sa partie supérieure, afin que la crème qui rejaillit par l'ouverture puisse rentrer dans le vase. Cette baratte, très connue n'a pas besoin d'une description plus longue : elle est fort bonne, peu chère et d'un entretien facile. On peut la placer dans un baquet plein d'eau chaude en hiver et froide en été. On la nomme suivant les localités, *battoir, beurrière, serêne*, etc.

Nous nous sommes long-temps servi, simultanément avec la précédente, de *la baratte de M. Valcourt*, et nous avons fini par préférer celle-ci et la conserver seule. Nous allons en donner ici une description détaillée que nous emprunterons à l'honorable inventeur et que nous ferons suivre de son mode d'emploi.

« Cette baratte est un cylindre dont les deux têtes sont en hêtre d'un pouce d'épaisseur et dont le tour cylindrique est en métal, ordinairement en fer-blanc (1). On la place dans un cuveau, dans lequel on met, pendant l'hiver, de l'eau plus ou moins chaude, suivant le degré de froid; et au contraire pendant l'été, quand il fait bien chaud, on remplit le cuveau

____

(1) Nous croyons que le zinc serait aussi très convenable.

d'eau fraîche. Le fer-blanc étant un bon conducteur de chaleur communique, à la crème qui est dans la baratte, la température de l'eau qui est extérieurement dans le cuveau. Quand la saison est tempérée, on n'a besoin ni d'eau ni alors de cuveau, qui ne sert plus qu'à fixer solidement la baratte. Quand il gèle, l'eau ne doit pas être bouillante, il suffit qu'on puisse y tenir aisément la main. Plus l'eau sera chaude, et plus tôt le beurre prendra, mais aussi moins il sera ferme ; mais, en hiver, il se durcira bien vite. Depuis quatorze ans que j'ai fait cette baratte, on met chez moi pendant l'hiver de dix à quinze minutes pour faire le beurre ; mais j'ai vu, quelquefois, pendant l'été, cinq à six minutes suffire.

(*Fig.* 6.) Vue latérale du côté de la manivelle. La baratte est dans son cuveau.

(*Fig.* 7.) Vue de face comme lorsque l'on bat : dans ces deux figures le couvercle est soulevé.

(*Fig.* 8.) Vue à vol d'oiseau de la baratte dans son cuveau.

(*Fig.* 9.) Vue de bout de l'arbre en hêtre auquel sont clouées les deux ailes.

(*Fig.* 10.) Vue de face des deux ailes.

(*Fig.* 11.) Vue de la manivelle en fer retirée de l'arbre des ailes.

(*Fig.* 12.) Plaque en fer du gros tourillon de la manivelle.

(*Fig.* 13.) Plaque en fer du petit tourillon de la manivelle.

(*Fig.* 14.) L'embase, les deux tourillons et le carré de la manivelle, et le tourniquet qui l'empêche de sortir.

Les têtes **A**, (*Fig.* 6.) de celle indiquée, ont de

10 à 15 pouces de diamètre ; et la longueur du cylindre (*Fig.* 7.) est celle d'une feuille de fer-blanc, un peu moins d'un pied. Une baratte de 15 pouces de diamètre bat de 2 à 8 livres de beurre.

Les demi-ronds XX, que l'on voit autour de la tête A, (*Fig.* 6.) représentent les extrémités du fer-blanc, coupées dans cette forme avec un emporte-pièce, tournées à angle droit et clouées sur les faces des deux têtes. Le fer-blanc est également cloué sur le pourtour des têtes, comme le montre la *Fig.* 7.

Quand on ne se sert pas de la baratte, le couvercle D, la manivelle, (*Fig.* 11.) ainsi que les ailes ou agitateurs, (*Fig.* 9 et 10.) sont toujours à sécher hors de la baratte ; quand on veut s'en servir, on place la baratte dans le cuveau F, dans lequel elle entre juste, et même on a fait dans le haut du cuveau quatre légères entailles F, que montre la *Fig.* 8. On introduit par la porte C, qui est de toute la longueur de la baratte, les ailes P, placées verticalement comme dans la *Fig.* 6. ; on introduit la manivelle H, par le trou rond R, (*Fig.* 7.) de la tête A, puis dans le trou carré N, (*Fig.* 9.) de l'arbre des ailes, ensuite dans le trou rond qui ne pénètre qu'à demi-bois dans la tête C, J, (*Fig.* 7.) On place alors dans la position de U, (*Fig.* 14.) au-dessus de l'embase de la manivelle, le tourniquet U, que l'on avait mis auparavant dans la position V. On verse par la porte C, la crème, qui ne doit guère dépasser le centre de la baratte. On met en place le couvercle D, dont les 4 faces sont pyramidales, et on l'assujétit avec les quatre tourniquets L et M, dont les deux L, (*Fig.* 8.) sont fermées, et les deux M sont ouverts, tels qu'ils doivent l'être tous les quatre quand on veut ôter le couvercle. Les deux montans de la poignée du couvercle sont percés d'un trou de 2 à 3 lignes de diamètre, comme l'indiquent les lignes ponctuées, pour laisser échapper l'air de la baratte, que la chaleur de l'eau du cuveau et l'agitation ont raréfié. Le couvercle a sauté plusieurs fois avant que je n'eusse fait ces trous.

On peut donner à la manivelle et aux ailes un mouvement de va-et-vient, mais j'ai trouvé plus commode le mouvement circulaire continu. Le beurre étant battu, ce que l'on sent à la main et ce que l'on entend, on sort la baratte du cuveau, et on tire le bouchon L, (*Fig.* 7.) d'environ 3 quarts de pouce de diamètre. On reçoit dans un vase quelconque le lait de beurre qui s'est séparé du beurre. On pourrait faire le trou L plus grand, et le recouvrir intérieurement avec un petit grillage en fil d'argent, pour empêcher le beurre de passer. Lorsque le lait de beurre est écoulé, on replace le bouchon, et on verse dessus le beurre de l'eau fraîche par la porte C; on donne quelques tours à la manivelle, puis on en ôte le bouchon L, et on lâche l'eau : on en remet de la nouvelle à quatre ou cinq reprises, on agite la manivelle circulairement et en va-et-vient, jusqu'à ce que l'eau en sorte claire. Le beurre se trouve parfaitement lavé et sans avoir besoin d'être bien pétri avec les mains, ce qui, pendant l'été, le rend mou. Alors on place le tourniquet U, (*Fig.* 14.) dans la position V, reposant sur la cheville V; on tourne verticalement comme dans la *Fig.* 6, les ailes P, que l'on saisit avec la main gauche; on retire la manivelle H, avec l'autre main, et on enlève les ailes P, hors de la baratte. On ôte facilement le beurre avec la main, ou on renverse la baratte, et on le fait tomber par la porte C. On lave bien la baratte, ailes, couvercle et manivelle avec de l'eau chaude; on l'essuie et on la place renversée, la porte C, en bas, pour que l'eau qui pourrait rester puisse s'écouler d'elle-même.

GG, sont les deux poignées en bois de hêtre fixées aux têtes A et B.

J, J, sont les deux supports fixés aux deux têtes et en faisant la prolongation; en dessous de ces deux supports, on cloue une planche K d'un demi-pouce d'épaisseur, qui repose sur le fond du cuveau, et qui empêche le fond de la baratte de porter sur le fer-blanc et de le bossuer.

EE, sont deux traverses de hêtre d'un pouce d'épaisseur, formant les côtés longs de la porte C. On cloue à ces traverses les deux extrémités du cylindre de fer-blanc. Pour que la porte ferme bien et que la crème ne puisse pas sortir, j'ai trouvé que la forme pyramidale était la meilleure, parce que le couvercle D entre alors comme un coin.

Il faut faire tourner sur le tour l'embase Q et les deux tourillons R et T de la manivelle H, (*Fig.* 11). L'intervalle qui est entre les deux tourillons R et T, doit être carré, pour entrer juste dans le trou carré N, (*Fig.* 9), et entraîner l'arbre des ailes P. On voit dans la *Fig.* 14, que le tourillon R près de l'embase, a pour diamètre la diagonale du carré S, et que le tourillon T, à l'extrémité de la manivelle, n'a pour diamètre que le côté du carré S : conséquemment il sera plus petit que le tourillon R. Le trou de la plaque en fer (*Fig.* 12), fixée avec deux vis à la tête A, doit être rôdé bien juste au tourillon R pour que la crême ne puisse pas sortir entre les deux. Le trou de la plaque en fer, (*Fig.* 13), fixée aussi par deux vis intérieurement et à demi-bois à la tête B, peut ne pas être aussi juste.

Les ailes, (*Fig.* 10), sont percées de trous d'un pouce de diamètre, et je les brûle légèrement avec un fer rouge pour les rendre intérieurement plus unies. Le fil du bois des ailes doit aller comme l'indiquent les flèches. Le cuveau ou baquet sera rond ou ovale; il sera cerclé en bois, ou, mieux, avec deux cercles en cuivre : on peut le placer sur un cadre avec pieds.

Lorsque l'on veut se servir de la baratte que nous venons de décrire, on commence par fixer intérieurement les ailes que l'on fait traverser par l'arbre de la manivelle. Pendant l'hiver, on verse de l'eau bouillante dans la baratte, et on donne quelques tours à la manivelle, ce qui mouille et lave tout l'intérieur; on laisse l'eau une minute ou deux, pour donner au métal le temps de s'échauffer; puis on retire le bondon du bas, et on laisse écouler l'eau dans le baquet. Pendant l'été, on emploie de l'eau fraîche, au lieu d'eau chaude, et de l'eau tiède quand la température est tempérée. On replace le bondon : on verse la crême qui ne doit pas dépasser l'axe de la manivelle, et on fixe le couvercle par les deux tourniquets.

On place la baratte dans le baquet, et on verse dans le baquet de l'eau plus ou moins chaude, selon la saison, de manière à amener la crême à la température de 10° Réaumur ; il serait bien, une heure ou deux avant de faire le beurre, de placer le vase dans lequel est la crême dans un endroit où la crême pourrait prendre cette température de 10°. Nous ne dirons rien des autres opérations qui ont déjà été indiquées ; nous ajouterons seulement que le mouvement qui nous a semblé le plus convenable est le circulaire à raison de deux tours, par seconde, et il doit être très régulier.

La baratte dite *de Billancourt*, diffère peu de la prédédente ; nous l'avons employé près de Nantes pendant plus de trois ans, et nous en avons toujours obtenu d'excellens résultats. Elle était presque semblable à celle dont nous donnons la figure : celle-ci est en usage dans la laiterie de Billancourt, appartenant à M. Ch. Cuningham. (*Fig.* 15). Baratte de Billancourt. A, ouverture par laquelle passe l'axe des ailes. B, couvercle avec ses crochets. C, trou par lequel on fait couler le petit-lait. D, ailes. E, axe et manivelle. La ligne ponctuée *a b* indique la courbure intérieure du fond ; on peut faire cette baratte aussi grande qu'on le veut et lui appliquer même un moteur autre que l'homme. Celle en usage à Billancourt a 2 pieds et demi de longueur, 1 pied de largeur et 18 pouces de hauteur. La baratte que nous employions était entièrement en bois, mais on pourrait, avec quelque avantage, la doubler en zinc ou en fer-blanc.

Nous n'en dirons pas davantage sur les barattes ; celles que nous avons citées sont fort bonnes et nous ont toujours parues telles. Nous terminerons en indiquant qu'elles sont les conditions demandées par la Maison rustique du 19e siècle, pour que la baratte soit bonne : « 1º être construite en bois bien sec, homogène et qui ne communique aucun goût ou odeur au beurre ; elle sera cerclée en fer. On en construit aussi de fort bonnes en fer-blanc, étain, zinc et même en terre ; 2º être facile à nettoyer, à visiter intérieurement et à faire sécher promptement ; 3º être construite avec beaucoup de précision, toutes les pièces joignant avec exactitude, et avoir le moins possible d'angles aigus, de vides, de fissures et de réduits où la brosse et le balai ne peuvent pénétrer ; 4º permettre un écoulement facile du petit-lait, le lavage parfait et l'enlèvement aisé du beurre ; 5º offrir les moyens prompts et sûrs de réunir le beurre, une fois qu'il est formé, en une seule masse solide ; 6º donner accès à l'air et à son renouvellement ; 7º exiger le moins possible de force pour transformer en beurre, une quantité déterminée de crème ; 8º permettre un mouvement lent, régulier et mesuré ; un défaut des barattes tournantes, c'est qu'on est disposé à leur imprimer un mouvement trop rapide ; 9º fabriquer le beurre avec célérité sans nuire cependant à sa qualité et à sa quantité : 10º être d'un service et d'un emploi commode ; 11º être solide, facile à construire partout, d'un prix modéré et peu couteuse à entretenir.

La fabrication du beurre demande encore des terrines, des baquets, des tamis, des battoirs, des rouleaux, une table solide et tenue bien propre, une petite presse pour délaiter, et des moules ou empreintes. On peut joindre à ces instrumens une grande marmite de fonte pour fondre le beurre et des pots pour le conserver.

3º. *Instrumens, outils et vases de la fromagerie.* A tout ce que nous avons indiqué pour les deux premières laiteries, on doit joindre pour la fabrication des fromages de nouveaux vases, outils ou instrumens. Il n'en est pas des fromages comme du beurre qui n'a partout qu'un mode possible de préparation. Les fromages au contraire se font de mille manières différentes et par des procédés qui n'ont aucune ressemblance entre eux ; nous allons cependant citer les instrumens principaux qui s'emploient le plus ordinairement.

D'abord *le baquet à fromage*, dans lequel se divise et se prépare le caillé. On les fait ronds ou ovales et d'une grandeur proportionnée à la quantité de fromages à fabriquer à la fois.

Dans beaucoup de laiteries, on rompt le caillé à la main, et cela est un tort ; on doit plutôt employer *le couteau de bois*, espèce de spatule fort allongée ou *le couteau du Glocestershire* : ce dernier est formé d'un manche de bois de 4 pouces de longueur, armé de deux ou trois lames de fer, très minces, longues de 10 pouces, se rétrécissant un peu vers l'extrémité qui est arrondie. On les espace entre elles d'un pouce environ. (*Fig.* 16).

Les *formes* de fromages sont aussi variables que ces fromages mêmes ; dans quelques pays on se sert d'un rond d'écorce de cerisier ou de bouleau ; ailleurs de planchettes minces de sapin ou de hêtre que l'on tourne en cercle et qui peuvent s'allonger ou se racourcir au moyen d'un lien qui les entoure. En Hollande et en Angleterre, les formes sont des morceaux de bois creusés au tour et percés au fond. Quelque soient les moules, ils doivent être entretenus fort propres et bien polis pour que le fromage ne s'y attache pas. Avant de soumettre le fromage à la presse, on l'enveloppe de linge dans plusieurs pays ; ce linge doit être fin et très propre. Les fromages sortis de la presse se placent sur des ronds qui servent à les transporter et à le mettre sur les rayons du séchoir. On a aussi des ronds qui entrent juste dans les moules et se mettent sur le fromage quand on veut le presser.

Le fromage recèle, jusqu'à ce qu'il ait été pressé, une grande quantité de petit-lait. Il faut donc exécuter cette opération. *Les presses* sont surtout utiles pour les fromages à pâte dure, et ce ne sont pas toujours les plus fortes qui sont les meilleures, parce qu'alors la croute se durcit et le *sérum* ne peut sortir. Un Écossais, M. Robison, est parvenu à vaincre cet obstacle au moyen d'un petit appareil simple qu'il nomme *presse à fromage,* et dont nous empruntons la description *à la Maison rustique du* XIXe *siècle. (Fig. 17).* « L'appareil se compose d'un bâtis en bois d'environ 3 pieds de hauteur sur lequel est fixé un vase A de cuivre étamé ou de zinc d'une capacité quelconque et destiné à contenir le caillé. Ce vase a un faux fond mobile en bois en forme de grillage couvert d'une toile métallique; sous ce fond, le vase porte une ouverture d'où part un tube vertical C d'un pied de longueur qui se rend dans un autre vase clos B, muni d'un robinet F et qui a la capacité convenable pour contenir tout le petit-lait du vase supérieur A. Sur l'un des côtés du bâtis, il y a un petit corps de pompe D, d'environ 9 pouces de hauteur, du fond duquel part un petit tuyau de succion E, qui communique avec la partie supérieure du vase B. Ce tuyau porte à son extrémité supérieure une soupape qui s'ouvre par en haut, tandis que le piston de la pompe est muni d'une autre soupape qui s'ouvre par en bas. Ce piston est mis en action par un levier, comme on le voit dans la figure. On fait ainsi usage de cet appareil ; le caillé étant préparé et salé, on place un linge sur le vase A, et on pose le fromage sur le linge avec légèreté, à l'exception des bords où on le presse contre les parois du vase, de façon à intercepter tout passage à l'air. On maneuvre alors la pompe vivement pendant quelques minutes, et le petit-lait s'écoule dans le vase B; quand il cesse de couler on répète une seconde fois les coups de piston, et lorsqu'il ne coule plus rien, on enlève le caillé dans sa toile, on le met dans une forme en toile métallique forte et serrée avec un poids dessus, jusqu'à ce qu'il soit assez ferme pour être manié sans se rompre; les formes doivent rester sur des tablettes séparées pour donner accès à l'air sur toutes les faces du fromage. »

Continuant nos emprunts à la Maison rustique, nous allons décrire une presse en fonte fort ingénieuse et très commode nouvellement inventée en Angleterre. « Dans cette machine, l'effet est produit de la manière suivante : la forme qui contient le caillé est placée sur le plateau inférieur A (*Fig.* 18). Le plateau supérieur B descend dessus et le comprime. Il y a deux modes de pression : l'un prompt et facile, jusqu'à ce que la résistance devienne grande, et l'autre plus lent, mais plus puissant, dont on fait usage pour terminer l'opération. Sur l'axe C de la roue D est un pignon de 8 dents que l'on ne voit pas dans la figure et qui s'engrène avec la crémaillère R. Sur l'arbre E est un autre pignon de 8 dents, caché par les autres parties qui engrène dans la roue D de 24 dents. Cet arbre E peut être tourné par la manivelle H, de telle manière que la crémaillère descende de 8 dents, et que le plateau B s'abaisse jusqu'à toucher le fromage et commence la pression; mais lorsque la résistance devient considérable, on a recours au second moyen pour agir sur la crémaillère. Sur l'arbre E, outre le pignon ci-dessus mentionné, est fixée une roue à rochet F; le levier I, qui, par la fourchette qui le termine, embrasse la roue F, a également son point d'appui sur cet arbre, autour duquel il peut tourner librement. Dans la fourchette du levier I, est un cliquet G qu'on voit séparé en G, et qui en tournant sur le pignon K, peut être engagé dans la roue à rochet F. Au moyen de cette disposition, lorsque le levier I est élevé au-dessus de sa position horizontale et que G est engagé dans F, l'arbre E et ses pignons seront tournés avec une grande force quand on fera descendre l'extrémité du levier I; et en l'élevant et l'abaissant alternativement on pourra donner au fromage tous les degrés possibles de pression. Après cela, si l'on veut continuer à presser et suivre tous les degrés d'affaissement graduel du fromage, on élevera le levier au-dessus de sa position horizontale, et on suspendra à son extrémité le poids W qui le fera descendre à mesure que le fromage cédera. En poussant la cheville ou goupille P dans un trou ménagé à cet effet dans le bâtis en fonte, on peut arrêter cette pression et empêcher toute descente ultérieure du plateau B. »

Nous ne pourrions décrire ici toutes les presses connues et surtout leur appliquer une description aussi exacte que nous venons de le faire : les plus employées sont d'ailleurs fort simples, et nous nous contenterons de donner la figure, qui suffira généralement pour faire comprendre la machine.

Fig. 19. Presse hollandaise de Leyde.

Fig. 20.   —   —   d'Édam.

Toutes ces presses sont bonnes entre les mains de gens exercés; mais elles doivent être bien faites, suffisamment puissantes et surtout bien posées de niveau; « car, dit Marshall, dans son *Économic rurale du Norfolk*, si une presse n'est pas de niveau, si elle a trop de jeu, ce qui la fait pencher ou vaciller, ou peser plus d'un côté que de l'autre; si elle ne tombe pas perpendiculairement sur le rond à fromage, le fromage se trouvera souvent plus épais d'un côté que de l'autre, ou, ce qui est encore pis, un côté sera trop pressé tandis que l'autre restera mou et spongieux. » La presse à vis s'emploie dans quelques localités, mais est d'un assez mauvais usage; on l'emploie surtout pour sécher le caillé qui sert à faire *le fromage fondu*. Dans ce cas, un tambour percé d'un grand nombre de petits trous reçoit le caillé dans un linge. Les presses doivent être placées en dehors de la pièce où se trouve le lait, parce que l'acidité du *sérum* qui s'écoule, acidité qui se manifeste promptement, pourrait le gâter.

Pour rompre le caillé, nous conseillerons encore aux fabricans de fromages de se servir de la machine de M. R. Barlas. Elle se compose d'une trémie, d'un cylindre qui tourne au fond de cette trémie, cylindre armé de dents obtuses et carrées qui entrent, lorsque l'on fait tourner le cylindre, entre des chevilles de forme semblable, placées en dedans et au bas de la trémie. Il doit y avoir entre les dents et les chevilles un jeu d'une ligne, qui souvent se réduira à une demie par l'effet de l'humidité; il faut que la machine se démonte, pour que l'on puisse la nettoyer souvent et facilement.

Des *tables* de diverses formes et grandeurs s'emploient pour pétrir le fromage, et le disposer dans les formes. Celle que nous donnons (*Fig.* 25), nous a semblé une des mieux entendues.

On se sert de différens instrumens pour brasser le caillé dans la chaudière; on les nomme *brassoirs* ou *moussoirs.* Le brassoir (*Fig.* 26) est en usage en Suisse et se compose d'un manche assez long, et de demicercles de bois que l'on y fixe. Dans le Milanais, ces moussoirs portent à l'extrémité un bout de planchette de forme circulaire. (*Fig.* 27 et 28). En Auvergne, ils ressemblent à une spatule allongée et se terminent ordinairement par une espèce de rouelle à jour, fixée à l'extrémité inférieure. (*Fig.* 29). Nous finirons en disant que dans beaucoup de laiteries suisses, on se contente d'une petite branche de sapin, écorcée, et qui porte des chicots d'un ou deux pouces.

La pièce où l'on fait sécher les fromages se place ordinairement, comme nous l'avons déjà dit, au-dessus de la fromagerie : elle doit être garnie de rayons. En Suisse, pour éviter les rats et les souris, on isole quelquefois le séchoir et on l'élève sur des poteaux de 3 ou 4 pieds d'élévation : le plancher déborde tout autour, et le toit est couvert en bardeaux ou essentes : on se sert d'une échelle mobile pour y pénétrer; on pourrait éloigner, avec plus de certitude, les rongeurs, si l'on garnissait les poteaux de soutien, avec des feuilles de tôle ou de fer-blanc, posées en forme d'entonnoirs renversés. Il est d'autres contrées où les séchoirs sont des caves sèches et aérées. Enfin, on a proposé un séchoir mobile ou si l'on veut à bascule. Il est facile de s'en rendre compte en se figurant une étagère bien solidement assemblée, montée sur deux pivots ou axe fixés dans deux jumelles portées par des pieds solides : ces pivots sont au centre de l'étagère, qui bascule avec une grande facilité. Le derrière est garni d'une claie à barreaux éloignés, et par un simple mouvement de bascule on change les fromages de rayon; on offre ainsi, presque sans peine, les diverses surfaces du fromage à l'air environnant. On doit avant de retourner la machine, essuyer la surface des planches sur lesquelles viendront se placer les fromages. Le mouvement de bascule doit être exécuté lentement et avec précaution.

Outre ces divers instrumens, une fromagerie doit être garnie de balances ou de romaines, de mesures de différentes grandeurs, de vases en terre ou jarres, dans lesquels on place certains fromages pour les faire passer. Dans les établissemens d'une grande importance, on doit avoir des *thermomètres* d'essai, des *aréomètres* appelés en Suisse *galactomètres* ou *éprouvettes;* un *lactomètre* est très utile dans les *fruitières,* pour reconnaître le mélange de l'eau avec le lait; ce dernier instrument est fort simple : il se compose d'un tube bien cylindrique, porté par un pied et divisé en degrés au nombre de 100. On le remplit du lait soupçonné de mélange, on fait monter la crème et l'on juge, par comparaison avec le lait, que l'on fait traire devant soi, dans le troupeau de l'associé que l'on soupçonne de fraude.

Nous n'avons rien dit de l'enveloppe que l'on donne aux fromages pour les expédier. On doit se servir de celles en usage dans le pays que l'on habite, et qui se trouvent toujours convenir à la forme des fromages et au mode de transport adopté. Pour le gruyère, on se sert de futailles en bois résineux; ailleurs de boîtes en sapin qui ne renferment chacune qu'un seul fromage, ou de caisses carrées dans lesquelles on en place plusieurs douzaines.

§ II. DE LA PRODUCTION DU LAIT ET DES SOINS QU'IL RÉCLAME.

Nous ne nous occuperons ici que des divers laits employés, en France, à la consommation : ce sont ceux de la vache, de la chèvre, de la brebis et de l'ânesse. Le premier est moins butireux que celui de brebis, mais plus que celui de chèvre, il fournit moins de fromage que ce dernier, mais son *caséum* se coagule plus facilement. Le lait de chèvre est plus épais que celui de vache, mais fournit moins de beurre; il est par conséquent beaucoup moins gras que le lait de brebis : il donne beaucoup de fromage. Ce lait a souvent une odeur très prononcée, mais son beurre est très doux et se conserve long-temps frais. Son fromage est estimé, mais il se prépare rarement sans être mélangé avec du caillé de vache. La brebis fournit un lait très gras et renfermant beaucoup de caillé; mais le caillé, de même que le beurre, n'acquiert pas une grande consistance : le beurre se garde peu. Le lait d'ânesse ne s'emploie jamais à la confection du beurre ni à celle du fromage : on le consomme sous sa forme originelle; il ressemble beaucoup à celui de la femme et n'est abondant ni en parties butireuses, ni en caillé. Nous ne nous occuperons ici que des soins que réclame la vache laitière; les autres animaux dont nous avons parlé, ou s'emploie rarement à la production du lait ou ne reçoivent aucuns soins particuliers; ce que nous dirons d'ailleurs de la vache, pourra servir d'indications pour les autres producteurs du lait.

La bonne qualité du lait dépend d'une foule de choses dont quelques unes sont inappréciables ou du moins inexpliquées. Nous allons indiquer toutes les causes que nous connaissons et que l'on admet généralement : la race, l'âge, l'état de santé, l'organisation particulière de l'individu, la nourriture, les soins habituellement donnés, la distance que l'on met entre les traites, la mise bas plus ou moins éloignée, la saison et la situation. Chacune de ces causes demande un examen particulier. La bonté ou la médiocrité d'une race est souvent due à la qualité des pâturages, aux soins et à la situation. On ne doit donc pas attacher au choix de telle ou telle variété de l'espèce, plus d'importance qu'il est nécessaire. D'autres considérations militent, il est vrai, pour l'acquisition de bêtes fortes, élevées, prenant bien la graisse et la chair, mais elles ne peuvent ici nous occuper. Nous dirons à ce sujet que nous avons vu de très petites vaches du Morbihan, donner un produit supérieur à celui des vaches de la grande race suisse, tenant compte du prix d'achat et des frais de nourriture et d'entretien. Ce que le producteur de lait doit examiner, ce n'est pas si sa race est belle, mais si elle est bonne, c'est à-dire si le lait qu'elle fournit lui revient au moindre prix possible. Nous ajouterons

à ceci que la vache changée de climat et d'habitude,
est pendant plusieurs années à se refaire, si l'on peut
parler ainsi, et qu'on la perd souvent avant d'en profiter. J'ai vu une vache excellente, devenue fort mauvaise laitière, après avoir changé de village, et cependant sa nouvelle habitation n'était qu'à une lieue de la
première, sa nourriture était la même, les soins semblables et la même rivière lui fournissait l'eau qu'elle
buvait.

Une grande attention doit être apportée à l'examen
préalable de la vache que l'on veut acheter. Une vache
maigre ne peut donner de produits abondans, avant
d'être ce qu'on appelle *en bon état;* malade, elle pré-
senterait encore plus de désavantage; il en serait de
même si elle était mal constituée ou rachitique. Elle
doit être douce pour que la traite en soit facile et se
bien nourrir, sans être difficile sur la qualité des alimens. Des mamelles amples, un conduit lactifère
gros et développé, sont des signes assez certains d'une
grande production de lait. On doit faire vider la mamelle avant de l'examiner, parce que le vendeur cesse
de traire un jour ou deux avant le moment de la vente,
pour obtenir un pis plus gros. La vache n'aura pas
plus de six ans et pas moins de quatre, à moins toutefois qu'on ne veuille l'acclimater; dans ce cas, elle
sera achetée à trois ans.

La *nourriture* doit être très abondante, composée
d'une petite quantité d'alimens secs et de fourrages
verts dans une grande proportion. L'hiver, on donnera
des carottes, des betteraves, la pulpe de ces dernières,
des pommes de terre ou des topinambours, etc. Les
pâturages fins et aromatiques donnent une saveur dé-

licieuse au lait, au beurre et au fromage. Les joncs et les herbes marécageuses ainsi que quelques uns des légumes d'hiver, fournissent un lait abondant, mais fade et séreux. Les bulbes et les tiges des aulx donnent au lait leur saveur, qui dans un excipient semblable n'est rien moins qu'agréable. Des vaches avaient mangé chez moi, en Bretagne, des tiges d'échalotte, vers trois ou quatre heures de l'après-midi, et la traite de sept heures du soir ne put être consommée, à cause de sa détestable saveur. La boisson influe aussi beaucoup sur la qualité du lait; elle doit être pure et limpide.

Les *soins de propreté et de la main* sont d'une plus grande importance qu'on ne le croit généralement, surtout quand les vaches ne quittent pas l'étable ou du moins en sortent peu. Non seulement alors le lait contracte un mauvais goût, mais encore sa production est diminuée. Nous pouvons assurer ce fait, parce que nous en avons acquis la certitude par de nombreuses expériences que nous avons faites avec tout le soin possible. Ainsi on doit relever fréquemment le fumier, faire une litière abondante, étriller, brosser la vache fortement et peigner la queue. On a prétendu que les soins de la main augmentaient l'embonpoint et diminuaient la quantité de lait; on s'est trompé; il est vrai que la vache se porte mieux, mais en même temps le lait augmente.

On ne doit point traire à des époques trop rapprochées; le lait ne pourrait pas alors s'élaborer suffisamment. Nous pensons que la première traite doit avoir lieu à cinq heures du matin en été et à 6 heures en hiver; la seconde à sept heures du soir en été et à six heures en hiver : la première est toujours la plus abondante. En trayant plus souvent on obtient plus de lait, mais beaucoup moins gras. Le lait qui sort le premier de la mamelle renferme beaucoup moins de crème que celui que l'on tire à la fin.

Immédiatement après la mise bas, la vache ne donne qu'un lait mucilagineux, jaunâtre, légèrement purgatif; on le nomme *colostrum;* au bout d'une semaine il change et devient fort bon, mais il est encore très clair et s'améliore à mesure que l'on s'éloigne du part. Beaucoup de vaches cessent de donner du lait après sept ou huit mois de vélage. Il en est au contraire qui en donnerait toujours et que l'on cesse volontairement de traire quinze jours avant la mise bas. On assure que des vaches châtrées pendant le temps où elles donnent abondamment du lait, continueraient à en fournir une quantité égale pendant fort long-temps et même jusqu'à leur mort.

La saison et la situation des lieux influent sur la quantité et la qualité du lait : pendant le printemps, l'été et l'automne, sa saveur est plus agréable et il renferme plus de crème que durant l'hiver. Le lait est plus sapide et plus gras dans les lieux un peu sec et aérés que dans une vallée humide et peu ventilée.

Nous renverrons pour ce que nous sommes obligés d'omettre sur les diverses races et sur la manière de gouverner les vaches, au *Livre de l'éleveur et du Propriétaire des animaux domestiques*, de notre Encyclopédie agricole.

I. DE LA TRAITE. Comme nous l'avons dit plus haut, en trayant plus de deux fois par jour on obtient plus de lait, mais moins de crème; le propriétaire des vaches fixera donc le nombre de traites qui doivent être faites en 24 heures, en se basant sur le genre de produit qu'il compte vendre; ainsi, s'il débite son lait, il trayera trois fois (on dit qu'on le fait 4 fois dans certains pays), et s'il fabrique du beurre ou du fromage, il ne le fera que deux fois comme nous l'avons indiqué.

Nous ne dirons rien des moyens manuels que l'on emploie pour traire, nous ferons seulement trois recommandations importantes. La première est d'approcher la vache avec beaucoup de douceur, sans la brusquer, ni l'effrayer; si elle était méchante, on lui donnerait à manger pendant qu'on la trairait. La seconde observation est d'apporter beaucoup de propreté dans l'opération que l'on exécute; on lavera les mamelons et toute la mamelle de la vache et l'on versera fréquemment le lait dans le rafraîchissoir ou seau destiné à le transporter à la laiterie; celui-ci ne restera jamais découvert. Enfin on ne laissera jamais de lait dans la mamelle, et on traira tant qu'il en viendra une goutte. Beaucoup d'engorgemens ou de diminutions dans la production du lait, ne sont dues qu'à la faute que l'on commet trop fréquemment de ne pas traire entièrement. Si le pis était dur et douloureux, on le fomenterait avec des décoctions de plantes adoucissantes, et on l'exposerait à la vapeur de ces mêmes décoctions. S'il était fendillé ou crevassé, on emploierait les mêmes moyens. Dans tous les cas, il faut jeter le lait tiré dans ce cas de maladie, et ne pas le placer dans la laiterie.

II. DISPOSITION DU LAIT DANS LA LAITERIE. On doit agiter le moins possible le lait que l'on vient de traire et le couler aussitôt que l'on est arrivé à la laiterie. Nous ne dirons rien de cette opération. Nous avons décrit les vases en usage pour couler et pour déposer le lait; nous recommanderons seulement une excessive propreté; ici plus qu'ailleurs elle est nécessaire, et son excès ne peut jamais être nuisible. Tous les vases qui devront recevoir le lait, auront été brossés et lavés à l'eau bouillante, rincés ou lavés une seconde fois dans plusieurs eaux bien limpides. Avant d'y déposer le lait, on les fera sécher au dehors, si le temps le permet, ou devant le feu s'il fait humide au dehors. En les rentrant dans la laiterie et avant d'y verser le lait, on les essuiera au dedans et au dehors avec un linge bien propre.

La laiterie sera toujours tenue bien close et on n'y apportera jamais ni boues ni autres substances sales et puantes. Rien ne devra s'y trouver que le lait; tout ce qui pourrait avoir une odeur forte et pénétrante, sera éloigné de son voisinage; on n'y mangera pas et on y restera le moins possible; le sol sera fréquemment lavé, mais essuyé aussitôt. Si la température devenait trop basse pendant l'hiver, on la maintiendrait un peu élevée en chauffant un poêle que l'on allumerait du dehors; il serait construit avec soin pour que pas un atôme de fumée ne puisse pénétrer dans la laiterie; il ne faut jamais y allumer de brazier. L'été, si l'on ne peut y faire passer un filet d'eau froide, on arrosera fréquemment et on lavera souvent.

§ III. De la crême et du beurre.

I. Du montage de la crême. Les vases dans lesquels on a coulé le lait encore chaud ou refroidi, se placent doucement et sans secousses sur les tablettes, et la crème monte avec plus ou moins de rapidité suivant que la température est plus ou moins élevée dans la laiterie. A 10 et 12 degrés au-dessus de zéro, le montage a lieu ordinairement en 24 heures. La qualité de la crème qui monte plus rapidement, ce qui arrive dans les grandes chaleurs et par un temps d'orage, est inférieure à celle qui s'est séparée plus lentement.

La crème qui monte la première est aussi la meilleure et doit être choisie pour les beurres très-fins. Anderson et Twamley, recommandent dans ce cas de lever la crème au .bout de 6 à 7 heures, et pour les beurres extrafins après 3 ou 4 heures. La crème qui se lève ensuite sert à la confection des beurres inférieurs. On conseille aussi pour obtenir de meilleure crème de mettre à part le lait que l'on recueille à la fin de la traite; la quantité de beurre est alors moins considérable, mais sa qualité est parfaite. Nous avons vu qu'il était quelquefois nécessaire d'élever la température de la laiterie pour obtenir un montage plus rapide ou en hiver pour le déterminer; c'est ce que l'on fait pendant les froids à Isigny et en tout temps dans la Vendée et dans le comté de Devon.

II. DE L'ÉCRÉMAGE. Le retard que l'on apporte à lever la crème, attendant que le caillé soit formé, est nuisible, il augmente peut-être un peu la quantité, mais aux dépens de la qualité; on doit donc enlever la crème, aussitôt qu'elle est complètement séparée du lait et avant que l'acidité se soit développée. On reconnaît cet instant favorable en touchant du doigt la surface du lait; si aucune parcelle de celui-ci ne s'attache à la peau, on peut décanter. Dans le nord de l'Allemagne, on enfonce un couteau au milieu de la couche crémeuse, et si le lait ne vient pas à la surface, on écrème.

En été, on doit écrémer le matin et le soir; pendant le reste de l'année on le peut pendant toute la journée. On enlève la crème par divers moyens; nous croyons cependant que le meilleur, est de détacher avec un couteau de bois la crème des bords du vase et de l'enlever au moyen de l'écrémoir. Cette opération demande un peu de dextérité, qui s'acquiert au reste facilement. On dépose la crème au fur et à mesure de son levage, dans les cruches ou barils que nous avons décrits plus haut.

La crème ne peut pas rester plus de trois ou quatre jours sans être battue, et si l'on ne pouvait le faire avant, on l'agiterait de temps en temps en la remuant avec une spatule. Les beurres fins se font avec des crèmes qui ont été levées depuis 12 ou 24 heures au plus : il est vrai qu'alors le beurre est plus difficile à faire; ceci est surtout vrai pendant les chaleurs. Un peu avant de mettre le beurre dans la baratte, on retire la cheville ou *fausset*, qui ferme le trou pratiqué au bas du vase et on fait écouler le petit-lait.

III. DU BATTAGE. Le battage du beurre est une opération par laquelle on réunit les molécules du beurre en suspension dans la crème. Nous ferons ici trois observations; l'une sur la température à laquelle on doit opérer; la seconde sur le battage proprement dit; et la dernière sur la séparation du beurre et du lait de beurre.

La température la plus convenable pour battre le beurre, est de 12° à 13° centigrades. La crème acquiérant par le battage 2 degrés de plus, on aura 14 ou 15; à 12 degrés, le beurre est meilleur; à 15, il est plus abondant. On n'abandonne jamais ces deux termes indiqués sans qu'il en résulte de grands désavantages. Au dessous de 8° centigrades et au dessus de 23° du même thermomètre, on ne peut plus séparer le beurre de la crême

Il est quelques moyens d'abaisser ou d'élever la température, mais on ne doit y recourir que dans un véritable besoin, parce que le beurre en souffre toujours plus ou moins. Pour obtenir un degré moindre de chaleur, on peut placer la baratte dans l'eau froide, dans la glace ou l'entourer simplement d'un linge mouillé se plaçant dans un puissant courant d'air; pour obtenir plus de chaleur, on se met dans un lieu échauffé, où l'on place la baratte dans l'eau chaude. On peut aussi ajouter un peu de lait chaud à la crême, ou comme à la Prévalaye, placer dans la baratte un petit vase bien bouché et rempli d'eau chaude. Nous recommanderons ici de bien se garder de mettre les vases remplis de crême dans le four échauffé; on recueille par ce procédé de fort mauvais beurre.

La crême se verse ordinairement dans les barattes, sans précaution et sans soin ; nous croyons pourtant qu'il peut être utile de la passer à travers un canevas un peu clair ou un tamis de toile de fil d'argent. Le mouvement de va-et-vient ou de rotation que l'on donne au piston ou aux ailes de la baratte, doit être modéré et régulier. En hiver et pour de fortes quantités on accélère, mais en été on ralentit. On ne doit jamais le discontinuer, et si l'on se sert d'un *bat-beurre*, il faut à chaque coup frapper le fond de la baratte.

Il est facile de juger à quel point l'opération est arrivée par le son que l'on entend et par la résistance que l'on éprouve. Lorsque le beurre est entièrement séparé, autant du moins qu'il est possible de le faire, on réunit les morceaux épars dans les barattes perpendiculaires par un mouvement rotatif que l'on imprime au bat-beurre ; ensuite on enlève les plus grosses masses à la main et l'on verse le reste du contenu de la baratte sur un tamis. Dans les barattes rotatives, on ouvre le trou pratiqué dans le bas, et on fait écouler tout le lait de beurre, le recevant aussi sur un tamis.

Le temps que l'on emploie au battage est très variable : il dépend de la saison, de la baratte, de la crême et de la quantité que le vase en renferme. En été, on ne met quelquefois qu'un quart-d'heure, et en hiver, il arrive qu'on ne parvient à la fin de la tâche, qu'après 10 à 12 heures de battage ; dans ce dernier cas le beurre est toujours de qualité inférieure.

Voici quelques substances qui, mêlées à petites doses à la crême, déterminent la formation du beurre : sel marin, alun, un peu de crême aigrie, du jus de citron, de la présure, des enveloppes d'oignons rouges, quelques cuillerées d'eau-de-vie ou de vinaigre.

Il est encore quelques manières de battre le beurre, mais peu usitées ; nous nous contenterons seulement d'indiquer les modes dans lesquels on emploie la crême mélangée au caillé, la crême bouillie et le lait pur. Ce dernier procédé est suivi à la Prévalaye, et nous le donnerons plus loin *in extenso*. Le beurre fait avec la crême bouillie est excellent, suivant Marshall : on le prépare en prenant du lait tiré depuis 24 heures, l'exposant à un feu très doux et l'en tirant au premier bouillon, on le laisse ensuite reposer pendant 24 nouvelles heures et on le bat. Il faut un battage très court.

IV. DU DÉLAITAGE. Cette opération est tout à fait nécessaire pour priver le beurre du petit-lait qui lui reste mêlé et lui donner toute sa qualité. Sans elle le beurre ne se conserverait pas. On délaite le beurre en le pétrissant et en l'arrosant pendant toute cette opération. Dans les barattes rotatives, on peut se contenter de verser de l'eau fraîche à plusieurs reprises et de tourner; on continue jusqu'à ce que l'eau sorte limpide. Nous ajouterons cependant que l'on doit encore après cela pétrir le beurre, mais moins long-temps que celui qui sort des autres barattes. Le pétrissage ne doit point se faire avec les mains, qui salissent et échauffent le beurre, mais avec des rouleaux, des cuillers de bois ou des spatules.

Le délaitage à sec vaut mieux que celui à eau; mais il demande plus de temps et de soins. On le pratique ainsi dans quelques comtés de l'Angleterre, dans le nord de l'Allemagne et en Bretagne. Pour faire ce travail on place le beurre sur une table un peu inclinée, on le bat et on l'étend au moyen de cuillers de bois ou de rouleaux, jusqu'à ce que l'on ne voie plus de petit-lait s'écouler. On l'étend en couches fort minces et on le presse avec un linge fin et propre; il est alors complètement privé de sérum et peut être mis en livres ou en mottes.

Lorsque le beurre est trop blanc, ce qui arrive ordinairement en hiver et dans certains pâturages, il faut le colorer pour le porter sur le marché; c'est ce que l'on fait en employant le *rocou* délayé dans l'eau et ajouté dans la crème la veille du battage, à raison de la grosseur d'un pois pour 30 lives de crême; ou bien le jus de carottes, les baies d'asperges, d'alkekenge, la racine d'orcanette; ou bien encore la fleur de souci dont on obtient la couleur en plaçant les pétales dans un vase couvert et les y laisant macérer jusqu'à ce quelles se soient dissoutes en suc épais.

V. Conservation du beurre. Le beurre se conserve frais, salé ou fondu.

1º *Le beurre frais.* Celui-ci se garde peu de temps bon et tous les moyens connus ne sauraient lui conserver toutes ses qualités. On peut cependant prolonger sa bonté, en le déposant dans un lieu frais, dans un vase que l'on met dans l'eau ou dans un linge mouillé; il doit être, dans ce dernier cas, exposé à un puissant courant d'air. Le beurre, pour avoir toute sa qualité, ne doit être consommé en hiver que le lendemain du jour où il a été battu et en été quelques heures après.

2º. *Le beurre salé* demande, pour être bien préparé, le sel le plus sec, ou si l'on veut le plus déliquescent que l'on puisse trouver; on doit dans tous les cas le faire sécher au four avant de l'employer. Dans quelques contrées on préfère le sel gris, nous croyons que cela est à tort, et que le sel blanc et pur est bien préférable. On doit aussi se procurer des pots ou des futailles. Les futailles demandent à être faites avec soin, pour qu'il y ait le moins de fissures possibles. On emploie à leur confection les bois de chêne, de hêtre, de sapin, de tilleul et de peuplier. Le premier demande à être privé de son acide pyroligneux par une longue immersion sous l'eau. Les pots sont ordinairement en grès ou en faïence.

On sale toujours le beurre de la même façon, quelque soient les vases dont on se serve. On fait sécher le sel au four, puis on le broye en poudre très fine; on le mélange ensuite avec le beurre en pétrissant celui-ci au moyen d'un rouleau et mettant une once de sel par livre; cette dose doit varier suivant l'usage auquel on destine le beurre. Aussitôt qu'il est salé, on le dépose dans les vases, le foulant partout avec beaucoup de force, mais laissant 2 pouces de vide dans le dessus; on l'abandonne ensuite, et après quelque temps, ordinairement une semaine, la masse a diminué et s'est détachée des parois du vase. On doit alors faire entrer du sel et de la saumure dans ce vide et en placer un ou deux doigts sur la surface. Les barils demandent quelquefois une préparation particulière qui consiste à faire fondre un peu de beurre que l'on verse dans le baril, ayant soin qu'il bouche les pores du bois et toutes les fissures.

On conserve le beurre salé dans des lieux très frais, et lorsqu'on en prend on enlève par couches minces, ayant soin de bien unir la surface de ce qui reste dans le vase. Si on devait le laisser fort long-temps entamé, on le couvrirait de sel et de saumure. Les vases qui ont déjà servi sont très propres à recevoir de nouveau du beurre, mais ils ne doivent point avoir de mauvais goût, être lavés avec soin et séchés ensuite. La qualité des beurres dépend beaucoup de la propreté et de la bonne préparation des vases.

«Une excellente composition pour conserver le beurre, dit Twamley, est un mélange de nitre et de sucre, de chacun une partie avec deux parties de sel commun, le tout réduit en une poudre très fine. Il faut mettre de cette composition une once par 16 onces de beurre, aussitôt que celui-ci est dégagé du petit-lait, bien méler l'un avec l'autre, et mettre de suite le beurre dans le baril en le pressant fortement, afin qu'il n'y reste ni trou ni aucune cavité dans lesquels l'air puisse séjourner. La surface doit être bien unie, et si l'on n'emplit pas le baril de suite et qu'il doive se passer un jour ou deux avant qu'on remette de nouveau beurre sur le premier, il faut couvrir hermétiquement le vase avec du linge, sur lequel on mettra une feuille de parchemin mouillé, ou, à défaut de parchemin, un morceau de linge fin, trempé par du beurre fondu, qui joigne exactement les bords du vase tout autour, de manière à empêcher autant que possible l'introduction de l'air. Quand on veut ajouter du beurre, il faut ôter ces couvertures, presser fortement la seconde couche de beurre sur la première, la bien unir, et faire toujours ainsi jusqu'à ce que le vase soit rempli ; quand il est plein, il faut étendre les deux couvertures avec le plus grand soin et verser un peu de beurre fondu sur les bords, de manière à clore hermétiquement, afin d'intercepter l'air. On peut mettre un peu de sel sur le tout, et fixer ensuite le couvercle.

« Le beurre ainsi préparé a peu de goût pendant une quinzaine de jours; mais au bout de ce temps, il acquiert un goût excellent, et se conserverait dans le climat de l'Angleterre pendant plusieurs années. Cependant il pourrait s'altérer pendant qu'on l'emploie, faute de quelques précautions qu'il est bon de prendre. »

Nous avons déjà indiqué ces précautions, et nous ne les répéterons pas ici ; nous dirons seulement qu'il faut tenir le beurre parfaitement couvert ou verser à la surface un ou deux pouces de forte saumure.

Il est encore un mode de saler le beurre que nous allons indiquer. On fait une saumure très forte et l'on y fait tremper le beurre, en morceaux gros comme le poing; on les en retire ensuite; on les laisse un peu sécher, et on les pétrit.

3°. *Le beurre fondu* est de tous les beurres celui qui se conserve le mieux, surtout pendant les grandes chaleurs. Nous allons d'abord décrire le moyen indiqué dans l'*Art de faire le beurre*, et nous dirons ensuite comment on procède ordinairement en France. « En Angleterre, on fond le beurre au bain-marie et on le sale après; pour cela il faut mettre le beurre dans un vase convenable et placer ce vase dans un autre vase où il y ait de l'eau; il faut faire chauffer cette eau jusqu'à ce que le beurre soit tout à fait fondu, puis le laisser pendant quelque temps dans cet état; alors les parties impures tomberont au fond du vase, et il restera à la superficie une huile transparente et parfaitement pure, qui, en refroidissant, deviendra opaque et sera d'une couleur semblable à celle du beurre frais, seulement un peu plus pâle; elle sera aussi d'une consistance plus ferme. Dès que ce beurre raffiné prend un peu de consistance, mais avant qu'il ait acquis toute la fermeté qu'il doit avoir, il faut séparer de la lie la partie qui est pure, la saler et la mettre en pots, comme nous avons indiqué pour le beurre non fondu. Ce beurre, ainsi préparé, se conservera dans les pays chauds, beaucoup plus long-temps que du beurre salé sans avoir été fondu, parce que le sel s'y incorpore et y reste mieux. On peut aussi conserver ce beurre sans le saler, en y mêlant une certaine portion de miel fin, à peu près une once par livre de beurre. Il faut les bien mêler, afin qu'ils soient incorporés ensemble. Ce mélange a un goût agréable et doux, et se conserve pendant plusieurs années sans devenir rance. Il n'y a pas de doute que du beurre ainsi préparé ne puisse être transporté très loin sans se gâter. »

En France, on opère ordinairement à feu nu, malgré le désavantage que ce mode présente. On place donc le beurre dans un chaudron de cuivre, ou dans un pot de fonte, et on le porte à l'ébullition que l'on soutient sans lui permettre de devenir désordonnée. Peu de temps après qu'elle est commencée, s'opère un dépôt de matières étrangères, et des écumes s'élèvent à la surface du beurre qui est devenu liquide. On retire ces écumes à mesure qu'elles se forment, et quand il ne se dépose plus rien, qu'il ne monte plus d'écume et que le beurre semble bien clair, on retire le vase, et l'on verse aussitôt que l'on peut y tenir le doigt. Si les vases sont en terre, on les échauffera un peu avant d'y verser le beurre. On doit prendre bien garde, en versant, de remuer le dépôt; les vases pleins se déposent dans des lieux frais.

Les Tartares, suivant Bergmann, fondent leur beurre au bain-marie, ne laissant pas la chaleur s'élever jusqu'à l'ébullition, le décantent quand le dépôt est formé, le passent ensuite à travers un linge, et le mettent refroidir en plaçant, dans l'eau fraîche d'une fontaine, les vases dans lesquels ils l'ont versé. Ainsi préparé, le beurre se conserve alors plus de six mois.

Nous terminerons cette section par les indications que l'on doit connaître pour retirer le beurre du petit-lait et par la méthode suivie à la Prévalaye pour la production du beurre. Nous avons dit déjà quelques mots sur cet excellent beurre, le meilleur de France et peut-être du monde. Nous emprunterons ce dernier article à M. Villeneuve. Il est d'une exactitude scrupuleuse, ce dont nous avons pu nous assurer nous-même, en visitant avec le plus grand soin la ferme principale de la Prévalaye.

VI. Beurre de petit-lait. Dans beaucoup de pays les fromages se font avec le caillé mélangé à la crème. Le petit-lait est alors mêlé à une assez grande quantité de beurre. Cela arrive encore, mais à moins haute dose, dans le petit-lait que l'on tire des fromages maigres ou sans crème, du moins apparente. On assure qu'une vache donne par semaine une livre de ce beurre.

Le petit-lait est de deux espèces : le vert et le blanc ; le vert est celui qui sort le premier du caillé, sans être pressé ; le blanc, au contraire, ne coule que sous la pression. Le mode le plus en usage pour en tirer la crème, consiste à faire bouillir le petit-lait vert et à y mélanger, lorsqu'il est arrivé à ce point, une petite quantité de petit-lait blanc ou d'eau. Bientôt une écume blanche s'élève, on l'enlève et on la met jusqu'au battage dans des vases de terre. Dans d'autres contrées, on écrème le petit-lait en laissant monter naturellement ; ensuite on fait bouillir le produit de l'écrémage que l'on bat quand il est refroidi, et que la quantité amassée est suffisante. Ce que nous venons de dire ne s'applique qu'au petit-lait vert ; le blanc se traite comme le lait pur, c'est-à-dire qu'on le laisse monter naturellement : le produit de son écrémage se mêle avec celui du vert et se bat en même temps. Dans quelques contrées, on mélange au petit-lait un douzième de lait pur, on écrème comme à l'ordinaire, et on obtient un beurre assez bon. Le beurre de petit-lait est inférieur à celui du lait, mais dans une proportion assez faible. Ainsi, en Angleterre, dans le Leicester-Shire, on vend 22 sous la livre de beurre de lait et 18 sous celle de petit-lait.

VII. BEURRE DE LA PRÉVALAYE. La Prévalaye est une terre située à moins d une lieue et demie de Rennes. Deux fermes, dont une considérable, produisent l'excellent beurre qui fait l'objet de cet article. Les pâturages sont très fertiles, les terres fort bonnes et les plantations admirables. On y montre encore le tronc presque sans vie d'un chêne planté par Henri IV. Nous allons laisser parler M. Villeneuve.

« Les vaches n'ont rien d'extraordinaire; elles sont de grandeur médiocre, indigènes et bonnes laitières; on les tient proprement; tous les jours, on change leur litière et on les étrille. On les tient à l'étable chaudement, mais sans excès; on leur évite avec soin le froid, comme nuisible à la quantité, à la bonté et à la couleur de leur lait; on connaît le beurre d'hiver à la privation de ces qualités. On exige dans le beurre de la Prévalaye un goût exquis de noisette, une grande fermeté, une couleur dorée et beaucoup de propreté. Il tire son goût de la nourriture des vaches, sa fermeté du procédé de le battre, sa couleur de la circonstance du printemps et de la nature des herbes, sa propreté de la beurrière qui le fait et y met des soins louables.

« Dans les prés hauts des environs de Rennes, il croît une herbe très fine, dont la couleur, au printemps, est égale aux boulingrins d'Angleterre, du plus beau vert. Lorsqu'on les examine de près, on y observe tous les trèfles, les meilleures graminées, le sainfoin, la pimprenelle, le laitron à feuilles de laitue, la carotte, la gesse, le lotier, le polygala, le pied de lièvre, la vesce sauvage et autres excellentes herbes; on supprime avec soin les herbes nuisibles, et aussi celles qui sont acides qui nuiraient à la délicatesse du beurre. On a, dans la même vue, très grand soin d'écarter les vaches des fleurs du châtaignier, dont le pays est rempli, qui tombent au printemps, que les vaches aiment beaucoup, et qui donnent au beurre un goût détestable.

On sert, le matin, aux vaches un repas de ces herbes naissantes, mêlées avec des tiges de seigle qu'on a semé pour couper en vert, et du bon foin de l'année précédente; ce déjeûner est précédé d'une ample boisson blanchie avec des recoupes, un peu salée et servie tiède. Pendant la journée, on leur abandonne des pacages, réservés et clos pour elles; le soir, elles ont le même repas que le matin, et c'est pendant qu'elles mangent qu'on les trait, après avoir lavé leur pis. Avant qu'elles sortent, on les étrille; lorsque le temps est froid ou qu'il pleut, elles restent à l'étable, ne sortent un moment, le matin, que pour être conduites sur la motte au fumier, où elles se vident et ont les pieds chauds; après quoi, elles rentrent, se couchent, ruminent et attendent patiemment le dîner, qui ressemble en tout au déjeûner et au souper. Telle est la nourriture des vaches pendant tout le temps qu'on envoie du beurre à Paris, c'est-à-dire pendant les mois de février et de mars; le reste de l'année, on y met moins de petits soins, mais on les tient toujours en bon état, par rapport au prix de leur beurre, toujours au-dessus de celui des beurres communs.

« La baratte n'a de remarquable que son extrême
propreté; et, comme on bat tous les jours le lait dans
la Prévalaye, on n'y a besoin que de la baratte ordinaire; on lui trouve d'ailleurs des qualités particulières pour la confection du beurre, telles que de pouvoir y introduire un vase rempli d'eau chaude dans le
froid, et de le rassembler en masse plus solide et plus
promptement. Chez les beurrières les plus considérables, on joint le secours d'un bâton élastique qui re-
lève le pilon plus facilement qu'on ne le ferait avec
les bras, et permet d'en battre le double.

« On met dans la baratte tout le lait de la veille au
soir et le lait chaud du matin; on les laisse ensemble
quelques heures avant de les battre; on ne sépare jamais la crème du lait; on prétend que, employé tout
entier, il y a plus de beurre et qu'il est plus fin; d'ailleurs le lait de beurre, quoique acide, se vend bien
à Rennes, et l'on distingue cette substance en lait aigre
et lait doux. Comme cette quantité est toujours inférieure à celle d'une crème conservée plusieurs jours,
et que la nourriture des vaches est chère, la beurrière
s'en dédommage sur la supériorité; le prix ordinaire,
avant la révolution, était de quarante sous la livre.
Elle achetait pour son ménage du beurre ordinaire,
qui ne lui en coûtait que douze à quinze. Il y a eu
quelque altération, quelques changemens depuis, dont
nous parlerons tout à l'heure.

« Au sortir de la baratte, on lave, ailleurs, le
beurre pour le dépouiller de son petit-lait; mais à la
Prévalaye, on l'en débarrasse en le coupant en lames
très minces, avec une espèce de cuiller plate, qu'on
trempe sans cesse dans l'eau, afin que le beurre ne

s'y attache pas; on le manie et remanie sur des vaisseaux de bois mouillés qu'on peut comparer aux
cônes écrasés des couvercles de fer-blanc dont on
couvre les casseroles qui sont sur le feu; les femmes
les tiennent dans la main gauche, et laminent, battent,
tournent en tous sens le beurre de la droite, le durcis-
sent, le salent faiblement, le pèsent et lui donnent la
forme d'une espèce de borne, qu'elles appellent *coin*.

« Il se vend peu de ce beurre à Rennes, pour la
consommation de la ville; la plus grande partie est
transportée à Paris par les courriers, les diligences,
les voyageurs, et même par les rouliers; cette traite
se prolonge quelquefois, mais en petite quantité, jusqu'à la fin de mai. La même finesse n'existe plus lorsque
l'herbe a pris du corps, et le beurre, quoique très bon,
est alors privé de cette fleur qui le rendait si attrayant
à sa naissance. On l'achète des beurrières de Rennes,
en petits pots d'argile noire, couvert de sel blanc de
Guérande. Le meilleur, et le plus cher, est emballé
dans de petits paniers carrés, revêtus en dedans d'un
morceau de toile fine ou de mousseline, également
couvert de sel de Guérande. Lorsque ces petites
mottes manquent de la couleur agréable que l'on demande au beurre de la Prévalaye, ces beurrières en
second, comme celles qui le fabriquent, le dorent, en
passant et repassant sur sa surface la cuiller plate, qu'à
cet effet elles mettent tremper dans l'eau bouillante; le
beurre y gagne un glacé tel qu'elles le désirent, mais
cette opération nuit à sa solidité et à sa conservation;
il devient gras sous peu de jours par la fonte insensible
qu'il a éprouvée, et se ternit au grand air. Les soins
de ces femmes secondaires sont payés par un tierce-

ment, et, quand elles le peuvent, par un doublement du prix qu'elles l'ont acheté. »

On a prétendu que le beurre fait avec le lait, comme à la Prévalaye, n'était pas de bonne garde; nous pouvons affirmer d'après notre propre expérience, que du beurre de cette terre, préparé pour être mangé frais, c'est-à-dire peu salé, a été conservé pendant plus d'un mois et même plus de six semaines. Nous étions sûr du lieu de sa production, puisque nous l'avions acheté après l'avoir vu préparer.

§ IV. Des Fromages.

Les fromages se composent de *caséum* ou caillé, d'une faible quantité de beurre et d'une portion encore plus minime de *sérum* ou petit-lait. Sans nier que les causes qui influent puissamment sur la qualité du beurre, n'aient aussi quelque importance dans la fabrication des fromages, on doit avouer que presque partout on peut faire des fromages presque identiques de composition et de qualités. Cette vérité, bien établie, doit engager tous les propriétaires de laiteries importantes, à faire, avec le lait qu'ils ne pourraient employer plus utilement, des fromages de longue garde comme ceux de Gruyères, de Parmésan, de Chester et de Hollande. Cette fabrication peut présenter d'immenses avantages dans une foule de localités; nous décrirons donc avec grand soin les opérations particulières que demande chaque espèce de fromage, ne nous occupant toutefois que des plus importantes.

Nous allons donner ici les préceptes généraux, dont on ne doit pas s'écarter dans la préparation du fromage. Nous les empruntons à M. Masson Four : « Fabrication autant que possible en grandes masses, parce qu'alors le fromage a une qualité moyenne et marchande, qu'il est sujet à moins d'accidens, qu'il se dessèche moins vite et se corrompt moins facilement. — Emploi d'un lait de bonne qualité et sans altération. — Usage d'une présure non altérée et d'une force constante autant que possible. — Coagulation du lait à une température de 27° à 29° centigrades (23° à 24° Réaumur) selon la saison, avec une dose de présure convenable, ni trop forte ni trop faible. — Division exacte du caillé avec les précautions nécessaires, soit pour un fromage à froid, soit pour le fromage cuit. — Séparation aussi complète que possible du petit-lait, au moyen d'une pression graduée et plus forte sur la fin. — Salaison du fromage, après sa pression et sa dessiccation, avec du sel pur et sec. — Soins attentifs dans le magasin pour faire passer le fromage et le faire arriver à point. — Surveillance de tous les jours; — et, par-dessus tout, la plus grande propreté de tous les vases et ustensiles et de l'opérateur lui-même. »

On peut faire du fromage en tout temps, surtout si on continue pendant l'hiver la nourriture verte, c'est-à-dire celle au moyen de racines ou de feuilles de choux. On regarde pourtant comme meilleur celui de la belle saison.

On emploie pour fabriquer le fromage, d'abord le lait, ensuite une substance propre à le coaguler, plus ordinairement de la présure. Il est quelques fromages que l'on colore comme nous l'avons dit du beurre, et presque tous se salent. Avant de passer aux opérations que réclame le fromage, nous dirons en quelques mots ce que c'est que la présure, comment on la conserve et comment on l'emploie.

I. Présure. La présure est le lait contenu dans le quatrième estomac d'un jeune veau qui tête encore et l'estomac lui-même. Ce dernier est ordinairement appelé *caillette*. On doit l'examiner avec grand soin et rejeter tout estomac qui paraît taché lorsqu'on le regarde en le présentant au jour. En Angleterre, on prépare ainsi la caillette et son contenu : on retire ce dernier, on le lave ainsi que la caillette dans laquelle on le réintègre ensuite. Tous les estomacs sont après cela déposés dans une cruche de grès, et on les baigne d'une saumure tiède et forte. Après quelques jours on ajoute encore du sel et on les laisse pendant un peu de temps, après lequel on retire les caillettes et on les fait sécher. On peut ensuite les conserver aussi long-temps qu'on le désirera, en les exposant continuelle-ment à un air sec. Lorsque l'on veut s'en servir, on en coupe un morceau d'un pouce, on le fait tremper dans une petite quantité d'eau chaude que l'on verse le len-demain dans le lait pour le faire cailler.

Marshall donne cette autre recette. « Prenez, dit-il, un estomac ou caillette de jeune veau, et après en avoir retiré le caillé, lavez-le bien ; salez-le de manière à ce qu'il reste, en dedans et en dehors, une couche de sel. Mettez cette poche à présure, ainsi préparée, dans une terrine ou autre vase, et laissez-le pendant trois ou quatre jours ; au bout de ce temps, le sel et le jus de cet estomac auront formé une saumure ; ôtez la poche de la terrine, suspendez-la pendant trois ou quatre jours pour qu'elle sèche, ensuite ressalez-la, remettez-la dans une terrine que vous couvrirez avec un papier piqué par une forte épingle, et laissez-la ainsi jusqu'à ce que vous en ayez besoin. Il est bon de préparer cette présure un an avant de s'en servir; cependant, en cas de besoin, on peut en faire usage peu de jours après la seconde salaison, mais elle n'aura pas autant de force que si elle avait été gardée plus long-temps. »

Le mode d'emploi de cette présure est ainsi décrit par l'auteur précité : « Prenez une poignée de feuilles d'églantier sauvage (*rosa églanteria*), autant de feuilles de rose sauvage (*rosa canina*) et une égale quantité de feuilles de ronce (*rubus fruticosus*); mettez avec trois ou quatre poignées de sel dans cinq pintes d'eau ; faites bouillir pendant environ un quart d'heure ; tirez la liqueur à clair, laissez-la refroidir, et quand elle sera tout à fait froide, mettez-la dans un vase de terre avec l'estomac préparé comme il est indiqué ci-dessus ; ajoutez-y un gros limon coupé et une once de clous de girofle, ce qui donne à la présure un goût agréable. » Un cinq centième de cette présure suffit pour coaguler le lait.

Nous devons à M. Parkinson la méthode suivante : « Prenez l'estomac d'un veau de six semaines environ, ouvrez-le ; mettez-en seulement le caillé dans un vase bien propre, nettoyez-le et lavez-le à plusieurs eaux jusqu'à ce qu'il soit bien blanc ; quand il sera parfaitement propre, étendez-le sur un linge bien blanc pour qu'il sèche ; remettez-le ensuite dans un vase bien propre avec une poignée de sel ; prenez la poche ou l'estomac lui-même, lavez-le à plusieurs eaux, et quand il est parfaitement propre, salez-le en dedans et en dehors, remettez-y le caillé ; ensuite mettez le tout dans un pot que vous couvrirez avec un morceau de vessie, pour intercepter complètement l'air. Il est favorable à la qualité du fromage, que l'on garde cette présure pendant un an avant de s'en servir, parce que le fromage est sujet à devenir mou et quelquefois creux quand on emploie, pour cailler le lait, de la présure trop nouvelle. Quand cette présure est bonne à être employée, ouvrez le sac, mettez le caillé dans un mortier ou dans une écuelle; battez avec un pilon ou un rouleau, ajoutez-y deux ou trois jaunes d'œufs, une demi-pinte de crême douce, une petite quantité de safran bien sec et réduit en poudre impalpable, quelques clous de girofle et un peu de macis, le tout bien mêlé; remettez-le dans la poche, faites ensuite une forte saumure avec du sel et une poignée de sassafras bouilli dans l'eau; quand cette saumure est froide, tirez-la à clair dans un vase de terre bien propre, et mettez-y quatre cuillerées du caillé préparé comme nous venons de le dire; et comme cette présure est très forte, cette quantité suffira pour cailler soixante pintes de lait. Il faut garder cette présure une quinzaine de jours avant de s'en servir. »

Il est encore une foule d'autres méthodes : ainsi, dans certains pays, on hache très menue la caillette et son contenu, on la mélange avec quelque peu de crême et de sel, on la dépose dans une vessie que l'on fait sécher. Ailleurs on se sert de petit-lait ou d'eau pour faire cette préparation à laquelle on ajoute du sel et du poivre. On fait détremper la veille, dans l'eau chaude, ce dont on doit se servir. Quelques personnes se contentent de faire tremper la caillette dans une saumure très forte, et prennent de celle-ci pour l'usage.

Dans les fruitières de la Suisse, on vide la caillette, on la nettoie, on la sale en dedans, on la gonfle et on la fait sécher à l'ombre. Lorsque l'on veut s'en servir, on la coupe et on la met dans de l'eau tiède ou dans du lait. On peut s'en servir presque de suite ou la garder pendant un mois, en retirant les morceaux de caillette et plaçant les vases qui contiennent la présure dans un lieu frais.

La présure conservée est meilleure que celle que l'on emploie de suite : se servir directement de la caillette, en en projetant les morceaux dans le lait, est une mauvaise méthode : on doit les faire tremper la veille dans du lait ou de l'eau chaude, et employer ce liquide pour coaguler. On doit apporter la plus grande propreté à la préparation et à la conservation de la présure.

II. DE LA FORMATION DU CAILLÉ. Ici, comme dans beaucoup d'opérations agricoles, la pratique est le plus sûr guide. Il est deux choses fort importantes à observer : le degré de chaleur et la quantité de présure. Les hommes les plus experts dans la fabrication des fromages, sont d'avis que le degré de température doit être entre $27°$ et $29°$ cent. Mais, comme nous venons de le dire, la pratique devra souvent faire changer cette proportion, parce que les saisons, la situation des pâturages et leur composition, la température extérieure influent sur les qualités du lait et par suite sur les moyens employés pour en tirer les substances qu'il renferme.

On ne doit pas, à moins d'y être forcé, employer le chauffage à feu nu, parce que l'on risque ainsi de perdre beaucoup en brûlant quelques parties du caillé qui, mêlées avec les autres, leur donneraient une saveur détestable. On doit donc chauffer au bain-marie ou verser de l'eau bouillante dans le lait. Dans les grandes fromageries, les chaudières sont coniques et montées sur une grue tournante. Le fourneau doit être construit pour obtenir toute la chaleur qui se développe pendant la combustion. Dans beaucoup de pays, on se contente de placer, près du feu ou dans le four, les vases qui contiennent le lait.

Nous ne pouvons rien dire de la quantité de présure qui se met dans le lait ; elle est très variable, et l'expérience seule peut ici servir de règle. Il faut éviter d'en mettre trop, parce qu'alors le fromage serait aigre et par conséquent désagréable. On doit aussi rejeter toute présure trop vieille ou gâtée. On ne doit point trop accélérer la formation du caillé, car la qualité du fromage y perdrait. On regarde une ou deux heures, comme le temps ordinairement nécessaire, pour que le lait se coagule : nous disons ordinairement, parce qu'il arrive quelquefois que des circonstances imprévues retardent ce moment. On ne doit pas laisser les vases découvert pendant cette formation, afin que le lait perde le moins possible de sa chaleur primitive. On conseille d'ajouter un peu de sel au lait qui se coagule difficilement.

En Angleterre et dans le Parmésan, on colore le fromage ; dans le premier de ces deux pays, on se sert de l'*arnotto* d'Espagne, ou pâte préparée avec le rocou : on en fait dissoudre la veille dans un peu de lait que l'on mêle à la masse ou l'on en met dans un nouet que l'on broye dans les vases qui renferment le lait que l'on veut faire cailler. Les Parmésans emploient le safran.

Le lait qui a reçu la couleur doit être bien remué pour que tout ait une nuance égale.

III. DE L'ÉGOUTTAGE ET DE LA DIVISION DU CAILLÉ. Le caillé doit être privé de tout le petit-lait pour donner un bon fromage, surtout si celui-ci est destiné à être conservé long-temps. Aussitôt qu'il est complètement formé, on fait écouler tout le petit-lait qui enveloppe la masse coagulée, et on brise celle-ci soit avec le couteau que nous avons décrit, soit avec la main; mais le premier moyen est préférable. On doit diviser le plus possible, mais avant d'être arrivé à la fin de cette partie de l'opération, et après avoir donné quelques coups de couteau, on laisse le petit-lait sortir, on le décante en ayant soin de ranger les morceaux de caillé dans le milieu du vase. Pour ces divers décantages, il est commode d'avoir un trou au bas du vase, trou que l'on bouche avec une cheville de bois.

La division du caillé demande plus d'une demi-heure. Quand elle est finie, on laisse reposer et on fait de nouveau couler le petit-lait. On doit rejeter avec lui les globules de caillé qui surnagent, car ils recouvrent des parcelles assez grosses de beurre ou même de petit-lait, parcelles qui se fondraient plus tard, se gâteraient et nuiraient au fromage. Le petit-lait qui sort verdâtre et limpide, indique que l'opération a réussi : elle est au contraire mauvaise si le petit-lait est blanc et épais.

Dans beaucoup de pays, le caillé, ainsi divisé, se place de suite dans des formes définitives; mais ailleurs on le soumet, dans des formes provisoires, à une première pression qui dure près d'une heure. On le retire ensuite, et on le brise de nouveau soit au moyen des mains, ce qui est mauvais, soit avec le moulin à briser, espèce de laminoir que nous avons décrit.

IV. DE LA PRESSION OU MISE EN FORMES. Ceci est une opération fort simple. On place un linge très fin dans les éclisses ou dans le moule, on le remplit ensuite de caillé, ayant soin que celui-ci s'élève au-dessus du moule d'un pouce au moins; on place dessus un rond et l'on serre graduellement la presse : on la laisse serrée pendant deux heures, puis on desserre, on change le linge, on remet en presse et on n'ôte le fromage qu'au bout de huit et dix heures ou même davantage. En Angleterre et en Hollande, on l'échaude entre les deux pressions : cet échaudage qui ne convient qu'aux fromages qui doivent voyager, durcit la croûte ou enveloppe.

Les formes doivent être tenues fort propres, lavées, à chaque fois, avec du petit-lait chaud, et bien séchées. On place autour du caillé qui s'élève au-dessus de la forme, avant la pression, une petite hausse de toile, que l'on attache avec de fortes épingles. L'éclisse ou la forme doit permettre au petit-lait de s'écouler facilement. Si le fromage était gros, le moule aurait de distance en distance de petites ouvertures par lesquelles on enfoncerait de minces brochettes en fer, et par les trous que celles-ci feraient dans le fromage, le *sérum* sortirait.

V. DE LA SALAISON. Le sel que l'on emploie à cette opération doit être très pur et bien sec. Les Hollandais surtout apportent un soin tout particulier à ce choix; ils ne veulent que du sel bien cristallisé et évaporé très lentement. On sale de deux façons différentes : si l'on emploie la première, on retire le fromage de la forme, on le sale des deux côtés, puis on le met sur une planche dite *planche à fromage* que l'on porte au séchoir ou magasin aussitôt que le fromage est salé et séché. On renouvelle le salage de temps à temps jusqu'à ce que l'on juge que le salage est suffisant. Le second moyen consiste à tremper le fromage garni de son moule dans une saumure très forte où on le laisse pendant plusieurs jours. Il ne faut employer sur les fromages que du sel très fin. Le fromage ne doit être mis sur la planche que lorsqu'il est raffermi, qu'il a sué et que sa dureté est uniforme; on doit jusque-là le tenir chaudement; « Car, comme le dit un auteur que nous avons déjà cité, c'est la chaleur qui fait le fromage, qui lui donne une bonne couleur, et qui fait que quand on le coupe, il a cette bonne mine grasse et crèmeuse, signe certain de son excellente qualité. »

VI. Soins a donner aux fromages en magasin. Le magasin doit être un lieu sec et aéré; on n'y déposera les fromages que lorsque ceux-ci auront acquis presque toute leur sccité, parce que sans cela on aurait à craindre deux inconvéniens : d'abord une dessiccation trop rapide pour ceux que l'on y apporterait encore imprégnés de petit-lait, et surtout l'évaporation humide qui nuirait beaucoup à ceux déjà secs.

Déposés au séchoir, les fromages doivent être l'objet d'une surveillance continuelle, surtout pour ceux qui ne sont pas cuits. On doit les retourner au moins une fois par semaine et les essuyer ou même les laver toutes les fois que la moisissure se montrera à la surface. Dans certains fromages une extraction incomplète du petit-lait cause un développement de gaz qui pourrait faire éclater le fromage et le perdrait; il faut dans ce cas le placer dans un lieu sec et frais, et même le piquer avec une aiguille pour donner passage au gaz formé dans l'intérieur.

Nous n'avons donné ici que des règles générales qui ne s'appliquent pourtant pas à tous les cas et qui sont incomplètes pour le plus grand nombre. Mais nous avons cru devoir le faire, pour faire connaître quelques principes généraux tout-à-fait nécessaires pour marcher dans le dédale des pratiques nombreuses et pour faire comprendre les diverses opérations. Nous allons maintenant décrire les divers modes de préparation les plus importans, regrettant vivement de ne pouvoir donner à ces articles plus de développement.

VII. DES MODES DE FABRICATION PARTICULIERS A CHAQUE ESPÈCE DE FROMAGES. Nous suivrons ici l'ordre naturel que nous allons indiquer : 1º fromage de lait de vache ; 2° de lait de chèvre ; 3º de lait de brebis ; 4º de laits mélangés ; 5º préparation diverses.

1º Fromage de lait de vache. *Mous et frais.* — A. F. MAIGRE, *à la pie, Jacques*, le plus simple de tous. On le fait en plaçant dans de petites formes ou dans un égouttoir, le caillé qui nage dans le petit-lait après l'enlèvement de la crême ; on le sert et on le mange de suite quand il est égoutté.

B. F. GRAS. On fait cailler le lait comme il a été dit plus haut, mais sans enlever la crême, on le fait égoutter et l'on peut manger de suite. On le rend encore meilleur en ajoutant au lait, avant de mettre la présure, de la crême très fraîche ou en plaçant dans la forme un lit de caillé et un lit de crême fraîchement levée. Le fromage fait avec ce surcroît de crême, se nomme *Fromage à la crême.*

Fromages mous et salés. C. F. DE BRIE. Aussitôt la traite du matin terminée, on ajoute à son produit la crème que l'on a levée sur la traite de la veille au soir; on y joint une petite quantité d'eau chaude, pour que la masse soit élevée à une chaleur douce. On mélange bien la crème de la veille en battant vivement, et l'on y projette la présure à raison d'une cuillerée pour 12 pintes; mais non à nu, car on doit la renfermer dans un nouet de linge, la faire fondre et la broyer entre les doigts. On abandonne ensuite le lait pendant une demi-heure, et si au bout de ce temps il n'est pas encore caillé, on ajoute un peu de présure. Si le caillé est formé, on l'agite au milieu du petit-lait, on le presse avec les mains au fond du vase, et on l'enlève; il faut alors le placer dans le moule à fromage, ayant soin qu'il dépasse un peu les bords; on le recouvre d'une planche et on le charge d'un poids.

Lorsque la plus grande partie du petit-lait est sortie, on renverse le fromage sur un linge qui recouvre la planche de la forme, on place dans celle-ci un autre linge et on y fait rentrer le fromage, placé ainsi entre deux linges; on le porte alors sous la presse et on serre graduellement. On le change de linge toutes les deux heures, le pressant ainsi pendant 24 heures. Alors on le sale, après l'avoir placé dans un baquet; on renouvelle le salage le lendemain et on le laisse ainsi 2 ou 3 jours. Il faut ensuite le retirer pour le faire sécher, ce qui se fait petit à petit, mais avec plus de chaleur ou d'air au commencement qu'à la fin. Pendant tout le temps que l'on fait sécher ce fromage, on le nettoye une fois par jour et on le retourne.

Lorsque le point de siccité convenable est atteint,

on place au fond d'une barrique ou tonneau défoncé ,
un lit de paille menue ou balles d'avoine, de 4 pouces
d'épaisseur. On étend sur cette couche , une *clisse* de
paille ou de jonc, on met un fromage, on recouvre d'une
clisse, d'une nouvelle couche de menue paille, puis d'un
nouveau fromage, et l'on continue ainsi jusqu'à ce que
l'on soit arrivé à 6 pouces au-dessous du bord de la
barrique : on remplit ce vide de même paille. Les clisses
ne sont pas indispensables : elles ont pour but d'empêcher les balles de s'attacher aux fromages. Les tonneaux sont placés dans des endroits frais mais secs. Là
les fromages s'affinent, se perfectionnent, et au bout
de quelques mois peuvent être consommés. Lorsqu'on
les enlève du tonneau , il en est plusieurs qui se brisent ; il faut alors les placer dans des pots , après avoir
enlevé toutes les croûtes et les corps étrangers. Ce
fromage en bouillie épaisse, est le plus crèmeux, et
sans contredit le meilleur. On le nomme dans le commerce : *Fromage de la poste aux chevaux de Meaux.*

D. F. DE LANGRES. Ce fromage est un des meilleurs
que l'on puisse préparer, et il est fâcheux qu'il soit peu
connu ; son odeur est à la vérité fort désagréable , mais
sa pâte est fine et fort sapide. On ne le prépare guère
que dans l'arrondissement de Langres , département
de la Haute-Marne. Voici comment on le fait :

Aussitôt que le lait encore chaud a été passé, on y
verse une quantité de présure liquide suffisante. Les
terrines qui renferment le lait, sont alors placées dans
le four lorsque le pain a été retiré, derrière la plaque en fonte du foyer ou autour de celui-ci : on doit
éviter de trop élever la température du lait, parce

qu'alors le fromage serait mauvais. Le caillé bien coagulé, on le place dans des formes nommées *rondeutes*,
et on le dépose dans un endroit un peu chaud, jusqu'à
ce que tout le petit-lait se soit écoulé. Au bout de 24
heures, on retire les fromages des formes, on les placent sur une couche mince de paille, et on les laisse
pendant 6 jours sécher et s'égoutter. Alors on les sale,
d'abord d'un seul côté, employant une once par livre de
fromage; quand ce premier sel est fondu, on les retourne
et on les sale de l'autre côté : ils doivent durant ce
temps être placés dans un lieu sec et bien ventilé. Au
bout de quelques jours et souvent une semaine après
la salaison complètement terminée, il se forme sur toute
la surface du fromage une peau assez épaisse; il faut
l'ôter en lavant le fromage dans de l'eau tiède salée,
et en frottant doucement avec la main. On renouvelle
cette opération toutes les fois que le fromage se dessèche ou moisit. Arrivé à cette époque de la préparation, le fromage se colore, prend une teinte jaune et
commence à exhaler cette odeur dégoûtante qui se répand au loin; si alors on veut faire *passer* ou mûrir les
fromages, on les met à la cave dans des vases de grès
ou dans des caisses de bois ou des futailles. Ils doivent
être recouverts et souvent visités, pour que l'on puisse
enlever les taches de moisissure qui se forment fréquemment. Pendant cette période de sa fabrication,
le fromage acquiert toute sa qualité et peut être consommé. Les amateurs sont divisés sur l'époque précise
de sa maturité. les uns le préfèrent lorsqu'il est encore
ferme, *demi-passé* et que le centre conserve une saveur
semblable à celle du caillé; les autres, au contraire, le
veulent réduit en pâte coulante, et ce n'est qu'alors,

au reste, que le fromage *passé* a le goût et l'odeur qui lui sont propres.

Le fromage de Langres ou *passé*, peut se préparer dans toutes les saisons, mais celui qui se fait pendant les mois de septembre et d'octobre, est le meilleur. En effet, le lait d'hiver est incontestablement moins bon que celui d'automne, et pendant les chaleurs, des mouches déposent leurs larves sur le fromage, celles-ci se développent sous la forme de vers, et les fromages ainsi maltraités, ne sent mangés qu'avec répugnance par le plus grand nombre des consommateurs. Cette production est devenue pour Langres, l'objet d'un assez grand commerce, fort lucratif pour ceux qui s'en mêlent. Nous recommanderons spécialement les fromages de madame Véry, rue du Château-du-Mont.

E. F. DE MAROLLES ou Maroilles, se prépare dans le département du Nord. Ce fromage qui a quelques rapports avec le précédent, est loin d'avoir toutes ses qualités. Il est de forme carrée et subit une légère pression avant de sortir du moule. Puis on le fait sécher à plat, ensuite sur champ et on le frotte tout autour avec du sel bien broyé. Pour l'affiner, on le place dans la cave après l'avoir lavé avec de la bière que l'on fait tiédir.

F. F. D'EPOISSES. On fait ce fromage dans la riche et magnifique vallée d'Epoisses, près de Sémur (Côte-d'Or): il se prépare comme le fromage de Langres, et se mange frais ou salé; dans ce dernier cas, il est séché, salé, et poli avec la main, lorsqu'il commence à prendre une teinte verte; on le frotte ainsi jusqu'à ce qu'il ait acquis une belle couleur rouge; on le fait alors sécher de nouveau et on l'afffine à la cave.

G. F. DE LIVAROT. Ce fromage se prépare dans le bourg dont il porte le nom et qui est situé dans l'arrondissement de Lisieux (Calvados).) Il y est l'objet d'un très grand commerce. On réserve le lait de deux ou trois traites et on l'écrème; on place alors sur le feu une nouvelle traite sortant du pis de la vache; on la fait bouillir et on y mêle le lait écrémé des premières traites, en brassant et mêlant avec soin; après cela on y verse la présure, et quand le caillé est pris, on le retire, on le fait égoutter sur des nattes de jonc, puis on le place dans des éclisses ou formes, en lames de frêne de 6 pouces de diamètre sur 4 pouces de hauteur. On le retire quand il est arrivé au point de siccité convenable, on le sale, on le retourne et on le mange quand il est mûr, si l'on peut parler ainsi; l'écrémage du lait empêche ce fromage d'être aussi bon que les précédens, mais le rend aussi moins cher. Dans le reste de la province, on prépare par des méthodes presque semblables, diverses espèces de fromages.

H. F. DE GÉRARDMER ou Géromé. On fabrique ce fromage dans les Hautes-Vosges et surtout près du lac et du bourg de Gérardmer. On en fait un assez grand commerce; on le prépare en faisant cailler ensemble plusieurs traites auxqu'elles on mélange un peu de cumin; on met en présure, on égoutte, comme nous l'avons dit pour les autres fromages, on presse un peu et on sale. On assure que le sel des salines de Lorraine, sel que l'on emploie pour ce fromage, lui donne une qualité toute particulière.

I. F. DE NEUFCHATEL. Ce fromage, qui est à Paris l'objet d'une grande consommation, se fait à Neufchâtel (Seine-Inférieure). Nous allons emprunter ce

que nous en allons dire, à M. Desjobert. Il indique la
nécessité d'avoir à sa disposition : 1º Une pièce pour
mettre *en présure* et dans laquelle on pourra maintenir la température à 15º au-dessus de glace ; 2º une
seconde pièce, où se trouveront les éviers, la presse,
et les claies sur lesquelles on dépose les fromages pendant leur premier âge ; 3º une troisième où on les affine. Il faut aussi des *vases en terre* ou en bois, d'une
contenance de 20 litres et dans lesquels on met en
présure ; des *passoires* en fer-blanc, des *paniers en
barres de bois* ou égouttoirs ; *des éviers* ou tables à
manipuler le fromage ; une *presse* non à vis, mais qui
reçoit des poids variables et graduels ; *des claies* en
tringles de bois, posées de façon qu'elles présentent
un de leurs angles à la surface des fromages ; sur ces
tringles on dispose un lit mince de paille longue et
épluchée. Les *moules* sont de petits cylindres en fer-
blanc, ouverts par les deux bouts de 2 pouces de diamètre sur 3 pouces de hauteur.

Ici nous laisserons parler M. Desjobert :

« Il y a trois espèces de fromages de Neufchâtel : le
fromage *à la crème* pour lequel on ajoute de la crème
au lait doux ; le fromage *à tout bien* qui est celui de
la plus grande consommation, fait avec le lait naturel
sans ajouter ni ôter de crème ; le fromage *maigre* fait
avec du lait écrémé. Ne faisant que du fromage *à tout
bien*, qui est celui de la plus grande consommation, je
ne parle que de celui-là ; mais je ne dois pas laisser
ignorer que je ne fais pas même pour la maison une
seule livre de beurre pendant toute l'année ; je préfère
l'acheter.

« On se sert chez moi de caillettes de veau vieilles

d'un an. La dose est, en moyenne, de 40 grammes pour 100 litres de lait; elle varie de 30 à 60 grammes pour ces 100 litres, suivant la température, la qualité de la présure et la qualité du lait; l'habitude seule peut donner la mesure exacte. La proportion est beaucoup moindre que dans la fabrication de certains fromages durs, comme celui de Gruyères, où la prise du lait doit être instantanée, pour lui donner la qualité cassante que l'on recherche pour ce fromage, tandis que pour celui de Neufchâtel, au contraire, que l'on veut obtenir moelleux, la prise du lait est nécessairement plus lente.

« Pour plus de clarté, je vais suivre le lait trait du lundi. Après chaque traite de la journée, on transporte le lait dans la première pièce désignée ci-dessus; on le coule tout chaud à travers la passoire dans les cruches; on met en présure, et on place les cruches dans des caisses que l'on recouvre de couvertures de laine. Le mercredi matin, on vide ces cruches dans des paniers de bois placés sur les éviers, et revêtus en dedans d'une toile claire attachée par les coins aux paniers; le fromage égoutte ainsi jusqu'au mercredi au soir: alors on le retire des paniers, le laissant dans la toile que l'on reploie, et ainsi enveloppé, on le met sous la presse, et on l'y laisse jusqu'au lendemain matin jeudi. On met alors cette pâte dans un autre linge blanc, on la pétrit comme de la pâte à pâtisserie, et on la frotte dans ce linge dans tous les sens, jusqu'à ce que les parties caséeuses et butireuses soient parfaitement mêlées et que la pâte soit homogène et moelleuse comme du beurre; si elle est trop molle, on la change encore de linge; si elle est trop ferme, si elle casse, il y a eu trop de présure, et on y ajoute un peu de la pâte du jour qui égoutte : pour le moulage, on fait des pâtons un peu plus longs que le moule, on place ce pâton dans le moule, en observant qu'il dépasse les deux bouts. Tenant alors le moule dans la main gauche, on met le pâton de la main droite, on pose le moule sur le table, et appuyant dessus la paume de la main gauche, l'on fait ainsi sortir par-dessus et par-dessous l'excédant de ce que le moule peut contenir : par ce moyen, il ne se trouve pas de vide dans le moule. Dans le même temps, on a pris avec la main droite un couteau avec lequel on racle le dessus et le dessous du moule ; on fait sortir le pâton en ayant le moule dans la main droite, en le frappant légèrement et en le tournant dans la main gauche.

« Le fromage étant moulé, on le sale avec du sel très fin et très sec. Pour ce, on saupoudre les deux bouts, et le sel qui est dans les mains est suffisant pour saler le tout, ce qui se fait en le roulant. Il faut environ une livre de sel pour cent fromages. A mesure qu'ils sont salés, on les met sur une planche que l'on dépose ensuite sur les éviers. On les laisse ainsi égoutter pendant 24 heures, et, le lendemain, vendredi, on porte la planche sur des claies couvertes d'un lit de paille fraîche. On les couche par rangs égaux en travers du sens de la paille sans les laisser se toucher. Ils restent dans le même endroit pendant quinze jours ou trois semaines. Ils sont retournés assez souvent pour que la paille n'y adhère pas, ce qui les blesserait en enlevant leur peau. Lorsqu'ils ont un velouté bleu, on les transporte dans la deuxième partie de l'apprêt, ou on les met sur bout, sur les claies garnies de paille, en ayant toujours soin qu'ils ne se touchent pas, et on les retourne de temps en temps. Dans le courant de trois semaines, paraissent des boutons rouges à travers leur peau bleue ; ils sont alors de vente, mais ils ne sont pas affinés en dedans ; il leur faut encore une quinzaine à peu près pour l'être complètement.

« Les fromages *à tout bien*, se conservent encore deux mois après cette époque ; le fromage à la crême se conserve plus long-temps, et le fromage maigre se conserve mal. La conduite des fromages dans l'apprêt, demande du soin et de l'attention pour qu'ils ne se dessèchent ni ne deviennent trop mous. C'est par un aérage bien entendu que l'on réussit, et le moyen indiqué ci-dessus, en parlant du local, facilite beaucoup le travail. Dans cette fabrication comme dans toute manipulation de laitage, la plus grande propreté est nécessaire ; il faut tout laver et ne se servir que de linges parfaitement propres. On consomme aussi les fromages de Neuchâtel tout frais ou sans qu'ils soient affinés. »

Fromages durs et pressés fortement. J. F. DE CHESTER. Aussitôt que le lait est trait et coulé, on le verse dans un rafraîchissoir de métal, fort large et peu profond. Le lait versé s'y rafraîchit promptement et peut alors être placé dans les terrines. Dès le matin, et pendant que l'on trait les vaches, on lève la crême sur le lait de la traite de la veille au soir ; on la fait chauffer au bain-marie, et l'on élève en même temps à une chaleur douce, un tiers du lait de cette même traite. Alors on mêle ensemble dans un baquet le lait chaud que l'on vient de traire, la crême et la portion chauffée du lait de la veille. On colore alors comme nous l'avons dit plus haut, et l'on met la pressure que l'on a fait dissoudre depuis la veille. Aussitôt que le caillé est bien coagulé, on le remue avec une écuelle pour en faire sortir le petit-lait, on le brise et on décante le *sérum*. Tout le caillé est alors réuni dans une partie du baquet et soumis à la pression, au moyen d'une planche chargée de poids; à plusieurs reprises, on brise le caillé et on remet la planche chargée de poids. Au bout de 2 ou 3 heures on retire le caillé du baquet, on le divise très menu, on le sale et on le met dans l'éclisse ou forme. Sur celle-ci est placée une hausse en fer-blanc ou en zinc pour retenir l'excédant du caillé, qui doit par la pression rentrer dans la forme. Alors on presse le caillé avec les mains, puis avec un rond de bois chargé de poids; par de petits trous pratiqués dans les parois de l'éclisse, on enfonce de minces brochettes qui font sortir le petit-lait. Enfin, au bout d'un certain temps, on enlève le fromage de sa forme et on le place dans une autre semblable, mais propre et bien sèche. La partie d'abord supérieure se trouve alors en dessous; on resale celle qui se trouve alors au-dessus, et remaniant le caillé jusqu'au milieu, on opère comme ci-dessus.

Renversé de nouveau sur un linge, on le place enveloppé de celui-ci dans une troisième forme. On le met alors sous une presse énergique, enfonçant de temps en temps des brochettes, que l'on retire aussitôt afin que le sérum puisse s'écouler. On retourne le fromage toutes les 4 ou 6 heures pendant 2 jours, et on le porte alors au saloir. L'opération du salage est celle que nous avons décrite dans les préceptes généraux. On emploie pour un fromage de 60 livres de 2 à 3 livres de sel. Lorsqu'il a pris suffisamment le sel, on l'ôte de la forme et on le place sur les rayons, l'entourant d'un linge s'il est fort gros. Ensuite on le frotte tous les jours de sel pendant une semaine; au bout de ce temps, il faut le laver dans du petit-lait chaud, l'essuyer et le faire sécher, ce qui dure une autre semaine. Alors on porte les fromages au magasin; on les frotte de beurre frais et on les met sur les rayons. Il faut les essuyer tous les jours pendant la première quinzaine et les frotter de beurre tous les trois jours au moins; on doit retourner tous les jours les fromages pendant le temps qu'ils restent au magasin et les essuyer 2 ou 3 fois chaque semaine. On cesse de les enduire de beurre au bout de trois semaines, et celui que l'on emploie doit toujours être très frais. La température du magasin sera modérée et sa clôture parfaite.

Le chester est de très bonne garde, et si on ne l'avance pas, il n'est bon qu'au bout de 2 ou 3 ans. Il est quelquefois énorme, ou bien on lui donne la forme conique d'un ananas, et dans ce cas il en prend le nom. On en voit de cette sorte chez tous nos marchands de comestibles. La méthode que nous venons d'indiquer est la meilleure; il en est d'autres dont nous ne parlerons pas.

K. F. DE DUNLOP (Ayrshire). Pour faire ce fromage, on réunit la traite du matin à celle de la veille, mais après avoir amené cette dernière à la chaleur de la première. On y met alors la présure, et la coagulation, si la dose est suffisante, doit s'effectuer dans un quart d'heure; on décante ensuite le petit-lait et on fait égoutter le caillé en le chargeant d'un rond de bois et d'un poids. Quand le *sérum* s'est entièrement écoulé, on divise très menu le caillé, au moyen d'un couteau à fromage; on le sale, on le met dans une forme entourée d'un linge fin et on place sous presse. On doit le retirer de la presse et le changer de forme comme le chester; il demande ensuite les mêmes soins que celui-ci; il en est depuis 20 livres jusqu'à 60 livres.

L. F DE GLOCESTER. Il y en a de deux espèces : le double qui se fait en employant le lait tel que le donne la vache, et le simple pour lequel on se sert de moitié de lait frais et de moitié de lait écrêmé. Nous ne nous occuperons ici que de celui de la première espèce. Aussitôt que le lait fraîchement tiré est passé ou coulé, on s'assure que la température approche de 21° Réaumur. Si cela n'était pas, on en ferait chauffer une petite quantité au bain-marie, et si, au contraire, elle était plus élevée, on ajouterait une petite quantité d'eau froide; cela fait, on colore et l'on met la présure : on recouvre ensuite le baquet, et on laisse le caillé se former. Quand la coagulation est parfaite, on fait écouler le petit-lait, et on divise le caillé autant qu'on le peut, de manière qu'il forme une pâte bien homogène; puis on la met dans le moule, la foulant fortement avec les mains, et lui donnant en dehors une forme hémisphérique, afin que le moule soit bien plein après la pression; celle-ci finie on couvre d'une toile fine et l'on renverse le fromage; puis on lave la forme dans du petit-lait tiède, et on l'y replace ayant soin que les bords du linge soient bien engagés entre les parois de la forme et le fromage. Il est quelques personnes qui, avant de sortir le fromage, l'arrose d'un peu d'eau chaude, afin de lui former une croûte. On le place ensuite sous la presse et on l'en retire au bout de 2 heures pour le changer de linge et de moule, après quoi on l'y remet. Cette opération doit se renouveller plusieurs fois dans la journée; à la fin de celle-ci, on change une dernière fois et on met sous une nouvele presse où les fromages resteront jusqu'au lendemain.

On les transporte alors au saloir, où on les imprègne de sel : cela se fait en les frottant partout de beau sel pilé bien fin. On les remet ensuite sous une presse, toujours bien enveloppés de leur linge, et placés dans leur moule; on les sale à 3 ou 4 reprises, et la dernière fois on met les fromages à nu, dans les formes, afin de les unir. Sortis de la presse, ils sont transportés sur les rayons du magasin, où on les retourne les premiers jours, soir et matin, et ensuite toutes les 24 heures. Cinq semaines après les premières opérations de la fabrication du fromage, on le nettoie, en râclant au moyen d'un couteau toute la surface, ayant soin de ne point toucher à la peau et de la polir. C'est alors qu'on le peint, si on veut en faire un objet de commerce : on prépare une couleur composée de rouge indien et de brun d'Espagne, dissous dans de la bière : on l'applique ensuite au moyen d'un chiffon de laine. Il ne reste plus ensuite qu'à le retourner de temps en temps, plus souvent lorsque le temps est humide. On l'essuie aussi toutes les semaines lorsque la peinture est bien sèche, ayant soin de ne point toucher aux arêtes.

Les fromages du Glocester pèsent ordinairement 20 livres. Pour être bons, ils doivent avoir une pâte serrée bien homogène, ayant un peu l'aspect de la cire en pain, et ne s'émiétant pas lorsqu'on en séparera des tranches minces : la saveur sera douce; enfin l'on apercevra la chemise bleue, espèce de couleur bleuâtre, perceptible à travers la peinture, et les arêtes seront d'un beau jaune doré.

M. F. DE NORFOLK. Marshall, dans son *Economie rurale du Norfolk*, donne sur la fabrication de ce fromage, des renseignemens du plus haut intérêt. Nous devons ici témoigner, à la mémoire de cet excellent agronome, toute la reconnaissance que nous inspire ses immenses travaux. Le caillé se coagule par les procédés déjà indiqués, et aussitôt que ce départ ou cette séparation des deux substances a eu lieu, la fille de laiterie remue vivement le caillé avec la main gauche et une cuiller de bois qu'elle tient de la droite; elle divise ensuite cette masse avec les mains ayant soin que les morceaux en soient aussi petits que possible. On laisse ensuite le caillé se précipiter, ce qui se fait promptement ; alors on enlève avec une écuelle tout ce que l'on peut de petit-lait, sans toucher au caillé, et on le met à part pour en tirer du *beurre de petit-lait*. (Voir ce mot). On décante ensuite tout le petit-lait, le faisant passer à travers un linge qui retient ce qui pourrait s'écouler du caillé : on recoupe alors le caillé en morceaux de la grosseur du poing, on en ôte encore une faible quantité de petit-lait, et on place dans la forme en écrasant et tassant tous ces morceaux. On a eu soin auparavant de mettre un linge dans l'éclisse, dans laquelle le caillé doit s'élever au dessus des bords, et sur lequel on ramène les bords et les coins du linge.

S'il faisait humide ou froid, ce qui arrive fréquemment en automne, on lave le caillé avec de l'eau bouillante mélangée à un peu de petit-lait, ou bien si le fromage est très gras, on l'asperge d'eau bouillante sans le tirer de l'éclisse ; on le rend par là plutôt vendable et on le sauve de la moisissure ; si on le place dans l'éclisse et si on le soumet à la presse dès le matin, on le retire 2 ou 3 heures après, on le change de linge et on le remet sous presse en le renversant. Le soir du même jour on le sale en le frottant tout autour de sel bien sec et très fin, puis on l'enveloppe d'un linge propre et on le remet sous presse. Le lendemain on fait la même opération, et le surlendemain, on les place au magasin. Là ils acquièrent de la fermeté et sont de temps en temps brossés avec un petit balai à main, et trempés dans du petit-lait. Lorsqu'ils sont secs, on les essuie fortement avec un linge et on les enduit de beurre. Il faut pendant plusieurs semaines réitérer ce travail tous les jours, jusqu'à ce qu'ils soient bien unis, d'une nuance dorée et que la chemise bleue commence à paraître. Il faut quelquefois un mois et souvent 2 et 3, pour obtenir ce résultat.

N. F. DE STILTON. Ce fromage se fait non-seulement dans les environs de la ville dont ils portent le nom, mais encore dans tout le Leicester-Shire, et dans les comtés de Rutland, Huntingdon et Northampton. Ce fromage, très estimé en Angleterre, se fait en mélant la crème de la traite de la veille au soir avec le lait chaud du matin. On le fait cailler comme les autres, et on le fait égoutter sans le rompre. On le presse alors doucement entre les mains, et on le met dans des éclisses, plaçant en dessous un rond de bois et enveloppant le tout dans des bandes de toile. On doit enn suite le retourner tous les jours, serrant chaque fois un peu le linge. On le retire quand il est suffisamment égoutté, et après une pression fort légère ; on le sale comme les autres et, on le place après sur des rayons, le brossant tous les jours pendant 1 ou 2 mois. On le brosse même dessus et dessous avant que les bandes de toile soient enlevées. Ce fromage, très crèmeux, demande beaucoup de précautions lorsqu'on le manie, car sans cela il se fenderait et coulerait. On ne mange le stilton qu'au bout de 2 ans, quand il semble se gâter et qu'il devient mou et bleuâtre, on peut avancer sa maturité en le mettant dans des baquets et recouvrant ceux-ci de fumier chaud.

Dans le Suffolk, on fait des fromages avec du lait entièrement écrèmé : ils sont moins bons que les précédens, mais de meilleur goût, surtout pour les approvisionnemens des vaisseaux et les transports par mer. En Angleterre, on frotte les planches ou les rayons qui reçoivent de très gros fromages avec des plantes dont la propriété est d'éloigner les insectes. On emploie principalement pour cet usage les feuilles de sureau.

O. Brick-Bat ou briquetons. On prépare ce fromage dans plusieurs contrées de l'Angleterre, mais principalement dans le Wiltshire. On le fait en automne, mettant ensemble du lait nouveau et un 9e de bonne crème fraîche, que l'on a fait tiédir au bain-marie; on fait cailler par les procédés indiqués, mais en laissant la présure agir jusqu'à ce que le petit-lait soit devenu verdâtre; alors on divise le caillé, on le met dans de petits moules en bois, semblables à ceux des briques, on presse un peu et on fait sécher, après avoir toutefois salé. On ne peut manger ces fromages qu'au bout d'une année.

P. F. DE HOLLANDE. Ce fromage est un des meilleurs, se garde long-temps parfaitement sain, et supporte sans se gâter les plus longs voyages par mer. Nous avons déjà témoigné le vif désir que nous avions de voir sa fabrication s'établir en France, ce qui ajouterait un moyen de commerce à tous ceux que notre pays possède. Il en est de diverses qualités, et l'on peut distinguer 4 méthodes différentes de préparation : La première est suivie dans les environs d'Edam ; la seconde près de Gonda, et son produit se nomme *Stolkshe* ; la troisième est celle que l'on met en pratique dans les environs de Leyde ; enfin la quatrième s'emploie dans la Frise, et le fromage fait ainsi est appelé *Graawshe*.

A Edam, on fait coaguler le lait aussitôt qu'il vient d'être trait. On divise ensuite le caillé avec la main ou une sébille de bois; on laisse reposer quelques instans ; on recommence encore une fois, et lorsque le caillé s'est précipité, on décante le petit-lait; on met alors le caillé dans des moules creusés et tournés dans un bloc de bois dur; chacun de ces moules est percé au fond. On retourne tous les jours le fromage en le frottant avec 2 onces de sel purifié très sec. Il reste ainsi de 10 à 15 jours suivant sa grosseur. On le met ensuite dans un autre moule de forme exactement semblable à celle du premier, mais percé de 4 trous. On le place ensuite sous un poids assez faible, puisqu'il n'est que de 50 livres, et on l'y laisse pendant quelques heures. On l'en retire alors pour le placer dans le magasin où il doit être bien aéré. On l'y retourne tous les jours pendant un mois, et on peut ensuite l'expédier et le consommer.

Les habitans de Gonda emploient aussi le lait sortant du pis de la vache, le coagule et enlève une partie du petit-lait; ils versent ensuite sur le caillé une petite quantité d'eau chaude : plus la température de celle-ci est élevée, plus le fromage est ferme et de bonne garde. On décante alors tout le liquide et l'on place le caillé bien égoutté dans des moules semblables de formes, mais plus grands et surtout plus plats que ceux que nous avons indiqué pour le fromage précédent; on le recouvre d'un bout de planche taillé en rond et on le met sous la presse où on le retourne fréquemment pendant 24 heures. Au bout de ce temps, on le retire et on le place dans un lieu bien frais et dans un baquet de saumure; celle-ci ne doit s'élever qu'à la moitié du fromage; on le laisse dans cette saumure pendant un jour ou deux, et on l'y retourne au moins 4 fois par jour; lorsqu'on l'en sort, on le frotte partout de sel et on le place sur des rayons un peu concaves et en pente, afin que le petit-lait puisse s'écouler dans un baquet placé à l'extrémité de la planche. On donne alors une nouvelle et dernière salure au fromage, en le couvrant de sel bien pur et en gros cristaux : on le laisse ainsi pendant 8 à 10 jours, le retournant souvent et le salant à chaque fois. Au bout de ce temps, on le lave à l'eau chaude, on l'essuie et on le râcle, puis on le met sur des rayons où il se consolide et se sèche. On doit, pendant la nuit et lorsqu'il fait frais, donner beaucoup d'air, mais s'en abstenir pendant la chaleur.

Dans les environs de Leyde, on se sert pour la fabrication du fromage, du lait écrémé, ou du moins il est rare que l'on en ajoute du frais. On met ce lait dans un grand baquet profond, mais peu large, et l'on en prend le quart que l'on chauffe à une température élevée, sans arriver pourtant à l'ébullition ; ce travail se fait dans une chaudière de cuivre que l'on graisse en dedans avec un peu d'huile fine. Lorsque ce lait est arrivé au degré convenable, on le verse dans le grand baquet et on l'y mélange avec celui qu'on y a laissé. On ajoute alors la présure, et aussitôt que le caillé est bien formé, il est retiré, égoutté, pressé entre les mains et placé dans un linge dont on l'enveloppe. On le presse alors assez énergiquement, et on le jette ensuite dans un tonneau où un homme le pétrit et le broie en marchant dessus à pieds nus. Nous croyons que l'on pourrait remplacer cette partie des opérations par quelque chose de plus propre, et cela sans nuire à la qualité du fromage. Pendant ce broyage on ajoute le sel à raison d'une bonne poignée par 30 livres de fromage. Quand cette opération est terminée, on place le caillé dans un linge et on le met dans une forme ou moule en douves ou planchettes reliées solidement par des cercles ; quelques trous sont percés à la base ; on le soumet alors à une pression assez énergique pendant 24 heures, retirant de temps en temps le linge pour faire couler le petit-lait. Au bout de ce temps, le fromage se met dans une autre forme et reçoit pendant 24 autres heures une pression très forte. Au sortir de cette seconde presse, le fromage est lavé, soit avec de l'eau, soit avec le lait mucilagineux d'une vache qui vient de mettre bas, bien essuyé et séché. C'est alors et arrivé à ce point qu'il est frotté, avec une substance colorante rouge (tournesol, *croton tinctorium*), nommée *kaasmeer*, dans le pays. On le dépose ensuite sur des rayons dans un lieu bien frais, jusqu'à ce qu'il soit expédié ou consommé; on doit l'y retourner fréquemment Dans quelques localités, on n'ajoute pas le sel au caillé, mais on place le fromage sorti de la presse dans un baquet où on le couvre de sel blanc en gros cristaux, le retournant tous les jours pendant un mois, et à chaque fois couvrant la partie qui se trouve en dessus d'une nouvelle couche de sel.

La quatrième espèce de fromage que nous avons citée au commencement de cet article, est celui dit *Graawshe*: il se fait dans la Frise. On emploie à sa fabrication du lait deux fois écrémé; du reste il se prépare comme le fromage de Leyde, auquel il est inférieur sous le rapport de la saveur; mais il est encore de meilleure garde.

La préparation des fromages de Hollande pourrait rendre de grands services à l'agriculture française, surtout dans les pays de montagnes ou de gras pâturages. Cette fabrication agricole demande donc de notre part des développemens complets, et nous croyons devoir ajouter à ce que nous venons de dire, la description que donne Desmarets, du mode d'opérer qu'il a vu mettre en usage au charmant village de Broek, à deux lieues et demie d'Amsterdam. Nous l'empruntons à l'Encyclopédie Méthodique.

« On commence par tirer le lait et le couler à l'ordinaire. Le couloir dont on fait usage est un plat creux, percé par le fond, et garni d'un tamis de crin. On dépose ensuite le lait dans une grande tinette;

puis on y met la présure (préparée comme nous l'avons dit ailleurs), et on le laisse prendre. Lorsqu'il est bien caillé, on le rassemble en une seule masse, et on en dégage le petit-lait le plus qu'il est possible; c'est cette masse de caillé réunie qu'on emploie aussitôt à faire le fromage.

«On prend une certaine quantité de caillé, qu'on met dans une écuelle percée de trous comme une passoire; on la pétrit en la pressant fortement, on en exprime ce qui peut rester du petit-lait; en même temps, une certaine quantité de crème, entraînée par le petit-lait, s'échappe à travers les trous de l'écuelle. Cette crème est tellement abondante dans le caillé, que lorsqu'on le rompt, on en voit plusieurs filets qui en découlent; et, quoique la pâte ait été pétrie avec soin, on aperçoit encore la crème, distribuée par veines blanches au milieu des fromages, lorsqu'ils ont reçu toutes ces préparations : c'est une marque non équivoque que le lait dont ils ont été faits était fort gras.

«A mesure qu'on pétrit ainsi le caillé, et qu'on le réduit en grumeaux fort fins, on le met dans les formes. Ce sont des cylindres creux, dont le fond est concave et percé de quatre trous. Aussitôt que les formes sont remplies exactement de caillé bien pétri et bien tassé, on les recouvre avec un couvercle cylindrique, taillé de manière qu'il peut entrer dans l'ouverture supérieure de la forme, dès qu'il éprouve le plus petit effort de la presse; cette forme est comprimée par une planche portée sur trois montans et chargée de pierres. La crème et le petit-lait continuant à s'échapper par les trous de la forme, coulent sur

la table et vont se rendre dans un vase destiné à les
recevoir.

« Le pain de caillé ayant pris dans la forme et sous
l'effort de la presse, une certaine consistance, on le
tire de la forme, on le retourne, et l'on continue de
tenir le tout sous la presse de la manière que nous
l'avons expliqué ci-dessus. Dans cette situation, le
petit-lait et la crème surabondante se dégagent toujours par petits filets, du pain de caillé, dont les
grumeaux se rapprochent et se serrent de plus en
plus; ce qu'on reconnaît aisément par la diminution
des yeux; et lorsqu'ils sont diminués à un certain
point, on retire le pain de la forme et on l'enveloppe
dans une toile fort claire, qu'on a eu soin de faire sécher bien exactement. On étend la toile sur une table,
et après avoir retiré le fromage de la forme, on
roule la toile par le milieu, tour autour de la surface cylindrique du fromage; puis on rapproche les
parties du linge en les pliant sur la base arrondie
par le cul de la forme; on remet le fromage ainsi enveloppé dans une forme, et on finit par recouvrir la
base supérieure, avec l'autre extrémité de la toile, dont
une grosse épingle assujétit les derniers plis.

« C'est alors qu'on porte cet équipage sous la presse
la plus pesante, et qu'on achève de comprimer le fromage de manière que la crème et le petit-lait se
dégagent le plus qu'il est possible, et que les yeux
disparaissent entièrement; mais pour obtenir tous ces
effets, les fromages restent en cet état huit ou dix
heures. Je dois faire remarquer ici qu'on met d'abord
les fromages sous de très petites presses, par le moyen
desquelles on peut ménager la compression du pain

caillé, ainsi que la sortie de la crème et du petit-lait; ou bien, si l'on emploie de grandes presses, on diminue les poids dont on les charge, et on ne les augmente ensuite que par degrés : on a les mêmes attentions lorsqu'on a mis l'enveloppe de toile au fromage.

« Les fromages étant bien égouttés et bien pressés, on les retire de la forme et de la toile, et on les met tremper dans une eau salée faiblement. Cette espèce de bain communique au fromage une première pointe de sel, qui pénètre dans toute la masse, à la faveur d'un reste d'humidité qu'elle conserve encore; outre cela, la pâte y contracte une consistance et une solidité qui contribuent à la conservation des fromages. Après qu'ils ont trempé quelques heures dans l'eau salée, on les met dans de nouvelles formes plus petites que les premières, et percées seulement d'un trou rond au milieu du fond concave; on répand ensuite sur leur base supérieure, une couche légère de sel blanc bien pur, qui pénètre dans la pâte à mesure qu'il fond. Le surplus, coulant dans l'intervalle qu'il y a entre le fromage et les parois intérieurs de la forme, humecte légèrement la surface cylindrique du fromage; et ce qui parvient au fond s'échappe par le trou de la forme dont nous avons parlé, et arrive par les rigoles de la table dans des baquets. C'est dans cette eau salée que l'on met tremper les fromages, comme nous venons de le dire. On retourne ensuite le fromage, et l'on couvre l'autre base d'une couche de sel blanc, semblable à la première; on le laisse en cet état jusqu'à ce que le sel soit bien fondu, et que la partie surabondante soit écoulée de même que la première.

« Lorsque, par ces manipulations, les fromages ont

pris suffisamment le sel, on les met tremper de nouveau dans des baquets, que l'on remplit de l'eau des canaux intérieurs, et qui n'est que faiblement saumâtre. Cette eau dissout non seulement la partie de sel qui peut être surabondante à la surface du fromage, mais encore enlève une matière butireuse, qui y forme une croûte blanchâtre. Au bout de six à sept heures, on retire de l'eau les fromages; on les lave avec du petit-lait, et en les râclant, on parvient à les dépouiller entièrement de la croûte blanchâtre.

Après toutes ces manœuvres multipliées, et qui s'exécutent avec le plus grand soin, on met en dépôt les fromages sur des planches, dans un endroit frais, où on les retourne souvent. Ils y acquièrent une couleur d'un beau jaune; c'est pour lors qu'on les porte à Purmérand ou à Edam, où ils se vendent encore frais quatre sous la livre; c'est de ces magasins qu'ils sont transportés en France, ou dans les ports de la mer Baltique.

Dans le Jura, on fait un fromage dit de *Septmoncel*, qui ressemble un peu à celui de Hollande, mais il est plus sapide : il est très renommé, et à juste titre, dans l'Est et une partie du Midi. Sa fabrication est à peu de chose près la même que celle du fromage d'Edam ou de Gonda.

R. F. d'Auvergne ou du Cantal. Les meilleurs fromages de cette espèce se fabriquent dans le canton montagneux de Salers. La race bovine y est très remarquable, les pâturages abondans et d'excellente qualité. Cependant ce fromage ne vaut pas celui de Gruyères. On coule le lait encore chaud, on le caille et on le divise avec un émoussoir ou brassoir que nous avons indiqué, et qui porte pour manche une espèce de couteau de bois. Quand le caillé bien divisé s'est précipité, on le recueille, après avoir fait couler le petit-lait : on le dépose sur une table ovale entourée d'un rebord au dedans duquel est une rainure par laquelle le petit-lait s'écoule, au moyen d'un bec, dans un vase placé au dessous. L'ouvrier est assis sur un prolongement en arrière de la table et pétrit le caillé pour en chasser tout le petit-lait, ensuite il le met dans une forme en cercles de frêne ou autre : il l'y comprime et le place dans un tonneau ou baquet profond, disposant au dessous une couche de paille. Il dispose ainsi plusieurs gâteaux, les uns au dessus des autres, ayant soin que le plus nouveau, naturellement moins privé de petit-lait, soit mis dessous. Le tonneau placé sur son fond est un peu soulevé d'un côté et porte à la partie opposée un trou par lequel le petit-lait sort. Au dessus du dernier gâteau est un rond de bois que l'on charge d'un poids : le baquet doit être placé au milieu d'une température moyenne.

Au bout de 48 ou 72 heures, les gâteaux se sont gonflés et troués; il est alors temps de les mettre dans les moules. C'est ce que l'on fait en plaçant sur la table ovale, dont nous avons déjà parlé, la portion inférieure de ce moule et la remplissant du caillé que l'on puise dans le baquet que l'ouvrier a mis à sa portée. La partie inférieure ou *fescélle* remplie, on la surmonte *de la feuille*, cercle de bois de hêtre ou frêne, non fixé : on l'engage par son bord inférieur dans la fescelle, et on la remplit à son tour de caillé, puis on termine en mettant au dessus de la feuille, *la guirlande;* cette dernière reçoit au dedans, le bord supérieur de la feuille ; le fromager finit alors de mettre le caillé dans ce qui reste vide du moule. En plaçant le caillé dans la forme, l'ouvrier doit le saler abondamment, et en prenant le soin de ne pas mettre plus de sel dans une portion que dans une autre ; on recouvre ensuite le moule d'un petit bout de toile, et on met en presse. Celle-ci est celle que nous avons figuré sous le n° 22. Les pierres qui pèsent sur le plateau sont d'un grand poids. On laisse le fromage ainsi pressé pendant 8 à 10 jours, et l'on doit le retourner toutes les 24 heures ; ensuite on le retire, on le descend dans une cave, où on le retourne fréquemment : on doit aussi le laver avec du petit-lait, le frotter avec du sel et l'essuyer : on le porte ensuite sur des rayons, dans un lieu sec et aéré. Là, il se consolide et prend le degré de siccité convenable.

S. F. DE GRUYÈRES. Ce fromage, dont la production n'avait lieu jadis que dans le baillage de Gruyères, canton de Fribourg, se fait aujourd'hui dans le canton de Berne, dans celui de Vaud, dans les Vosges, dans le Jura, etc. Dans ce dernier pays on le nomme *Vachelin*. On ne peut douter que partout on puisse le fabriquer, puisque nous voyons que des prairies calcaires et d'autres siliceuses, les premières peu productives, les secondes abondantes et fertiles, nourrissent les vaches mêmes de Gruyères. Ainsi le fromage marqué du vieux blason de Gruyères, la grue, provient de vaches nourries de fourrages différens, venus à des hauteurs très variables. Nous croyons donc que presque partout en France on peut faire du fromage dit de *Gruyères*, et donner par là au pays un objet d'exportation, tout en restreignant l'émission à l'étranger de nos capitaux.

Nous ne considérons ceci que sous le point de vue agricole, point de vue trop négligé de nos jours et sacrifié à d'autres intérêts plus mobiles, criant plus haut, mais beaucoup moins utiles au pays.

Nous regrettons vivement d'être obligés de restreindre les détails dans lesquels nous voudrions entrer sur la fabrication des fromages de Gruyères. Nous ne répéterons pas ce que nous avons dit de la laiterie et de la fromagerie; cependant celles de Gruyères diffèrent en quelques points de celles que nous avons décrites : il est vrai que ces différences ne sont point importantes; il en est une seule que réclame la coction du caillé : je veux parler du fourneau qui se place dans un des angles du chauffoir.

La traite du soir se place sur les rayons de la laiterie et se mêle à celle du lendemain matin, mais après avoir subi un écrèmage. Nous observerons ici que l'on fait trois espèces de fromages de Gruyères. Le premier est dit *gras*; et s'obtient par le mélange des deux traites sans enlèvement de crème; le second est le fromage *demi-gras* : pour le faire, la traite de la veille est écrèmée; enfin, le *maigre* se fait avec du lait complètement écrèmé. Nous ajouterons à ceci qu'il est avantageux au fabricant de faire son fromage le plus gras possible; mais il ne doit pas dépasser certaines limites, parce qu'alors il se conserverait mal et acquerrait au bout de quelque temps une saveur désagréable. Il appartient au chef ouvrier de juger les proportions.

Revenons donc à notre fabrication. On mêle dans la chaudière le lait des deux traites, convenablement passées, et on la place sur le feu qui doit être flambant.

Il faut élever la température du liquide à 22 degrés R. On retire alors la chaudière du fourneau et l'on met en présure, mais après avoir fait l'essai de celle-ci sur une petite quantité de lait placé dans une cuillère. Si cet essai caille promptement et qu'en le remuant il se dissolve en lait, le degré de la présure est bon et on la verse, ayant soin de bien la mélanger avec le lait. Au bout d'une demi-heure ou trois quarts d'heure, le caillé est complètement coagulé : on le coupe alors au moyen d'un grand coutelas en bois que l'on passe dans tous les sens, ayant soin de diviser la masse en petits fragmens de la grosseur d'une noisette.

Lorsque le caillé est ainsi bien divisé, on introduit dans la chaudière un des brassoirs que nous avons indiqués, et plus ordinairement celui qui se fait avec une branche de sapin écorcée, puis on remue pendant près d'un quart d'heure. Ensuite on remet la chaudière sur le feu peu ardent d'abord, mais augmentant peu à peu d'intensité, élevant ainsi la température du caillé jusqu'à ce qu'on ne puisse plus y supporter le bras. On doit alors être arrivé à 33° à 35° R. Ce degré n'est pas toujours le même, mais il varie en raison de la température, de la nourriture des vaches ou de leur état de santé. Pendant que la chaudière est sur le feu, on continue de brasser son contenu. Le fromager juge de l'instant utile de retirer la chaudière; il le fait, et l'on brasse encore, quelquefois même pendant une heure, c'est-à-dire jusqu'au moment où le caillé, prenant une teinte jaunâtre, acquiert une sorte d'élasticité, une texture luisante et se brise en craquant sous la dent. Le chef prépare alors une toile roulée à un de ses bouts autour d'une baguette, la fait passer par un autre ouvrier dans la chaudière même sous la masse du caillé, que l'on enlève et que l'on met dans une forme; celle-ci n'est autre chose qu'un cercle fort mince de bois de sapin ou de hêtre, de six pouces de hauteur. Dessous est placé un rond de bois qui déborde d'un pouce tout autour, et un semblable se met en dessus : on porte alors le pain sous la presse que l'on serre; on l'y laisse jusqu'à ce que l'on suppose tout le petit-lait sorti, mais non cependant sans changer fort souvent la toile qui enveloppe le fromage, et resserrant à chaque fois le cercle qui doit être mobile. On remet ensuite le fromage une dernière fois sous la presse que l'on serre de nouveau, et on le retire au bout de vingt-quatre heures pour le porter au magasin, où l'on doit le poser sur des rayons solides et larges. On l'abandonne pendant quelques jours, le retournant souvent, et on commence ensuite la salaison. Elle se fait en saupoudrant les deux faces du fromage de sel bien pur, très sec et broyé en poussière; tous les jours, pendant plusieurs mois, on opère ainsi, essuyant auparavant les surfaces que l'on doit saler, ainsi que les rayons sur lesquels les fromages sont placés. On cesse de saler quand la croûte est bien faite et que la pâte refuse d'admettre de nouveau sel. Tout dans une fromagerie doit être très propre, et tous les instrumens seront d'abord lavés au petit-lait, puis passés à l'eau claire, essuyés et séchés. Le fromage pour être bon sera d'une teinte jaune semblable à celle du beurre, avec des yeux moyens, clair semés; la pâte sera douce, moëlleuse et d'une saveur agréable. On calcule qu'un fromage absorbe 4 à 4 1/2 pour cent de sel. Nous n'avons nullement la prétention de croire que notre description puisse suffire pour monter une vaste fromagerie de gruyères, mais seulement pour quelques essais. Nous conseillerons donc aux personnes qui voudront travailler en grand, d'acquérir l'*Art de faire le Beurre et les meilleurs Fromages,* 2ᵉ édition 1833. Mme Huzard. Et surtout de se procurer des ouvriers habiles et bien instruits de la pratique.

T. F. PARMÉSAN. Ce fromage ne se fait point dans les États de Parme, mais bien dans les environs de Lodi, ville du royaume-Lombard-Vénitien. Tout ce que nous avons dit sur l'utilité du fromage de Gruyères, et sur la possibillité de le fabriquer en France, peut s'appliquer au parmésan. On le fait ordinairement avec le lait écrémé, et M. Huzard fils assure que ce mode est le meilleur. Nous ferons ici observer aux propriétaires ruraux qu'ils pourront ainsi tirer parti du lait qui leur reste après l'enlèvement de la crème, lait qui, dans plusieurs provinces, ne s'emploie qu'à la nourriture des porcs. La seule difficulté, c'est que pour obtenir du bon fromage, il faut employer à chaque cuite au moins 200 litres de lait. Avec une quantité moins grande, le fromage serait trop petit et ne se ferait pas bien.

Le lait que l'on emploie ne doit pas être aigre, et on devra le goûter avant de s'en servir : il ne sera par conséquent pas trop vieux, et on l'aura conservé dans une laiterie fraîche. On le versera dans une chaudière de forme conique et que l'on pourra facilement retirer du feu. Aussitôt que le lait est arrivé à 20° ou 22° R. on met en présure, comme nous l'avons indiqué ailleurs. Le caillé se forme et on le rompt avec un sabre de bois; puis l'ouvrier, armé d'un moussoir, brasse avec celui-ci tout en maniant tout le caillé avec la main qu'il a libre. On remet ensuite la chaudière sur le feu, et on continue de brasser comme nous l'avons dit, jusqu'à ce que le caillé se fonde en une bouillie visqueuse; il est alors temps d'ajouter la matière colorante, qui, dans ce cas, est le safran. On remue bien et on donne ce que l'on nomme *le coup de feu*, c'est-à-dire que l'on élève pendant quelques instans la chaleur du caillé à 35° ou 40° R. Le fromager doit ici avoir de la justesse dans le coup d'œil et une assez grande habitude pour bien connaître le moment de retirer le fromage; ce n'est qu'alors que l'on cesse d'agiter, et l'on enlève la chaudière du feu. On retire le fromage comme nous l'avons dit pour celui de Gruyères, en passant au-dessous de la masse une toile que deux ou trois hommes retirent en faisant effort à la fois. On laisse égoutter le fromage dans cette toile que l'on fixe au dessus d'un vase, puis on place, toujours avec cette toile, le fromage dans le moule, on l'y couvre d'un rond de bois et on le presse. Pendant les trois ou quatre jours qu'il reste ainsi serré, on le change de toile et on le retourne. Enfin quand il n'a plus de petit-lait et qu'on le suppose suffisamment pressé, on le porte au magasin.

Là on le sale comme le gruyères, ce qui dure au moins un mois, après quoi on le frotte de bonne huile, sans mauvaise saveur, et on le place sur les rayons d'un magasin frais, mais bien aéré. On doit alors fréquemment l'essuyer, l'huiler et les retourner. On doit entretenir autour de lui la plus grande propreté. Le fromage Parmésan est plus épais et moins large que le Gruyères, il est aussi plus sec et d'une saveur différente, ce que l'on peut attribuer à la différence de température qu'il subit pour sa coction et à la forme du vase dans lequel il est cuit.

U. F. DE BRESSE. Ce fromage est, dit-on, inférieur aux deux que nous venons de décrire. Nous ne pouvons en parler avec connaissance de cause, ne le connaissant pas. Pour le faire, on met dix litres de lait dans une chaudière, et on le fait chauffer presque jusqu'à l'ébullition; on a dû lui joindre, dès le commencement, une petite quantité de safran, mélangé à une once de lait : le tout étant bien amalgamé, on enlève la chaudière et l'on met en présure. On traite le caillé formé comme celui des fromages précédens; on l'enlève alors, on le fait égoutter sur un linge, on le presse sous un plateau chargé de pierres, on le met dans un moule, on le presse de nouveau et on le porte au magasin, où il doit être retourné tous les jours jusqu'à l'époque de la salaison, qui commence cinq à six jours après; cette opération dure fort long-temps : on le développe à chaque fois et on le renveloppe; si la moisissure paraissait, on nettoyerait le fromage. Lorsque le salage est suffisant, ce qui arrive au bout de 30 ou 40 jours, on porte le fromage dans une pièce aérée et sèche, on l'y place sur des rayons et on le retourne journellement. Au fur et à mesure qu'il sèche, on doit le ratisser, pour que sa peau soit lisse et nette. On ne doit pas manger ce fromage avant huit ou neuf mois.

V. F. FONDU. Peu connu partout ailleurs, ce fromage est d'un usage habituel dans une partie de l'Est de la France. Sa préparation est facile, tout-à-fait du ressort de la ménagère, et elle n'emploie que le caillé qui reste après l'enlèvement de toute la crème. Nous le plaçons ici, malgré son peu de dureté, parce qu'il nous a semblé que sa préparation à une température élevée, se rapprochait de celle des fromages précédens.

Lorsque la crème est enlevée, on verse dans une marmite ou une chaudière le caillé qui reste dans les terrines. On le fait chauffer jusqu'à ce qu'il bouille, et on le maintient à cette température pendant au moins cinq à dix minutes; on doit avoir grand soin de le remuer de temps en temps avec une longue cuillère de bois. On le retire ensuite, on fait couler le petit-lait et on le presse entre les mains. Dans beaucoup de ménages on se sert d'une petite presse à vis fort commode et peu chère. Lorsqu'on a fait sortir tout ce que l'on peut de petit-lait, on brise et on rompt le caillé en morceaux aussi petits que possible; on le met alors dans des vases en terre vernissée plus profonds que larges et presque cylindriques. En été, quelques personnes ajoutent à ce caillé quelques feuilles de noyer, qui hâtent, dit-on, sa maturation. Les vases ou terrines sont placées dans un endroit un peu chaud : le pétrin convient très bien pour cet usage; il semble que les émanations du levain, qui ordinairement s'y conserve, développe plutôt la fermentation du caillé. La chaleur du four est trop forte, et l'on ne doit pas y avoir recours à moins d'absolue nécessité : d'ailleurs le fromage fondu se fait particulièrement pendant l'été, et alors le degré de chaleur de la température extérieure est plus que suffisant. Dans cette saison il est bon à fondre au bout de sept ou huit jours; tandis qu'en hiver, et si l'on ne prend pas de précautions, il faudra en attendre quinze et davantage. On reconnaît qu'il est arrivé au degré de maturité nécessaire, lorsqu'il est devenu jaunâtre, un peu visqueux, et surtout quand il développe une odeur très forte et pénétrante.

Pour le fondre, on met un peu de beurre dans une chaudière ou une marmite, on y verse tout le caillé, on chauffe jusqu'à ce qu'il bouille, et on remue tant qu'il n'est pas devenu liquide, ou si l'on veut, semblable à un sirop épais; alors on ajoute le sel nécessaire, un peu d'eau ou mieux du lait, continuant à brasser : quelques personnes ajoutent quelques jaunes d'œufs, pour rendre le fromage plus délicat. Quand toutes ces substances sont bien mélangées et qu'elles ont bouillies quelques minutes ensemble, on verse sur des assiettes ou autres vases plats, et l'on peut en manger aussitôt qu'il est refroidi. Lorsqu'on veut le conserver, on le met dans des pots que l'on couvre d'un parchemin mouillé, bien fixé et bien serré autour du col du vase.

2°. *Fromage de lait de chèvre.* X. F. DU MONT-D'OR. Ce fromage, fort renommé, se prépare sur le Mont-d'Or, département du Puy-de-Dôme. Le nombre des chèvres nourries dans les pâturages montagneux de ces contrées, s'élevait, en 1819, à onze mille. Nous avons donné sur leurs habitudes de vie de longs détails insérés dans le *Livre de l'Éleveur et du Propriétaire d'animaux domestiques.* Voici comment on s'y prend pour fabriquer le fromage du Mont-d'Or : La traite a lieu trois fois dans la journée, et le lait est mis en présure à un degré de chaleur moyen. La présure se fait avec des caillettes de chevreau, que l'on dissous soit dans du petit-lait, soit dans un peu de vin, soit enfin dans une petite quantité de vinaigre : le lait se coagule en quinze minutes en été et en trente en hiver. On met aussitôt égoutter le caillé, quelquefois dans des vases en terre, percés de petits trous, mais plus souvent dans des boîtes carrées de paille. On les sale pendant la belle saison, après une demi-heure d'égouttage et après deux heures durant les froids. On les retourne fréquemment pendant les vingt-quatre heures qu'ils passent dans ces formes, dont on les sort aussitôt qu'ils sont fermes et presqu'entièrement privés de petit-lait. Leur séjour dans les moules est beaucoup plus court en été qu'en hiver. Quand ils sont fermes, on les place dans des paniers à claire-voie, que l'on suspend au plafond dans un lieu frais.

L'affinage se donne à un petit nombre d'entre eux, en les humectant de vin blanc, les saupoudrant de persil haché, et les plaçant entre deux assiettes. Dix à douze jours après les avoir faits, on les transporte à Lyon. « Il s'en expédie, dit M. Grognier, auquel nous devons la substance de cet article, il s'en expédie pour diverses provinces de la France; on les renferme dans des boîtes à dragées, et ce genre d'industrie, en apparence peu considérable, ne contribue pas peu à la prospérité des communes du Mont-d'Or. On y a évalué la rente d'une chèvre en lait, fumier ou chevreau, à une somme égale à sa valeur. Quel est l'animal domestique qui pourrait offrir un plus grand bénéfice? Ajoutez à cela que l'entretien des chèvres du Mont-d'Or utilise des feuilles de vignes, des plantes réputées parasites, qui dans tant de pays ne servent à rien, pas même à faire des engrais; cet entretien n'occupe point de bras robustes, étant conféré exclusivement à des femmes et à des enfans. »

3°. *Fromage de lait de brebis*. Y. F. DE MONTPELLIER. Ce fromages que l'on appelle aussi *fromageons*, sont délicieux. Le sevrage des agneaux a lieu ordinairement au mois d'avril ou dans les premiers jours de mai. A cette époque on ne les laisse téter leur mère qu'une ou deux fois par jour, diminuant même graduellement la quantité, jusqu'à ce qu'on supprime complètement cette espèce de nourriture, la remplaçant par une provende en usage dans la localité. On trait alors tous les matins les brebis que l'on a séparé de leurs agneaux dès la veille au soir, et on met en présure le lait encore chaud. Il se coagule très promptement : on doit alors le rompre, le diviser et le placer dans les moules, pour en faire sortir le petit-lait; ces formes ou moules sont en grès : elles ont six pouces de diamètre, un pouce de profondeur, et sont percées d'un grand nombre de trous très fins; après quelques minutes, le fromage est affermi et doit être retourné; cette opération se répète plusieurs fois jusqu'à ce que tout le petit-lait se soit écoulé. On retire alors le fromage de la forme et on le place sur de la paille mise sur des rayons. On doit alors le saler en le saupoudrant à plusieurs reprises de sel sec et fin. On peut ensuite les expédier. Lorsque les fromages de Montpellier doivent être conservés, on les fait arriver à une dessiccation parfaite, en les exposant à l'air sur des claies et les retournant souvent. Quand la siccité est complète, on les met dans des boîtes placées en lieu sec. Lorsqu'on veut les manger, on les met tremper pendant quelques jours dans de l'eau un peu salée, et on les retire quand une épingle que l'on y enfonce en est retirée facilement. Il ne reste plus qu'à les faire égoutter, les enduire d'un peu de vin et d'huile, et les renfermer, pendant un mois, dans des vases de grès, fermés hermétiquement.

4°. *Fromages de laits mélangés.* Z. F. DE ROQUEFORT. La qualité de ce fromage, fait de lait de brebis et de chèvre, est due à son séjour prolongé dans des caves très froides et dans lesquelles l'air se renouvelle continuellement. Chaptal y a trouvé, le 21 août 1787, 4° R. au-dessus de glace, tandis que l'on avait en plein air et à l'ombre 23°. Les vents du sud ou une haute température extérieure augmente la rapidité du courant, et par conséquent la froidure de la cave. Ces lieux d'affinage sont presque tous creusés par la nature, et l'homme s'est contenté de les fermer d'une muraille. Des crevasses ou soupiraux naturels servent à l'introduction et à la sortie de l'air, qui s'échappe aussi par la porte. Ces caves sont généralement petites et étroites; elles sont creusées dans un calcaire coquillier, et des rayons sont placés du haut en bas des parois; on en met aussi dans le milieu, afin d'exposer un plus grand nombre de fromages à l'action des courans d'air.

M. Girou de Buzareingues attribue encore à une autre cause la bonté des fromages de Roquefort. Il pense qu'après l'action des courans d'air froids, on doit placer le mode de traire en usage dans ces contrées. En effet, lorsque le lait cesse d'arriver abondamment sous la main de la personne qui trait, elle frappe fortement les mamelles avec le dos de la main, et cela jusqu'à ce qu'il n'en sorte plus rien. M. de Buzareingnes observe que les spectateurs inaccoutumés à ce mode de traction, sont effrayés pour la santé des brebis qui n'en éprouve cependant aucun dommage.

Nous croyons que dans une foule de localités, on pourrait faire du fromage de Roquefort : il suffirait de construire, dans des circonstances favorables, des caves ou lieux déjà naturellement frais. Une ventilation puissante et énergique y serait établie. Nous croyons qu'on pourrait utiliser le voisinage d'une glacière, et surtout celui d'une chute d'eau qui permettrait l'adoption d'un ventilateur construit d'après les principes qui dirigent lors de l'érection d'une *trompe*, moyen de soufflage appliqué aux forges et hauts fourneaux. Chaptal suppose que l'effet utile, produit ici par le courant d'air froid, est de retarder la fermentation.

Les brebis qui fournissent le lait qui entre dans la composition du fromage de Roquefort, paissent sur le Larzac, vaste plateau de huit à dix lieues de diamètre, d'une grande fertilité et entourant en quelque sorte Roquefort: il est situé dans le département de l'Aveyron. Ces brebis sont, comme on doit le penser, de la race de montagne et des pays chauds; elles ont la laine frisée et les mamelles très développées. Les chèvres que l'on élève concurremment avec elles, n'ont rien de particulier. Le lait des premières donne au fromage consistance et qualité, tandis que celui des dernières le rend plus blanc. Le lait de chèvre entre dans le mélange pour une faible proportion. On commence le sevrage des agneaux dans les premiers jours de mai.

On réunit ordinairement la traite de la veille au soir et celle du matin : on fait quelquefois chauffer un peu celle de la veille pour lui enlever une petite quantité de crème, quand celle-ci est trop abondante. On met en présure dans un vase de cuivre étamé; aussitôt que le caillé est formé, une femme le rompt, le remue avec force et le broye entre ses mains; abandonné à lui-même, ce caillé se précipite au fond de la chaudière. Il faut faire alors écouler le petit-lait et placer le fromage dans les formes, en le broyant de nouveau et tassant fortement avec la main. On pose alors dessus un petit plateau chargé d'un poids, et on le retourne plusieurs fois pendant les 12 heures qu'il est en presse. Au bout de ce temps, il est ordinairement privé de petit-lait, on le retire, et on le place sur les rayons du séchoir; on doit l'y retourner fréquemment, l'exposer à un courant d'air sec, et ne point le mettre en contact avec ses voisins. La dessiccation est ordinairement complète au bout de 20 à 25 jours. Il est alors temps de les affiner : nous allons dire comment on le fait.

Les propriétaires des caves de Roquefort achètent à livrer ces fromages aux foires des environs, et souvent les paient à l'avance. On les amène à ces caves, à dos de mulets, pour les briser et les échauffer le moins possible; un entourage de toile les préserve de rupture. La salaison se fait aussitôt après l'arrivée dans les caves, en mettant sur chaque fromage une pincée de sel et les entassant ensuite en piles de 4 ou 5. Après 36 heures de repos, on les reprend, on les frotte tout autour de sel, puis on les réempile; le lendemain on recommence ainsi que le surlendemain; alors on leur laisse trois jours de repos. Ce temps écoulé, on les porte dans une pièce que l'on nomme entrepôt, et là on les râcle, en levant la pellicule extérieure qui renferme la plus grande partie du sel, quelques corps étrangers, et qui se trouve beaucoup plus avancée que le reste du fromage. Ces râclures, que l'on nomme *rhubarbe* ou *bolus* quand elles sont mises en boule, se vendent fort bon marché. Les fromages nettoyés sont rapportés dans les caves, où de nouveau on les empile pendant 15 jours, ensuite on les met sur champ sur les rayons de la cave, ayant soin qu'ils ne se touchent en aucun point. Deux semaines après ils ont poussé un duvet blanc, fort long et très fin ; on les râcle alors et on les replace. 15 jours après, un nouveau duvet a crû : il est blanc et bleu, mais plus court que le précédent ; on agit comme la première fois. Au bout de 3 semaines, il faut enlever le duvet qui a repoussé, mais il est alors rouge et blanc et toujours plus court ; on nettoie de nouveau, ce que l'on répète au reste tant qu'il sort du duvet : celui-ci devient de moins en moins long, et finit par ne plus croître ; on peut alors consommer ou vendre le fromage. Il reste de 4 à 5 mois dans les caves.

Tous les fromages ne sont pas également bons, et il en est même de beaucoup de qualités différentes. Nous devons dire que pour en connaître toute la perfection, il faut les manger à Roquefort ou à une distance très rapprochée de ce lieu. Ils souffrent beaucoup du transport, surtout quand celui-ci se fait sur des voitures. « Les caractères, dit Chaptal, de la première qualité des fromages de Roquefort, sont une pâte douce, blanche, ferme, agréable au goût, et marbrée de bleu. » Les fromages pèsent de 6 à 8 livres, et s'achètent avant l'affinage 40 à 42 francs le quintal, qui se vend au sortir des caves de 60 à 70 francs. Le déchet dans les caves est ordinairement d'un quart. Les bolus ou rhubarbe se vendent 15 à 20 francs les 100 livres. On affine à Roquefort environ 900,000 kilog. de fromages, qui se vendent de 6 à 700,000 francs. M. de Buzareingnes suppose qu'il faut 100,000 brebis portières pour produire ces quantités. Chacune d'elle fournit environ 8 à 9 kilog. de fromage. Leur lait en contient 20 pour 100.

AA. F. DU MONT-CENIS. On prépare ce fromage dans toute la longueur des Monts-Cenis, jusqu'à l'Iséran et dans quelques parties de la Maurienne. Il entre dans sa composition du lait de brebis, de vache et de chèvre. M. Bonafous, à qui nous devons tout ce que nous savons sur cette fabrication, dit que la proportion dans le troupeau de chacun de ces animaux n'est point fixe, mais que l'on peut cependant l'établir ainsi : quatre brebis pour une vache et une chèvre pour 10 brebis. L'entrée des troupeaux dans les pâturages alpins, coïncide avec le sevrage des agneaux et des chevreaux.

Les différens laits de la traite du soir sont passés ou coulés dans une passoire de forme particulière, mais que remplaceraient très bien celles dont nous nous servons. Le lait filtré est mis dans des baquets que l'on place dans un lieu frais; on l'écrème le lendemain et on le mêle à celui de la traite nouvelle; on n'ôte rien à ce dernier : s'il fait froid et que le lait de la veille ait par trop refroidi le mélange, on l'élèvera à 20 ou 22°. R. On met ensuite en présure, ayant bien soin de remuer pendant quelque temps au moyen d'un moussoir. On laisse reposer; au bout de quelques instans et après deux heures au plus, le caillé est formé. Si la température trop fraîche s'opposait à la coagulation, on placerait le baquet près du foyer. Lorsque celui-ci a pris la consistance nécessaire, l'ouvrière enlève tout ce qu'elle peut du petit-lait au moyen d'une écuelle; elle saisit ensuite toute la masse entre ses deux mains, la rompt, la divise, la pétrit, la soulève jusqu'à ce qu'elle cesse d'adhérer aux parois du baquet, où la coagulation s'est opérée ; alors on fait écouler le petit-lait par l'inclinaison du vase et l'on retire le caillé que l'on divise en deux portions : l'une sert, avec celle réservée la veille, à former le fromage ; l'autre se met à part pour mêler avec celui du lendemain. Le caillé dont on fait le fromage est enveloppé d'un linge bien propre et déposé dans un moule de bois surmonté comme celui du fromage d'Auvergne, d'un cercle non fixé, en fer mince ou en bois. Le moule repose sur un plateau percé de trous ; il est rempli à un pouce au dessus des bords et recouvert d'un plateau plus large que le moule. On laisse alors le petit-lait s'écouler sans autre pression pendant 24 heures.

Au bout de ce temps, on sort le fromage du moule et de l'enveloppe, on le replace dans une nouvelle, on resserre le cercle au milieu duquel on le dépose, et on le porte sous une presse que nous avons figurée sous le nᵒ 24. Le fromage reste sous la presse depuis 3 jours jusqu'à 6, suivant le degré de température, et l'on doit le retourner tous les matins, augmentant à chaque fois la pression latérale et perpendiculaire. En retirant le fromage, on le met à la cave où on le sale. La cave doit être très fraîche sans être humide, et tout autour régneront des rayons. On frotte toute la surface avec du sel gris broyé fin, et l'on répète cette opération tous les deux jours pendant deux mois, retournant le fromage à chaque fois. On emploie environ cinq livres de sel par fromage de 25 à 30 livres. On n'en met plus quand on voit une humidité continuelle sortir du fromage.

La salaison terminée, on procède à l'affinage, en plaçant les fromages par terre sur une couche de paille, de temps en temps renouvelée; ils doivent être près les uns des autres sans se toucher. On les retourne chaque jour, les posant tantôt sur leur plat, tantôt sur leur champ. C'est alors que la pâte se persille ou qu'elle se veine, si l'on aime mieux. Les marbrures grises, bleuâtres ne sont autre chose qu'une moisissure fort appréciée des gourmets. Les fromages d'été mettent trois ou quatre mois pour s'affiner; ceux de l'arrière saison en demande cinq ou six. La qualité des fromages se reconnaît en les sondant; la pâte devra être d'un blanc jaunâtre mat, veinée de blanc, unie, grenue, pesante, d'une saveur fraîche, délicate et un peu piquante. Les fromages pèsent de 20 à 25 livres et ont la forme d'un cylindre de 6 à 7 pouces de hauteur sur 1 pied de diamètre; la livre de ce fromage se vend sur place une dixaine de sous. On devrait essayer dans tous les pâturages élevés cette fabrication dont le produit est très estimé.

Dans le Dauphiné et près de Sassenage, on fait un fromage fort bon en suivant presque tous les procédès que nous venons d'indiquer; seulement on n'y ajoute de lait frais que ce qu'il en faut pour remplacer la crême enlevée dans celui de la veille, et le fromage n'est pas soumis à la presse. Il est inférieur en qualité à celui du Mont-Cenis.

5°. *Mélanges de caillé avec des substances diverses.* BB. Serai vert du canton de Glaris, (en all. *Schabsieger.*) Cette préparation mérite de se répandre, puisqu'elle utilise une matière que dans plusieurs de nos provinces on donne aux porcs ou que l'on jette; nous voulons parler du caillé, qui reste après l'enlèvement de la crème, que l'on destine à faire le beurre. La plante qui sert à l'aromatiser est indigène en France, et croît à toutes les hauteurs, puisque nous la trouvons chez les Grisons, à 4,310 pieds au dessus de la Méditerranée, et qu'elle prospère également dans les plaines de la France. Nous allons emprunter tout cet article à M. J. J. Frey.

« Lorsque le lait est trait, on le descend dans des caves, où il reste trois à quatre jours (1). Ces caves sont rafraîchies par des sources ou par des fontaines; les terrines qui contiennent le lait sont plongées par le fond de quelques pouces dans cette eau fraîche. Lorsque l'on veut faire le fromage, on monte le lait, on l'écrème, puis on verse le lait écrêmé dans un chaudron, en y mêlant de la présure ou un acide faibel, tel que le jus de citron ou le vinaigre, afin de produire la séparation de la matière caséeuse et du petit-lait: on met alors le chaudron sur le feu et on chauffe fortement en agitant le caillé avec force. Lorsque le petit-lait est tout à fait séparé, on retire le fromage du feu, puis on le place dans des formes percées

(1) On laisse le lait dans la terrine placée dans l'eau fraîche pendant trois ou quatre jours, pour faciliter la séparation de la crème. Les Glarenois vendent le beurre à Zurich, à Bâle, etc., et c'est avec ce qui reste que l'on confectionne le serai vert; le serai blanc, qui a une valeur de 8 à 10 centimes la livre, monte, par cette fabrication, à 20 et 30 centimes, et à l'étranger on l'exporte quelquefois au prix de 50 à 75 centimes.

de trous (1), afin de le laisser égoutter pendant 24 heures ; après ce temps, on sort ces fromages pour les placer près du feu dans de plus grandes formes, où ils éprouvent, par l'influence d'une douce chaleur, une fermentation nécessaire. Au bout de quelques jours, on les retire, puis on les place dans des tonneaux perforés, sur le couvercle desquels on charge des pierres qui doivent comprimer fortement le serai : il reste quelquefois dans cet état jusqu'à l'automne (2), moment où on le porte au moulin à broyer. Alors sur 100 livres de serai, on prend 5 livres de feuilles sèches et pulvérisées de mélilot, et de 8 à 10 de sel fin bien sec, décrépité.

« Lorsque le mélange de ces trois substances est bien fait, on en remplit des formes qui ressemblent à un cône tronqué, de la contenance de 7 à 10 livres, et on le comprime fortement à l'aide d'un tampon de bois ; huit ou dix jours après, on le sort des formes (3) ; on le fait sécher avec précaution, afin qu'il ne se gerce point par l'impression d'un courant d'air trop vif.

(1) Les Glarenois font les formes avec l'écorce de sapin.

(2) L'automne est le seul temps où l'on descende le serai des Alpes pour le porter aux moulins à broyer ; ces moulins sont quelquefois communaux ou à plusieurs propriétaires réunis : chacun broie alors à son tour. Aussitôt que le serai a subi la fermentation nécessaire, on peut le confectionner : on voit donc qu'il peut se fabriquer en toute saison.

(3) Pour sortir avec facilité le serai des formes, on enduit légèrement l'intérieur du moule avec du beure et de l'huile d'olives avant de remplir les formes ; on perce un petit trou à leur fond, par lequel on souffle un peu pour aider à la sortie du fromage.

« On voit, par la simplicité de ce procédé, le parti que l'on peut tirer du caillé qui, dans diverses campagnes, est à si bas prix ; la valeur, au moyen de cette manipulation, serait bientôt quintuplée, en sus des avantages qu'il peut offrir, comme ressource d'hiver, aux fermiers et éleveurs. Le mélilot est une plante annuelle que l'on doit renouveler chaque année. Nos habitans des campagnes le placent dans leurs meubles, ainsi que dans les fourrures ou étoffes de laine, afin de les préserver des insectes. Cette plante se sème au printemps et à l'automme dans une terre bien labourée ; sur trente ares de terrain, il faut un hectolitre de graine, et un tiers seulement, si elle est bonne, bien épurée. On sarcle les mauvaises herbes. Vers la fin de juin, lorsque le mélilot est en fleur, et que les premières feuilles sont desséchées, on le coupe, on l'étend sur des draps au soleil, afin de le faire sécher ; on le pulvérise ensuite à l'aide d'un moyen mécanique. »

CC. F. DE WESTPHALIE. On emploie pour faire ce fromage le lait écrêmé, mais après lui avoir laissé prendre au dessous de la crême une saveur acidule. On n'ajoute point de présure au lait, on se contente de l'approcher du feu, et il se caille très bien ; on le met alors dans un sac de grosse toile ; on place celui-ci sous un plateau chargé de poids, et lorsque le caillé est sec, on le rompt et on le divise avec soin ; il faut alors le déposer dans un grand vase de terre où on le laisse *se faire*. Aussitôt qu'une croûte jaunâtre commence à se former sur le caillé, on enlève celui-ci, on en remplit des moules, après toutes fois lui avoir joint une notable quantité de beurre, de sel et plus d'un quart de caillé frais. On y ajoute aussi du girofle, du poivre et quelques autres épices. Lorsque les pains sont bien formés, on les fait sécher en plein air. La dessiccation accomplie, on place pendant un mois au moins ces fromages dans une cheminée, où ils acquièrent une saveur toute particulière, à cause de la fumée qu'ils absorbent. On pourrait les dire *mayencés* comme les jambons du même pays.

DD. F. De Pommes de terre. En Savoie, on prépare ce fromage, en faisant cuire à moitié des pommes de terre, les râpant et les broyant. On y mélange ensuite les trois quarts de caillé de lait de brebis, on moule, on sale et on fait sécher. Ces petits fromages sont d'excellente garde et s'améliorent en vieillissant.

En Allemagne, on met trois parties de pomme de terre et deux de caillé frais. On pétrit avec force et on laisse fermenter pendant 4 ou 5 jours ; puis on met en forme, on sale, on sèche et l'on met en consommation, si l'on n'aime mieux conserver ce qui doit se faire dans un lieu très sec.

EE. F. de la Herve. Ce fromage se prépare dans le Limbourg ; il est facile à faire et emploie du lait non écrémé. On prend donc celui-ci ; on y ajoute par chaque livre de fromage une pincée de chacune des substances suivantes : sel, poivre, persil haché, ciboule et estragon également hachés très fin. On place ensuite dans la forme pendant un jour et demi ou deux jours, après lesquels on le dépose sur une claie d'osier garnie de paille et placée dans un endroit aéré, sec et chaud.

Il sèche rapidement, c'est-à-dire en 7 ou 8 jours, et ne demande plus qu'à être descendu à la cave sur de la paille fraîche : là, on le sale à plusieurs reprises. Au bout de 15 jours ou trois semaines, il se revêt de moisissure ; il faut alors le nettoyer avec une brosse trempée dans une eau chargée d'ocre ; on renouvelle 3 fois cette opération. Au bout de 3 mois, on peut mettre en vente ou manger ce fromage qui, pour être bon, doit avoir une consistance ferme et une pâte marbrée de bleu, de rouge et de jaune.

Nous terminerons cet article consacré au fromage, en disant quel est le meilleur parti à tirer du petit-lait, qui reste après l'enlèvement du caillé, lorsqu'on fabrique du fromage. Nous avons déjà vu qu'il pouvait donner une quantité assez notable de beurre, dit de *petit-lait*. Lorsque celui-ci est enlevé, on met tout le petit-lait restant dans une chaudière, on le fait bouillir et on y projette du vinaigre ou du petit-lait aigri que l'on nomme *aisy* dans le canton de Fribourg. L'aisy se prépare en tenant continuellement près du feu le vase qui renferme le petit-lait. Dans quelques localités on verse dans le petit-lait chauffé à 40° R. le lait de beurre et le mauvais lait que l'on n'a point voulu employer à la fabrication du fromage. La quantité du vinaigre ou d'aisy que l'on emploie doit être assez considérable ; elle s'élève quelquefois à 12 et à 15 pour cent.

Lorsque l'acide est versé, on continue à faire bouillir, et bientôt le serai ou caillé s'élève et paraît ; on attend que la croûte soit bien formée et surtout séparée du petit-lait. On retire alors le vase du feu, on enlève une écume moussante et l'on trouve la croûte, qui se prend avec l'écumoire, se brise et se dépose dans les moules. Au bout de très peu de temps, et aussitôt qu'il est froid, le serai s'abaisse, se serre, et peut être tiré du moule dont il garde l'empreinte.

Ce produit ainsi préparé, prend suivant le pays le nom de *serai, brocotte, recuite, seracée*; on le mange frais, et il est ainsi fort sain et nutritif. Les Alpicoles en font une grande consommation; ils boivent aussi le petit-lait qui reste après l'enlèvement du serai: on peut aussi saler la brocotte, en la mettant entre deux lits de sel; elle se conserve ainsi plusieurs mois si elle est placée dans un lieu bien sec.

Près de Naples, on prépare une espèce de serai que l'on nomme *ricotta*. Pour le faire, on mêle au petit-lait, qui reste après la fabrication du fromage, 1 dixième de bon lait frais, on met dans un vase sur le feu, après avoir bien remué, et on porte à l'ébullition; aussitôt qu'elle paraît on verse 1 quinzième de vinaigre fort, ou de jus de citron, ou bien encore de petit-lait aigri; ou remet sur le feu et au premier bouillon, on retire; on enlève une mousse blanche fort bonne à manger, mais qui ne se garde pas. Sous elle est la ricotta : il faut la prendre avec un écumoire et la mettre en forme. On peut la manger de suite. Si on veut la garder au delà de quelques jours, on la sale et on la sèche jusqu'à ce qu'elle soit très dure : elle dure alors fort long-temps, et on en fait un grand usage à Naples pour préparer le macaroni.

§ V. Des altérations du lait et de ses produits.

I. Du Lait. 1º Naturelles. *Lait bleu.* Cette altération se manifeste au bout de 24 heures par de petits points bleus qui parcourent la surface du lait, qui augmentent en nombre et en grandeur, se réunissent et forment une couche crèmeuse d'un beau bleu indigo. Le beurre fait avec cette crème et le fromage tiré du lait ainsi coloré ne présentent rien de particulier et conservent leur couleur habituelle. Les causes de cette maladie ne sont pas connues et à peine soupçonnées : les remèdes qu'on lui applique n'ont par conséquent aucune certitude de succès.

Lait rouge. Celui-ci vient avec sa couleur des mamelles de la vache. On l'attribue à deux causes, et les raisons données à l'appui sont concluantes. La première est que la vache a mangé des plantes qui fournissent une couleur rouge. Alors le beurre et le fromage fait avec ce lait sont rouges. Dans le second cas, la couleur est due à une lésion intérieure du trayon, et ne se communique ni au beurre ni au fromage. Il faut pour porter remède à cette blessure, traire fort doucement. Le rouge qui provient des végétaux se passe, si les vaches cessent de manger des plantes tinctoriales, telles que plusieurs caille-laits, etc. *Le lait jaune* doit sa coloration à des plantes telles que le safran, le souci des marais; le retranchement de la cause entraîne la cessation de l'effet.

Lait piqué. Cette altération est due à la malpropreté et à la chaleur. Elle se manifeste par des points bleuâtres ou de petites moisissures qui nagent sur le lait.

Il est encore une foule d'autres altérations du lait qui se manifestent par *l'odeur* ou la *saveur.* Elles sont presque toutes dues aux plantes que la vache a mangées : c'est ainsi que nous avons vu le lait de plusieurs vaches, contracter une saveur horriblement alliacée, quelques heures seulement après avoir mangé des tiges et des bulbes d'échalottes. Une foule de plantes comme les choux, les feuilles de légumes pourries ou gâtées, les renoncules, les fourrages avariés, les fleurs de châtaigniers, donnent une saveur désagréable. Le lait est amer lorsque les vaches ont mangé de l'absynthe, des marrons d'Inde, des feuilles de cardon ou d'artichaut, celles qui tombent de certains arbres à l'automne, la paille d'avoine, le laitron des Alpes, et pour les chèvres les pousses de sureau. Il est acide quand les animaux ont broutés des feuilles de vignes, et insipide quand ce sont celles de la prèle fluviatile. Les vaches en chaleur ou qui viennent de véler, on un lait peu agréable et quelque peu dégoûtant.

Les *temps orageux* ou la malpropreté des vases font coaguler le lait si promptement que toute la crème ne peut monter. D'autres fois les mêmes causes le rendent filant ou huileux.

2º. Artificielles. Les altérations artificielles sont nombreuses ; la plus souvent répétée est l'adjonction de l'eau. On la reconnaît à un lait moins dense et bleuâtre. Dans les environs de Paris on pousse plus loin qu'ailleurs l'habileté du fripon : c'est ainsi que l'on mêle au lait, allongé d'eau, soit de la farine délayée d'abord dans une petite quantité de lait et bouillie, soit une émulsion amigdaline ou de graines de chenevis. On reconnaît ces diverses falsifications en mêlant au lait un peu d'iode, qui précipite la fécule en la colorant en bleu, et la farine qui prend alors une teinte violâtre. Pour reconnaître exactement l'adjonction de l'eau, il faudrait avoir du lait pur de la même vache pour en comparer le caséum et la partie butireuse. L'émulsion du chenevis, lorsque le lait est échauffé, fournit de l'huile qui monte à la surface et paraît en forme de petits points.

II. Du Beurre. Le beurre est *rance* et *amer* sans que l'on puisse y remédier. Cela tient presque toujours à la vétusté de la crème ou du beurre lui-même. Plusieurs des causes qui donnent au lait une saveur et une odeur désagréable, agissent de la même façon sur le beurre. On doit alors chercher à les faire cesser. Lorsque le beurre est *huileux* ou *visqueux*, il le doit à une mauvaise fabrication, et surtout à la chaleur des mains qui l'ont touché. On remédie à la couleur pâle du beurre en le colorant par les procédés que nous avons indiqués. Quelquefois le beurre sent la *graisse* ou *suif*, cela tient à une manipulation imparfaite et à l'emploi de mauvaise crème : le beurre contracte souvent cette saveur pendant l'hiver.

III. Des Fromages. Les fromages ont, suivant leur préparation, une durée plus ou moins longue; il en est qui durent des années, d'autres au contraire veulent être mangés de suite. Les fromages de longue garde doivent être parfaitement privés de petit-lait et caillés avec de la présure très fraîche; sans ces précautions, ils ne fermenteraient pas également, des réservoirs d'air se créeraient dans l'intérieur, et il en résulterait mauvaise qualité ou perte complète.

Le sel, en modifiant le fromage, en rend aussi la durée plus longue, tout en déterminant une fermentation que l'on doit arrêter par la dessiccation, ou en consommant le fromage, lorsque la maturation de celui-ci est arrivée. Les fromages doivent être conservés dans

8.

des lieux secs et froids ; ceux que l'on affine ne peuvent être attendus au delà de l'instant où ils ont acquis toutes leurs qualités. Quand les fromages ont des cavités et que l'on craint pour eux, on les perce au moyen de longues brochettes de fer, ou bien encore on se sert du moyen employé par les Anglais : ils composent une poudre en mélangeant une livre de nitre et une once de bol d'Arménie ; on nomme cette préparation *poudre à fromage* ; avant de mettre le fromage sous presse, on le frotte avec une once de cette poudre. Dans quelques contrées et principalement dans celles où l'on fabrique les fromages mous, on les met dans des boîtes de sapin. Ailleurs, et surtout en Hollande, on les revêt d'une ou deux couches de vernis à l'huile siccative. Ce dernier moyen devrait être employé pour tous les fromages à croûte dure et de longue garde. On conseille aussi de les placer, au moins pour les longs voyages, dans du charbon en poudre, animal ou végétal.

La moisissure disparaît en nettoyant le fromage, mais quand celui-ci est très avancé, ou si l'on veut, *trop passé*, il devient quelquefois néccessaire de le désinfecter. Pour cela, on le place dans du chlorure de chaux à l'état solide, ou dans du charbon en poudre, mêlé à une petite quantité de chlorure de soude.

Il est aussi un assez grand nombre d'insectes qui attaquent les fromages. Nous citerons en première ligne, le *ciron* ou mite des fromages. (*Acarus siro*). Les ravages de cet insecte sont ordinairement cachés, parce qu'il éclot sous la croûte, perce et ronge tout l'intérieur. Lorsque les fromages sont fréquemment nettoyés, bien essuyés, et que les rayons sur lesquels on les place ont été échaudés à l'eau bouillante, on a rarement à se plaindre de leur présence. On emploie pour le Vachelin ou Gruyères, un moyen que nous conseillerons pour tous les fromages à pâte dure. On les fait tremper quelques instans dans la saumure, on les frotte ensuite, on les essuie et on les enduit d'huile fine.

Plusieurs mouches déposent leurs œufs sur les fromages avancés, les larves éclosent si elles ne sont enlevées par quelques lavages, pénètrent dans l'intérieur et dévorent le fromage. Il est quelques amateurs qui préfèrent le fromage dans cet état ; le plus grand nombre au contraire le rejettent et ne veulent pas y toucher.

§ VI. Conclusion.

Nous allons placer sous ce titre quelques unes des réflexions ou indications que nous n'avons pu donner ailleurs. Dans la production rien n'est perdu. Les résidus eux-mêmes ont une valeur, et s'emploient soit pour la nourriture des hommes, soit pour celle des animaux, ou enfin sont en usage dans certaines fabriques. Aussi le lait *écrémé* sert à la préparation des fromages maigres, du serai, du fromage fondu, à la nourriture des gens à gage, à l'alimentation des veaux et des porcs. Les blanchisseurs de la Flandre française et belge s'en servent pour blanchir leur toile. Chacun connaît le *lait de beurre*, qui plaît sucré ou non sucré à un grand nombre de personnes. Dans quelques pays on en prépare de la soupe ; on le fait entrer dans le serai, dans le pain, dans les alimens des porcs et des oiseaux de basse-cour. On obtient du *petit-lait*, une boisson fort saine et agréable, du sucre de lait, de l'*aisy*, un vinaigre faible, un excellent auxiliaire pour le blanchiment des toiles; on en lave tous les ustensiles de la laiterie, après quoi il se donne aux porcs ainsi que toutes les autres eaux de lavage.

Le produit que l'on peut tirer des vaches est fort difficile à établir. Tout le fait varier: le climat, la saison, les pâturages ou alimens, la race de la vache, son âge, son état de santé. Pour donner un exemple de l'énorme différence qui existe entre telle ou telle vache, nous citerons M. Grognier, qui nous indique 2 litres par jour pour la production des vaches des montagnes du Lyonnais, et Thaër qui dit que des personnes dignes de foi lui ont assuré que certaines vaches rendaient dans les meilleurs pâturages des contrées basses de l'Allemagne, de 42 à 47 litres dans le moment de la plus grande abondance. Nous ne chercherons donc pas ici à grouper des chiffres qui seraient sans utilité; nous dirons seulement que M. le comte d'Augeville indique comme moyenne pour transformation de nourriture en lait.

41, 6 litres par 100 kil. de foin consommé à Hofwill.

37, 3 litres par 100 kil. de foin dans les fruitières de Fribourg.

39, 6 litres par 100 kil. de foin, à Lompnès (Ain).

Le foin n'est ici que la représentation de toute espèce de nourriture, ramenée à une unité ou valeur de comparaison. Nous ne nous étendrons pas d'avantage à ce sujet, et nous passerons de suite à l'avantage que l'on peut trouver à élever telle ou telle race et à vendre ses produits plutôt sous une forme que sous une autre.

Nous dirons ensuite quelques mots sur les associations rurales, connues sous le nom de *fruitières*, et nous concluerons.

Les efforts que l'on fait pour grandir la taille de ses vaches sont souvent et presque toujours sans influence sur le profit réel. En effet, le seul but que l'agriculteur doit se proposer, est d'obtenir d'une dépense et d'un capital donné, le plus haut intérêt possible ; c'est ce que font souvent de très petites races fort sobres et très bonnes laitières. Nous avons vu dans certaines parties de la Bretagne, des vaches fort petites donner un produit réel et considérable, parce qu'elles dépensaient peu, tandis que d'énormes vaches suisses, qui engloutissaient de fort grandes quantités de nourriture, ne produisaient pas dans une aussi grande proportion. Il est encore un autre inconvénient fort grave dans l'importation de vaches nouvelles : nous voulons parler du *dépaysement*. Des circonstances semblables de nourriture, de climat et de soins, entoureraient-elles les nouvelles venues, il en résulte toujours pour elles une diminution de produits qui s'étend souvent à plus d'une année : cette diminution se fait non seulement sentir sur le lait, mais aussi sur la taille des veaux. J'avais acheté dans le comté de Montbelliard, deux fort belles vaches ; l'une était à son premier veau, l'autre avait six ans : les produits de cette dernière avaient été vus par les personnes qui avaient bien voulu me faire l'acquisition ; les génisses ou bouvillons étaient très forts et de grande taille ; le lait était fort gras et abondant : rien de tout cela ne se répéta cependant chez moi ; les veaux produits par mes deux vaches étaient petits et ne se développèrent jamais parfaitement; leur lait était gras, mais sa quantité n'était pas plus grande que celle des vaches communes du pays : cette infériorité des produits dura plus de deux ans, après quoi elle cessa.

Nous tirerons de tout cela cette conséquence, que l'on doit se contenter de choisir ce qu'il y a de meilleur dans les vaches des villages voisins, ou plutôt de s'en faire une race créée sur la propriété, et se trouvant naturellement habituée au mode de stabulation, de nourriture et d'hygiène que l'on a adopté. Le taureau pourra seul être pris dans une race étrangère, il sera bien rablé, près de terre, et n'aura pas surtout une taille beaucoup plus grande que celle des vaches à couvrir. Nous ne parlons ici que des vaches considérées sous le point de vue de la production du lait. En effet, si l'on voulait élever pour le service de la charrue ou des transports, pour la production de la viande de boucherie, on trouverait quelques avantages à élever de grandes bêtes : encore, dans ce cas, faudrait-il proportionner la taille à obtenir avec la nourriture dont on peut disposer. Nous remarquerons ici qu'il est peu avantageux d'élever pendant long-temps les veaux, et que le plus grand profit que l'on puisse tirer d'une vache laitière, est de la débarrasser de son nourrisson. Nous avons au reste établi ce principe sur des calculs irrécusables dans notre livre *de l'Éleveur*.

Plusieurs causes influent sur le parti que l'on peut tirer du bétail. La plus importante, et qui n'admet pas d'exception, est celle qui résulte de l'éloignement ou du rapprochement des lieux de consommation. Si l'on est voisin d'une ville ou d'une agglomération de population, on vendra son lait sous sa forme primitive;

ce sera le moyen d'en tirer le plus grand profit. Si l'on s'en éloigne à 2 ou 3 lieues, on fabriquera du beurre et du fromage à la crème; le caillé qui restera après l'enlèvement de la crème, s'emploiera pour préparer des fromages maigres. Enfin si la distance est encore plus grande, si l'on ne peut pas sans grande dépense venir à la ville pour une faible vente, on fabriquera des fromages. Nous désirons vivement que ce produit se généralise en France, et que nous égalions bientôt, comme pays de production, la Hollande, la Suisse, l'Angleterre et la Lombardie. Les villages situés au milieu des bois ou des montagnes, trouveront à ce travail une singulière amélioration de position.

Il est vrai que la plupart de ces fromages demande, pour être bien produits, la réunion d'une grande quantité de lait. Les beurres, eux-mêmes, sont bien meilleursquand la crème n'est point amassée pendant long-temps, et qu'on la bat encore fraîche. Il faut donc recourir au principe de l'association et lui demander la réussite d'opérations avantageuses. Partout où l'homme s'isole, partout où la division excessive des fortunes et des opérations arrive, on trouve la misère, parce qu'il y a dépense excessive pour n'obtenir que de faibles profits, si toutefois on en obtient. Nous demanderons donc partout la création d'associations agricoles, et la réunion des intérêts et des produits.

En Suisse et sur les montagnes des Vosges, il existe de nombreuses sociétés pour la fabrication des fromages. C'est à elles que nous devons le fromage de Gruyères ou *Vachelin.* Chaque membre de la société apporte sa traite du matin et du soir, après avoir pris toutefois ce qui est nécessaire pour la consommation de la famille. Il lui est défendu de faire dans son ménage ni beurre ni fromage. Si l'on fabriquait des fromages maigres, le beurre se ferait aussi pour le compte de l'association. M. Baude donne ainsi qu'il suit la constitution ordinaire des fruitières. « Les associations sont quelquefois fort nombreuses. Voici les conditions qui se reproduisent le plus fréquemment dans leurs actes constitutifs. Les intérêts communs sont gérés par une commission nommée à temps par l'assemblée des sociétaires et choisissant un secrétaire-trésorier. La commission prononce des amendes et même l'exclusion temporaire ou définitive contre les associés coupables de négligence ou de fraude : un associé peut toujours se retirer en abandonnant sa part dans le mobilier commun ; cet abandon est une conséquence de l'exclusion. La commission juge les différends entre associés ; tous ses jugemens sont sans appels : elle peut admettre de nouveaux sociétaires, et les héritiers succèdent à tous les droits ou obligations de leurs auteurs. Le registre des délibérations de la commission, les comptes en matières et en deniers sont ouverts à tous les sociétaires ; un compte général leur est annuellement rendu. Chaque sociétaire peut garder le lait nécessaire à son ménage, mais non l'écrémer ou fabriquer du fromage et du beurre : le lait est porté frais, en deux traites, soir et matin à la fruitière ; celui des bêtes malades ou fraîchement vêlées est exclu. La commission a droit de police sur ces étables : elle est informée de toutes les mutations qui y surviennent. Les contraventions et les peines dont elles sont passives sont définies dans les statuts : ceux-ci peuvent être modifiés par l'assemblée générale. Tantôt les ventes se font en commun ; tantôt les sociétaires se distribuent les fromages en nature : on s'accorde généralement à trouver le premier mode le plus avantageux : lorsqu'on y recours, chaque sociétaire peut se faire délivrer, au prix courant, la quantité de fromage reconnue nécessaire à son ménage. Le serai est ordinairement consommé de cette manière. » Nous finissons ici en rappelant à nos lecteurs ce que nous avons déjà dit : que l'association pouvait s'appliquer à toute sorte de production agricole, et cela avec d'immenses avantages. Nous le démontrerons dans la 3me division de ce livre. Nous dirons ici tout ce que nous devons à l'excellent ouvrage édité par M. Huzard, et dont le titre est : *Art de faire le beurre et les meilleurs fromages*; 1833, Mme Huzard. Ce recueil de mémoires étrangers et français est d'un grand intérêt. Nous renverrons aussi à notre *Livre de l'Eleveur et du Propriétaire d'animaux domestiques*. Pagnerre, 1837, avec de nombreuses figures.

CHAPITRE II.

LAINES, POILS, CRINS, PLUMES, ETC.

Nous ne pouvons ici nous étendre sur les diverses opérations nécessaires pour tirer tout le parti possible des produits animaux, énoncés dans le titre de ce chapitre et surtout pour les conserver : nous ne parlerons donc que des procédés les plus usuels, faciles à

mettre en pratique, après avoir toutefois dit quelques
mots de l'importance du produit. On trouvera des notions plus détaillées sur chacun d'eux dans les autres
Livres de la *Bibliothèque des Arts et Métiers*. Ainsi,
nous renverrons pour les laines, au Livre *du Filateur;*
pour les crins et poils à celui *du Brossier, du Tan-
neur* et *du Fourreur;* pour les plumes, au livre *du Ta-
pissier* et *du Papetier,* etc.

I. LAINE. Les animaux domestiques ne fournissent
à l'homme rien de plus important que la toison des
moutons. En effet, nous lui devons les vêtemens
chauds, nécessaires pendant l'hiver et ces étoffes légères que les valétudinaires portent pendant toute
l'année. Nous avons parlé dans le *Livre de l'Eleveur*
du lavage à dos, et nous ne dirons rien ici de celui qui
s'exécute en grand dans des établissemens spéciaux.
Nous ne donnerons que ce qu'il est nécessaire au cultivateur de connaître pour conserver et expédier.

La laine redoute la chaleur, qui en diminue le poids
et favorise le développement des insectes : elle craint
aussi beaucoup l'humidité qui favorise sa décomposition et la gâte. On doit la placer dans un lieu où la
poussière ne puisse pénétrer. Le meilleur endroit pour
conserver la laine est une pièce carrelée, au premier
étage, bien close et à fenêtres revêtues de volets intérieurs que l'on puisse fermer aussi souvent que le besoin s'en fera sentir. Les murs en seront badigeonnés
à la chaux, suivant l'avis qu'en donne Daubenton, et
le plafond sera peint de la même couleur. La laine
sera placée sur un grillage éloigné d'un pied du plancher carrelé.

Le plus grand danger que la laine ait à courir, lui

vient d'un insecte, connu dans nos diverses provinces, sous le nom de *mite*, *d'artison*, et dans la science sous celui de *teigne des draps* (*tinea sarcitella*). Ce papillon est petit, grisâtre, il dépose ses œufs sur la laine depuis le mois d'août jusqu'en octobre, et ceux-ci éclosent en novembre et décembre. Les larves ou chenilles restent inertes pendant tout l'hiver, mais dès les premières chaleurs, elles commencent à ronger la laine et s'enveloppent de fourreaux allongés. Ce travail terminé, elles abandonnent la laine et se suspendent dans les coins les plus retirés du magasin, jusqu'à leur dernière transformation, qui a lieu au bout de 15 ou 20 jours. Devenus papillons, ces insectes voltigent sans cesse et ne tardent pas à pondre.

La laine, abandonnée long-temps aux ravages de ces insectes, ne présente plus qu'une poussière sans utilité : il faut donc employer tout ce que l'on peut d'efforts et de précautions pour s'en débarrasser. Les odeurs pénétrantes, telles que celles qu'exhalent le camphre, la térébenthine, plusieurs labiées, etc., donnent de forts bons résultats, mais ne peuvent guères être mises en usage que pour de faibles quantités d'une grande valeur. Le gaz sulfureux présente de notables avantages; mais son odeur abandonne difficilement la laine, ce qui devient un véritable désagrément. L'ammoniaque en vapeur donne de bons résultats. On peut aussi placer les laines dans des caisses bien fermées au moyen de bandes de toile ou de papier collées sur toutes les fissures : les laines enveloppées dans des sacs de toile serrée et double ont aussi moins à craindre de l'attaque des teignes.

Daubenton a indiqué un moyen qu'il regarde comme

préférable à tous ceux que nous venons d'énumérer; il consiste à battre la laine avec un long bâton terminé par un bouton rembourré : les teignes, troublées, sortent alors de la laine, s'envolent et viennent s'attacher aux parois du magasin : il est facile de les y tuer avec l'extrémité rembourrée du bâton ou gaule. Il assure qu'un enfant peut très bien exécuter cette opération qui doit se renouveler très souvent.

La laine, pour être transportée, se place ordinairement dans des sacs larges ou *balles* de toile serrée et même sous double enveloppe, lorsqu'elle est de belle qualité et prête à être filée. L'ouverture du sac est attaché à 4 cordes qui se roulent autour d'autant de poteaux élevés : un homme se place dans le sac, reçoit les toisons ou la laine qu'il met sous ses pieds et tasse avec soin, surtout près de la toile. Il ne doit pas cependant trop presser, parce que la laine qui resterait ainsi pendant long-temps, ne pourrait plus se trier facilement et que la matière grasse agglutinerait les brins de laine et les raccornirait.

II. Crins et Poils. Ceux-ci sont de diverses sortes. *Les crins longs* se conservent sans nulle préparation et s'emploient à la, confection des toiles de tamis, des étoffes de meubles d'été et à quelques autres usages. *Les crins courts* se tordent en cordes et se soumettent à une vapeur d'eau, fort chaude. Ils prennent alors un certain pli qu'ils ne quittent plus; ils sont ondulés, possèdent beaucoup de ressort et d'élasticité et peuvent servir à rembourrer les meubles, certaines parties des harnais, à faire des matelas et des coussins.

Le cochon a des crins courts, mais fort durs; on les

nomme ordinairement *soies* ; les plus longs s'arrachent à la main et servent aux brossiers. Les plus courts et ceux qui tombent lors de l'échaudage peuvent entrer dans la confection de la bourre ou des crins en corde.

La bourre est le poil que l'on enlève de toutes les peaux qui sont soumises à la macération dans l'eau de chaux. On s'en sert pour rembourrer beaucoup d'objets de sellerie ou de bourrellerie et quelques meubles communs. On en mélange aussi dans quelques enduits.

III. PLUMES. Les plumes s'emploient à deux usages bien différens : les unes sortent des ailes des oies, des dindes, des corbeaux, des cygnes et de l'outarde : on s'en sert pour écrire ou dessiner. Les autres, beaucoup plus courtes et plus douces, se renferment dans des enveloppes d'étoffes, et forment alors les *lits de plumes* ou *couettes*, les *plumeaux*, les *traversins, oreillers, édredons, coussins* de bergères, etc.

Nous allons d'abord nous occuper des plumes à écrire : on les choisit parmi les longues plumes de l'aile des oiseaux que nous avons désignés plus haut ; elles font parties des grandes plumes de l'aile ou *rémiges*, et se prennent ordinairement parmi les *primaires* ou si l'on veut celles qui s'adaptent au métacarpe. Les plumes ne peuvent servir sans recevoir un apprêt, qui les débarrasse de la matière graisseuse qui les enveloppe et sans leur donner par la même opération une dureté plus grande et moins de propension à se ramollir lorsqu'elles sont mises en contact avec un liquide. On obtient aussi par ce travail une forme plus arrondie et beaucoup plus d'élasticité, tout en diminuant la cohésion entre les fibres longitudinales, ce qui fait fendre plus facilement la plume. Nous n'allons indiquer que les procédés les plus perfectionnés.

On remplit d'eau une chaudière de petite dimension et on y dissout une quantité minime de sel de cuisine ou de potasse. On élève jusqu'à 70° R. la chaleur du liquide et l'on y plonge les plumes, jusqu'à ce qu'elles soient suffisamment ramollies; alors on les retire de l'eau, on les râcle avec une lame de couteau très émoussée et on les replace dans la chaudière. On continue ainsi jusqu'à ce que toute la graisse soit enlevée: après la dernière immersion, on manie la plume entre les doigts pour l'arrondir et on la plonge dans un mélange sec de sable et d'argile, réduits en poudre et placé dans une autre chaudière. Cette espèce de bain doit être élevé à 60° R. Les plumes y restent de 12 à 18 minutes et s'y raffermissent ; à leur sortie, on les frotte avec un morceau d'étoffe de laine, et on peut les vendre.

Nous devons dire en peu de mots comment M. Scholz, de Vienne, propose de préparer les plumes; il dit de les placer dans un vase complètement fermé, mais qui porte à quelques pouces au-dessus du fond un double fond de toile métallique, sur lequel les plumes reposent, le tuyau en bas, et assez écartées entre elles. On a versé dans la chaudière une quantité suffisante d'eau pour produire tout ce qu'il sera nécessaire de vapeur, mais sans que le liquide, même lors de son ébullition, puisse s'élever au-dessus du double fond. Il chauffe alors cette eau pendant 24 heures, après lesquelles il éteint le feu. Au bout de quelques heures, il enlève le couvercle et retire les plumes l'une après l'autre, ayant soin de les ouvrir par le bout pour retirer la moëlle, de les frotter fortement avec un petit morceau de flanelle et de les mettre sécher au milieu d'une amosphère modérément chauffée : il obtient ainsi d'excellens résultats.

Nous allons emprunter un troisième procédé à la *Maison rustique du 19° siècle*, procédé qui est usité en Allemagne et paraît donner des produits aussi estimés que les plumes de Hambourg. « On fait tremper à froid les plumes pendant 10 à 12 heures dans une lessive formée d'une partie en poids de bonne potasse et 10 parties d'eau pure, et seulement après avoir filtré la dissolution. La matière grasse qui enduit le tuyau est convertie en un savon solide. Ainsi préparées, on les plonge pendant 5 minutes dans l'eau pure, de l'eau de pluie de préférence, chauffée jusqu'au point de l'ébullition, puis on les en retire pour les rincer à l'eau froide et les faire sécher au milieu d'une atmosphère sèche et légèrement chaude. Il ne s'agit plus maintenant que de les raffermir et de les polir. Pour cela on prend une chaudière ou une caisse de cuivre ou de tôle d'une longueur et d'une largeur arbitraire, mais assez profonde pour que les plumes placées de bout et réunies en paquets lâches et séparés dont chacun n'en contient pas plus de 15, soient encore éloignés de 3 à 4 pouces du fond. On prévient encore mieux le contact des plumes sur le fond, en ajustant, quelques pouces au-dessus, un châssis à claire-voie, un treillis ou mieux une toile métallique, sur lesquels les plumes reposent. On ferme alors la chaudière avec un couvercle au milieu duquel est un trou dans lequel glisse un thermomètre disposé de manière que sa boule soit au milieu de la chaudière et que la majeure partie de son échelle s'élève en dehors au-dessus du couvercle. Tout étant disposé, on porte la chaudière sur un fourneau contenant quelques charbons allumés et on chauffe l'eau qu'elle contient et qui baigne les plumes, jusqu'à la température de 40° R.

« Lorsque les plumes sont assez amollies pour fléchir, lorsqu'on les frotte un peu vivement avec le dos d'un couteau, on prend chacune d'elle en particulier de la main gauche et on l'appuie sur le genou garni d'un linge de laine ou sur une table couverte en drap, puis on la presse avec le dos d'un couteau que l'on appuie à l'origine ou extrémité supérieure du tuyau en faisant glisser la pointe en arrière sous la lame qui la presse et en lui rendant en même temps la forme ronde qu'elle avait auparavant. On opère encore plus facilement en la faisant passer vivement et à plusieurs reprises, dans un morceau de drap ou de flanelle, pour enlever l'épiderme et la polir.

« Quand on désire des plumes très fermes, on peut les soumettre deux fois de suite à cette opération, mais il faut avoir l'attention de ne commencer la deuxième que quand les plumes ont entièrement perdu la température élevée que leur avait donnée la première.»

Les plumes ainsi préparées sont assorties de grosseur et suivant qu'elles sortent de l'aile gauche ou de la droite : on en fait des paquets de vingt-cinq réunis, ensuite au nombre de 4, et on les expédie.

« Une bonne plume, dit M. Malepeyre, doit être de grosseur moyenne, plutôt vieille que nouvellement apprêtée. Elle n'est ni trop dure ni trop faible; elle a une forme régulière et arrondie pour ne pas tourner dans les doigts ; elle est nette, pure, claire, transparente ou à peu près, élastique et sans aucune tache blanche, qui l'empêcherait de fendre avec régularité ; en l'appuyant sur le papier, elle doit porter d'aplomb sur le point où on a dû pratiquer le bec ; elle doit se fendre nettement et en ligne droite, sans être aigre ni cassante et ne pas s'émousser facilement par l'usage.» On donne aux plumes l'apparence de l'ancienneté, en les plongeant pendant quelque temps dans un bain d'acide hydrochlorique ou muriatique très étendu.

Les plumes de lit se conservent mieux après un soufrage que de toute autre façon : pour cela, on les dispose en couche mince sur un grillage serré et au milieu d'une chambre bien close. On place ensuite au-dessous du grillage un vase où l'on met une mèche soufrée enflammée. Le grillage doit être assez éloigné, pour que les plumes ne puissent être brûlées. Lorsque l'opération est terminée, on emballe ou on encaisse de suite. On conseille aussi de soumettre les plumes à l'action de la vapeur comprimée, mais ce moyen n'a rien d'agricole ; on doit donc se coutenter de celui que nous avons indiqué. Le soufrage peut s'appliquer à tous les produits qui font l'objet de ce chapitre, excepté à la laine, qui perd difficilement les odeurs avec lesquelles elle a été mise en contact.

CHAPITRE III.

CONSERVATION DES VIANDES.

Les viandes ne peuvent pas toujours être consommées aussitôt après l'abattage des animaux qui les fournissent ; il devient donc nécessaire de les préserver de la décomposition en employant des moyens variables, ordinairement en rapport avec le temps plus ou moins long qui doit s'écouler avant la consommation. Aussi établirons-nous deux divisions dans le chapitre. Dans la première, nous traiterons des viandes qui doivent être mangées après quelques jours seulement ; il s'agit de les empêcher de se gâter avant que cette époque soit arrivée ; il faut leur conserver jusque là toutes les qualités qu'elles ont le lendemain de la mort des animaux. Dans la seconde, nous dirons comment on doit s'y prendre pour donner à la viande une durée d'un an et plus.

I. DES VIANDES QUE L'ON VEUT CONSERVER FRAICHES PENDANT UN MOIS AU PLUS. Les moyens conseillés pour obtenir ce résultat sont nombreux et plus ou moins sûrs. On propose de placer la viande dans du petit-lait, dans du charbon végétal ou animal, réduit en poudre fine, dans la glace ; par ces divers moyens, on prolonge l'état frais de la viande, pendant un temps plus ou moins long, suivant l'état de la température et diverses circonstances que nous ne pouvons apprécier ici.

Le dépôt dans la glace, ou du moins dans le lieu qui en renferme une notable quantité, est le meilleur mode à suivre. Il s'applique très en grand à Turin, où la boucherie centrale est accompagnée, par mesure de police, d'une immense glacière qu'alimente facilement les glaciers perpétuels des montagnes voisines. Nulle maison de campagne ne devrait manquer de cet accessoire obligé que l'on peut construire à si peu de frais. Un trou conique creusé dans un sol perméable ou muni dans le bas d'une rigole pour faire écouler au dehors, l'eau qui sort de la glace, recouvert d'un toit en paille d'un pied à 18 pouces d'épaisseur, suffit pour conserver de la glace d'une année à l'autre. Il faut l'établir soit à l'ombre sous de grands arbres, soit au nord d'un grand mur, ou d'une construction élevée; on en revêt les parois d'une couche épaisse de paille au milieu de laquelle on place la glace pilée très fine : celle-ci est tassée et arrosée d'eau ayant soin de laisser tout ouvert par une forte gelée : on peut se dispenser de pratiquer cet arrosement et se contenter du tassement. Il suffit pour conserver la viande de la mettre dans cette glacière, renfermée dans une cage en toile métallique, dont le but est de la préserver des rats ou des autres animaux nuisibles. La porte couverte en paille comme le reste, doit être ouverte le moins long-temps possible, toutes les fois qu'il est nécessaire d'arriver à la cage. Les Russes tuent à l'entrée de l'hiver, tous les animaux qu'ils croient pouvoir consommer pendant cette saison et les font geler. Les provinces du Nord viennent alors approvisionner très-facilement celles du Midi et de l'Ouest.

Nous terminerons ce paragraphe par le tableau suivant des termes approximatifs de la conservation des substances animales dans les circonstances atmosphériques ordinaires.

	En été.	*En hiver.*
Chair de poisson d'eau douce.	1 jour.	2 à 3
Viande de veau, d'agneau.	2	3 à 4
— de poulet, de pigeon.	2	4
— de bœuf.	2 à 3	6 à 7
— de chapon, de poularde.	2 à 3	6 à 8
— de mouton.	2 à 3	6 à 8
— de cochon.	3	6 à 8
— de perdrix.	3	8 à 10
— de dinde, d'oie.	3 à 4	8 à 10
— de lièvre.	4	8 à 11
— de bécasse, bécassine.	4	9 à 12
— de cerf, de chevreuil.	5	10 à 15
— de sanglier.	5	12 à 18
— de faisan.	5	15 à 20

Par certain temps sec en hiver, on pourrait conserver plus long-temps encore la plupart des viandes, sans qu'elles entrassent en putréfaction; mais elles se dessèchent sensiblement et perdent de leur saveur. Nous ne croyons pas devoir ajouter que par la gelée, la conservation est certaine jusqu'au dégel, pour toute espèce de substance. Nous devons dire du reste, que les déterminations ci-dessus sont très vagues : elles indiquent seulement quel est l'ordre du plus ou moins de conservation.

II. Des moyens de conservation qui changent la

SAVEUR DE LA VIANDE, MAIS QUI EN PROLONGENT LA DURÉE
AU DELA D'UN AN. Ces moyens sont nombreux, mais
deux seulement sont pratiqués généralement; nous
voulons parler du salage et du boucanage ou en-
fumage. Nous ne pouvons ici considérer ces deux opérations, selon toute leur importance : c'est-à-dire
comme moyen d'emploi des viandes pour les expédi-
tions lointaines et comme faisant l'objet d'une préparation en grand : nous nous occuperons seulement de
ce qu'il peut être utile de savoir pour un ménage de
la campagne. Nous allons dire d'abord comment on
doit saler le bœuf, ensuite quelle est l'opération à faire
pour le fumer, puis passer au porc et donner les
moyens les meilleurs pour le tuer, le saler et le fumer. Nous finirons ensuite ce chapitre par quelques
mots sur les procédés de M. Appert, et sur quelques
préparations peu connues.

I. DU SALAGE OU SALAISON DU BOEUF. Cette opération doit se faire du 1er septembre au 1er janvier, et
l'on doit choisir toutes les fois qu'on le pourra, des
animaux en bon état, ni trop jeune ni trop vieux;
c'est-à-dire entre 6 et 8 ans. On dépèce le bœuf, sans
l'avoir soufflé, en morceaux assez petits pour qu'ils
s'arrangent bien dans le vase destiné à les recevoir;
on trouve encore ainsi cet autre avantage de ne point
retirer de la saumure un trop gros morceau, qui restant long-temps sans être complètement consommé, se
gâterait. On enlève tous les os longs ou gros qui renferment de la moëlle, car celle-ci n'est point pénétrée
convenablement par le sel et se putréfie facilement;
d'un autre côté la viande se gâte toujours plutôt
près des os que dans toute autre place. Toutes les

parties saignantes sont retranchées et doivent entrer de suite dans la consommation; on pourrait cependant les saler à demi-sel, mais elles ne devraient pas dans tous les cas être conservées au delà d'un mois ou six semaines au plus.

Le sel que l'on emploie doit être pur et bien cristallisé : si on pouvait en avoir facilement de deux qualités différentes, c'est-à-dire du tendre, qui fonde rapidement, et du dur, peu déliquescent, on s'en procurerait des deux variétés. Le premier sert à frotter la viande et le second à interposer dans le vase entre les lits de viande. Si l'on avait une seule espèce de sel, et s'il n'était pas bien pur, on le dissoudrait, on le purgerait des matières terreuses, et on le ferait cristalliser par l'évaporation. Il faut en poids 22 pour cent de sel; on en fait pénétrer par le frottage 20 pour cent et le reste sert à saupoudrer la viande dans le baril. Pour cette dernière partie du travail on n'emploie que du sel dur. On doit mélanger au sel 2 à 3 pour cent de salpêtre.

Lorsque la viande est dépecée, on prend de la main gauche un morceau que l'on maintient ainsi sur une table munie d'un rebord, puis on le saupoudre de sel que l'on fait pénétrer en frottant fortement avec la main droite garnie d'un gant de grosse peau ou mieux encore d'un morceau de cuir de semelle, revêtu de têtes de clous. On doit incorporer ainsi les 20 pour cent de sel dont nous avons parlé plus haut et faire grande attention que toutes les parties de la viande soient également pénétrées; on ne doit laisser aucune grosse veine qui ne soit ouverte, salée, et près de tous les os on cherche à glisser un peu de sel.

Lorsque le salage est complet, lorsque tout le sel est absorbé, on place les morceaux dans le baril défoncé, mais sans établir d'ordre et sans les presser. Nous devons dire ici que la futaille sera en bon bois de chêne, sans fissures, ni joints ouverts, bien cerclée en bois ou en fer; avant de la remplir, on aura soin de la frotter intérieurement avec du sel et un peu de salpêtre. Revenons à l'opération du salage. Les morceaux de bœuf placés dans les barils, comme nous l'avons dit plus haut, y restent 8 ou 10 jours pour que le sel pénètre bien toute la viande. Au bout de ce temps on retire les morceaux de la futaille, on en sort aussi la saumure que l'on verse dans une chaudière, et on place dans le fond du baril une couche assez épaisse de sel sur laquelle on remet immédiatement un lit de morceaux de viande. Sur celui-ci une nouvelle couche de sel, puis un lit de viande, et ainsi de suite jusqu'à ce que le vase soit rempli. On range avec soin les morceaux, pour qu'il y ait le moins de vide possible et on comprime fortement. Dans le sel qui sert à recouvrir la viande, on mélange une petite quantité de salpêtre. Le baril rempli, on met sur la viande un poids de 50 à 100 livres, et au bout de 2 jours, après avoir exercé une pression très forte, on replace le fond, et le baril est clos.

Il faut alors s'assurer de la complète absence de trous ou de fissures, dans les parois du vase : pour obtenir cette certitude, on fait dans un des fonds une ouverture de 6 à 7 lignes de diamètre; on y place un bouchon traversé par un tube et l'on souffle dans celui-ci; si l'air insuflé s'échappe au dehors, on examine tous les parois, on met partout où il en est besoin, des lanières de jonc ou de bouchon, de l'étoupe, du linge, et s'il est nécessaire on goudronne sur le tout. Quand on s'est assuré que le vase est bien clos, que la saumure ne peut s'échapper, ni l'air extérieur y pénétrer, on enlève le tube, on le remplace par un bon bouchon que l'on enfonce fortement et que l'on recouvre de cire ou mastic à cacheter les bouteilles.

On doit alors faire bouillir la saumure à laquelle on ajoute un peu d'eau ; on l'écume et on la passe : un bon moyen de juger de sa force est d'y mettre un œuf ou un morceau de viande salée ; si ces deux choses surnagent, la saumure est bonne ; il faudrait, si ce résultat n'était point obtenu, ajouter un peu de sel. La saumure ne doit pas non plus être trop forte, parce qu'alors elle durcirait la viande ; il faut la faire pénétrer entre tous les morceaux de viande, en remuant le baril dans tous les sens. 15 ou 20 jours après l'embarillage, on débondonne le vase, on souffle par cette ouverture, et si l'air insufflé ne s'échappe pas au dehors, on remet assez de saumure pour remplir complètement le baril. Le travail est alors terminé, et il ne reste plus qu'à expédier ou à garder pour la consommation.

Toutes les autres viandes peuvent se saler de la même façon, seulement il en est comme celle du porc, qui veulent être frottées moins fort. En Angleterre, en Irlande, et dans le Nord, on emploie de nombreux ateliers pour saler ; mais les opérations exécutées ne sont pas autres que celles que nous avons décrites. Au moyen des prescriptions tracées dans cet article, chaque cultivateur peut tuer à la veille de l'hiver, un bœuf, une vache, un mouton, un veau, des oies, des canards, et les conserver par les moyens inqués; seulement on emploiera moins de sel si la conservation ne doit pas se prolonger au delà d'un ou deux mois.

II. Du fumage des viandes. Ce mode de conservation que l'on nomme aussi *boucanage*, est d'une application facile quand il se fait en petit. On suspend dans la cheminée de la ferme, les morceaux de viande que l'on veut conserver, mais toutesfois après leur avoir fait subir quelques opérations. La première est le salage qui se donne à moins haute dose que lorsqu'il s'agit de conserver la viande salée seulement et non fumée. On suppose que 10 parties de sel et une de salpêtre suffisent. On sale en frottant comme nous l'avons dit plus haut, mais en suivant deux modes différens. Dans quelques pays on met tout le sel dans une seule fois, on laisse reposer 8 ou 10 jours, après lesquels on place dans la saumure pendant autant de temps. Dans d'autres pays, le salage dure pendant une semaine et l'on y revient tous les jours durant ce temps; on prend alors la saumure qui a coulé, on y ajoute une petite quantité de sel ammoniac, environ 1 millième du poids de la viande, et 1 deux centièmes de belle cassonade. On place la viande dans ce mélange et on l'y laisse 15 jours retournant les pièces tous les 15 jours. Il ne faut plus alors que retirer les morceaux soumis à l'immersion, les faire sécher pendant 8 jours, les envelopper de linge et les suspendre dans la cheminée. Cette dernière méthode s'emploie surtout pour les jambons qui ne restent ensuite que 8 jours exposés à la fumée, on les décroche alors et on les met dans des saloirs avec d'épaisses couches de sel.

Les pièces exposées à la fumée doivent être enveloppées de linges, ou roulées dans du son ou de la farine. Elles reçoivent alors tous les avantages qu'elles peuvent retirer de leur exposition à la fumée, et cela, sans que les ordures que cette dernière entraîne s'attachent à elles. Il n'est pas nécessaire que le fumage soit prompt, ce qui nécessiterait une production abondante de fumée. Il est certain que le boucanage lent et au moyen d'un dégagement modéré de fumée, est ce qui vaut le mieux. On peut fumer, mais toujours après salaison, toute espèce de viande, bœuf, vache, mouton, veau, chèvre, volailles, et surtout oies et canards, poissons, etc. Les pièces seront disposées à une plus ou moins grande distance du foyer selon qu'elles seront plus ou moins grosses. Elles resteront par les mêmes considérations un temps long ou court. Ainsi les grosses pièces peuvent rester 6 semaines ou 2 mois, et les plus petites n'y seront que 6 ou 8 jours. On ne peut à cet égard rien dire de fixe, parce que la production de la fumée n'étant jamais égale, il convient de laisser à la personne chargée de surveiller le fumage, le soin de juger du moment opportun de retirer les pièces. Le goût des personnes qui consommeront les viandes fumées et l'usage local, auront aussi dans ce cas une grande influence.

Nous ne dirons rien ici des principes conservatifs de la fumée : nous serions entraînés par là beaucoup trop loin. Des données presque certaines existent à cet égard, et cependant les savans ne sont point d'accord.

Il est des contrées où le boucanage se fait en grand : on suit alors les indications que nous avons données, mais en disposant les pièces de viande dans une ou deux chambres où l'on fait arriver la fumée. A Hambourg, le feu se fait dans la cave et la chambre à fumer est au 4me étage : ailleurs on place la chambre au dessus du lieu où se produit la fumée, mais on fait circuler celle-ci dans une assez grande étendue de tuyaux pour qu'elle puisse se refroidir et se nettoyer de ses ordures. On pourrait utiliser la fumée de la cheminée de la cuisine, en la faisant déboucher dans une chambre que l'on pratiquerait dans le grenier. Il peut être bon de faire passer en dernier lieu cette fumée à travers une toile métallique. Des soupiraux doivent être pratiqués dans ces chambres à fumer, pour que l'on puisse activer ou ralentir le courant d'air.

III. MANIÈRE DE TUER LE PORC ET DE SALER OU FUMER SA CHAIR. Les raisons que nous donnons plus bas, nous ont décidés à faire un article à part de ce qui concerne le porc : en effet, il ne s'agit pas ici d'opérations rares, mais au contraire de ce qui se passe journellement dans nos campagnes. Le porc ne se tue pas seulement, comme les autres animaux domestiques, dans les boucheries et par des gens qui en font leur profession ; presque partout, et particulièrement dans les campagnes, chaque ménage tue ou fait tuer, le cochon dont il a besoin, et le conserve dans son habitation. Il est donc nécessaire d'indiquer le moyen d'exécuter ces diverses opérations.

On saisit le porc par une des pattes de derrière, on y passe une corde munie d'un nœud coulant, et on renverse l'animal que l'on a grand soin de fixer de façon qu'il ne puisse se relever. Il est aussi d'une bonne précaution de lui serrer le groin au moyen d'une corde ou d'une toile ; par là on se met à l'abri de ses morsures et on l'empêche de faire entendre des cris effrayans. Aussitôt que l'animal est renversé, sans pouvoir se relever, un homme, armé d'un couteau, se met à genoux sur son épaule et lui enfonce un couteau de 7 à 8 pouces de longueur, dans la gorge en avant du *brechet*. Le sang coule aussitôt et on le reçoit en le remuant dans un vase : il sert plus tard à la préparation du *boudin*.

Lorsque l'animal a rendu le dernier soupir, il faut lui enlever sa peau, ou du moins la priver de ses poils ou *soies*. Excepté le Midi de la France, où pendant l'été, on écorche le cochon, on le grille, ou bien on l'échaude à l'eau bouillante.

Dans le premier cas, on le place sur des morceaux de bois ou bûches d'environ 6 pouces de hauteur, et l'on amasse autour de lui et sur lui de la paille à laquelle on met le feu. Lorsqu'il est suffisamment grillé d'un côté, on le retourne et on opère de nouveau comme nous venons de l'indiquer. Il faut au moyen de quelques poignées de paille que l'on tient allumées à la main, brûler les soies qui se trouvent dans les oreilles, entre les jambes de devant et celles de derrière. On doit ajouter de la nouvelle paille jusqu'à ce qu'il ne reste plus de poils à brûler, et pour aider à la réussite de cette opération, on balaie à diverses reprises le corps de l'animal avec un balai dur. On doit ménager le feu de manière à ne faire que brûler la soie et non cuire aucune partie de la chair ou de la peau.

Lorsque toutes les soies semblent brûlées, on place le porc sur une table pour le râcler au moyen d'un couteau ou d'une tuile. Si quelques soies restaient encore par place, on les brûlerait en appuyant sur elles une pelle que l'on aurait fait rougir au feu. Le

raclage terminé, au procède au lavage en arrosant
l'animal avec de l'eau chaude.

Dans d'autres pays on échaude le cochon, c'est-à-
dire que l'on fait ouvrir les pores de la peau par l'immersion dans l'eau bouillante, et l'on enlève ensuite
facilement les soies. Pour obtenir ce résultat, on plonge
le cochon dans un cuvier rempli d'eau bouillante;
après l'y avoir laissé séjourner quelques instans on le
retire et on le râcle avec un couteau peu tranchant. Si
le poil n'était pas détaché par tout, on verserait sur
lui de l'eau bouillante en quantité suffisante pour qu'il
puisse être enlevé. Le cuvier rond est incommode et
devrait être remplacé par une espèce d'auge en forme
de pétrin, qui serait assez creusée pour que le corps
puisse être entièrement couvert d'eau. L'échaudage
donne un lard plus propre que le grillage, mais on
prétend qu'il est moins ferme. Sans examiner jusqu'à
quel point ceci est vrai, nous croyons que l'on doit
plutôt échauder que griller. Aussitôt que le cochon est
refroidi on le dépèce. Nous ne parlerons ici que du
salage ou du fumage; le reste étant dans le domaine
de la cuisine ou de la charcuterie.

Dans quelques pays on découpe le cochon en morceaux de 2 ou 3 livres, mais plus ordinairement après
avoir séparé le lard des os, et des parties charnues,
on le divise en deux, quatre ou six morceaux, guidé
dans ce partage par la forme et la grandeur du saloir.
On le place ensuite dans celui-ci, en le recouvrant de
sel et d'une petite quantité de salpêtre. On loge les
jambons et tous les autres morceaux charnus et osseux
dans les vides que laisse le lard autour de lui. On
ajoute du sel, ayant soin qu'aucune partie du cochon

ne soit à nu , puis on recouvre soigneusement le vase.

Ailleurs on sale le cochon fendu et ouvert, après l'avoir placé sur une table inclinée, la tête mise en bas; le sel fond et celui que ne peut absorber le porc, coule dans un baquet déposé au dessous de la tête. On assure que le lard arrangé de cette façon est plus épais, plus savoureux et d'une meilleure garde : on ne le laisse que pendant 15 jours sur la table, et on le suspend ensuite.

Dans un grand nombre de contrées, on fume le lard après l'avoir salé; pour cela on le retire des saloirs au bout d'un mois ou six semaines et on le suspend dans une cheminée. On pourrait hâter la fumaison en brûlant sur le foyer des substances végétales encore vertes. Le génèvrier donne au lard ainsi qu'au jambon une saveur délicieuse. Le lard fumé déplaît à beaucoup de monde, et cette pratique ne saurait être mise en usage partout.

Le lard contracte une espèce d'altération qui le rend comme on le dit *rance*. Le lard tiré du saloir la contracte plus facilement que celui qui est resté dans la saumure. Aussi beaucoup de personnes préférent-elles le laisser ainsi; mais alors il faut que le sel couvre toujours le lard ou que celui-ci trempe dans la saumure.

On propose aussi de conserver le porc en le noyant dans le saindoux, comme on fait des cuisses d'oies, à Toulouse; ce moyen est facile et sûr, mais doit être dispendieux à cause de la grande quantité de graisse consommée.

IV. Conclusion. On a proposé encore divers modes

de conservation, tels que la dessiccation des viandes, leur immersion dans une saumure mêlée de suie brillante, dans la créosote, etc.; tous ces systèmes sont bons en ce sens qu'ils conservent la viande, mais il lui enlèvent ses meilleures qualités. Ainsi celle desséchée entièrement, ne peut plus reprendre sa souplesse et perd presque toute sa saveur. Celle immergée dans une des deux substances que nous avons indiquées, ne peut perdre la saveur excessivement désagréable qu'elle a acquise.

Nous dirons ici que le procédé de M. Appert, est ce que l'on a encore trouvé de meilleur pour conserver à la viande toute la saveur qu'elle aurait, si cuite et accommodée toute fraîche on la servait sur la table. C'est particulièrement en soustrayant les alimens à l'action de l'air que procède M. Appert et ses nombreux imitateurs. Ils placent les vases pleins, bouteilles ou boîtes en fer-blanc ou étain, dans un grand bain-marie, à 80° R., température qui, en dilatant l'air intérieur des vases, réduit beaucoup son volume, s'il ne le chasse complètement : il ne faut plus alors que fermer hermétiquement. Non seulement on conserve ainsi les produits animaux, mais encore tous les fruits et tous les légumes : il faut à la vérité les faire cuire un peu avant de les placer dans les boîtes ou vases; l'élévation de la température de l'eau dans laquelle on les plonge, suffit pour cette coction, au moins dans certains cas, comme la conservation des fruits ou des légumes. On peut ainsi, sans bache ni serre, se procurer au milieu de l'hiver, des petits pois, des haricots verts, des cerises, des groseilles, de l'ananas, etc. La marine fait surtout un immense emploi de ces conserves, qui rendent possibles aujourd'hui des voyages fort longs jadis si funestes aux équipages. De grands établissemens exploitent en grand cette branche d'industrie, et nous pouvons citer comme un des plus remarquables, celui de M. Collin, à Nantes, derrière les Salorges. Les Anglais, presque toujours nos imitateurs, quoiqu'ils en disent, préparent aussi un grand nombre de ces conserves.

Nous terminerons ce chapitre en indiquant quels sont les procédés suivis dans le Languedoc, pour la conservation des cuisses d'oies. On pourrait mettre en usage cette recette pour d'autres espèces de volailles ou d'animaux.

Dans le Languedoc, et particulièrement à Toulouse, on conserve les ailes et les cuisses d'oies : on appelle cela les mettre en pots. Voici comment Mme Adanson décrit cette préparation : « Nettoyez bien vos oies, flambez-les, mettez dans le corps de chacune 3 feuilles de sauge et du sel; faites-les cuire une heure à la broche, pas davantage; recevez la graisse dans une lèchefrite propre, et videz-la à mesure qu'elle s'emplit; n'arrosez point les oies. Quand vous les avez tirées de la broche, détachez proprement les cuisses et les ailes, rognez le bout des os et laissez-les refroidir. Mettez toute la graisse que vous avez reçue dans un chaudron, ajoutez-y moitié saindoux, faites bouillir 10 minutes. Ayez des pots de grès de 18 pouces de haut et dont le fond puisse tenir 2 cuisses de front : placez-en 2, poudrez-les d'un peu de sel et de poivre, mettez une feuille de laurier sur chaque; posez 2 ailes dessus, assaisonnez-les de même, et ainsi de suite en les tassant bien; emplissez vos pots de graisse bouillante, laissez refroi-

dir jusqu'au lendemain. Il faut que le dernier rang de
cuisses ou d'ailes soit recouvert d'un pouce de graisse.
Bouchez les pots avec un parchemin mouillé, ficelez-
les, mettez-les dans un lieu frais, mais non humide.
C'est à Noël que les oies sont meilleures à cet usage;
on les engraisse d'avance. »

CHAPITRE IV.

DES ANIMAUX MORTS.

Il arrive fréquemment que le cultivateur perde quelques uns des animaux qu'il élève à grands frais;
presque partout on ne tire aucun parti du cadavre; la
peau seulement est enlevée et les fers arrachés : le
reste est conduit au loin et jeté sur le sol où les animaux
carnassiers viennent le dévorer. Des ordonnances de
police ordonnent, à la vérité, d'enterrer les animaux
morts, mais dans le plus grand nombre des communes,
cet ordre est tombé en désuétude. D'ailleurs, il n'aide
en rien le propriétaire de l'animal mort, mais pare
seulement au développement des gaz fétides que la
putréfaction produit.

Nous devons donc ici chercher à diminuer la perte
faite, en indiquant quelques uns des procédés les plus
faciles à employer pour tirer tout le parti possible des
cadavres. Nous commencerons par nier que la présence des matières animales en décomposition puisse

10

être plus ou moins nuisible à l'homme. L'état de santé parfait dans lequel vivent les employés du clos d'équarrissage de Montfaucon, prouve ce que nous avançons. Le philantropisme peu éclairé du dernier siècle est venu détruire des habitudes créées, au nom d'une raison absurde et sans fondement dans l'application.

Nous ne voulons point donner ici une description des grands appareils mis en usage près des grandes villes pour tirer tout le parti possible des animaux morts de maladie, de vieillesse et sans emploi habituel pour la nourriture de l'homme. Nous voulons seulement dire ce que l'habitant de la campagne peut faire pour perdre le moins possible. Nous nous aiderons pour notre travail, de celui que le savant M. Payen a fait pour la Maison rustique. Nous allons le laisser parler pour ce qui regarde le dépècement.

I. DÉPÈCEMENT. A cela près d'un fort petit nombre d'exceptions, que nous indiquerons plus loin, tous les animaux morts de maladie ou abattus et saignés, doivent être dépecés de la même manière. On coupe le plus près possible de leur racine les crins, et l'on arrache les fers des pieds lorsqu'il y a lieu. L'animal étendu à terre, ou sur une table, est maintenu sur le dos, le ventre tourné vers l'opérateur : celui-ci, à l'aide d'un couteau bien affilé, pratique une incision longitudinale dans toute l'épaisseur de la peau, et même un peu plus avant, depuis le milieu de la mâchoire inférieure, traversant en ligne droite le cou, la poitrine et le ventre jusqu'à l'anus; il incise de même la peau des quatre membres dans le sens de leur longueur, en coupant à angle droit la première incision, et s'arrêtant près de chacune des extrémités, où il fait une incision circulaire.

Saisissant alors de la main la moins exercée un des côtés de la peau dans l'incision longitudinale, il la détache successivement sur le ventre, la poitrine, le cou, les jambes et les parties latérales à l'aide de coupures qui s'insinuent entre la peau et la chair; on doit avoir le soin surtout, si l'on manque d'habitude et que l'animal soit maigre, de diriger le tranchant de la lame vers la chair, dont on entame toujours quelques portions, afin d'éviter que la peau ne puisse être endommagée.

Dès que toutes les parties ci-dessus indiquées sont *écorchées*, on retourne l'animal sur le ventre, afin d'achever de le dépouiller. La queue, fendue longitudinalement par la première incision, est développée; sa partie intérieure, osseuse et charnue, est tranchée aussi loin que possible de sa racine, afin de laisser plus d'étendue à la peau : on continue, comme nous l'avons dit, de séparer celle-ci de toute la région du dos, à laquelle elle adhère encore; arrivé vers la tête, on tranche les oreilles près de leur insertion, et on termine l'opération en dépouillant toute la partie postérieure de la face.

Dans les localités où la proximité des tanneries, mégisseries, maroquineries, etc., permet d'expédier à ces établissemens les peaux toutes fraîches, on laisse, sans la dépouiller, toute la partie interne de la queue; les oreilles, et même les lèvres peuvent également être laissées adhérentes à la peau, de peur de l'endommager en les extrayant : les écorcheurs de profession le font à dessein pour rendre la peau plus lourde parce qu'elle se vend au poids.

Lorsque l'animal a été dépouillé comme nous venons de le dire, on enlève tous les intestins, les viscères de la poitrine et le diaphragme, que l'on dépose non loin de là; on désarticule les quatre pieds, après avoir relevé les tendons, afin d'éviter de les couper en tranchant le jarret et le genou; on désarticule ensuite les membres postérieurs (jambes de derrière) en coupant les muscles qui leur correspondent le plus près possible de l'insertion aux os du bassin; les extrémités antérieures (jambes de devant) sont séparées de même, et l'on s'occupe alors d'enlever toutes les chairs sur ces diverses parties, en mettant à part les plus beaux morceaux lorsqu'ils sont susceptibles de servir d'aliment : les chairs extraites entre les côtes, dans les vertèbres du cou, et dans toutes les parties anfractueuses de la tête, sont en petits lambeaux ou râclures.

Extraction de la graisse. En dépeçant un animal, on doit rechercher la matière grasse sous la peau autour du cœur, des intestins, près des parois internes entre le péritoine et les parties inférieures de l'abdomen, dans l'épaisseur du mésentère et du médiastin, enfin entre les gros muscles : c'est dans ces derniers que sa découverte est plus difficile et exige une certaine habitude pour être enlevée promptement. Nous n'insisterons pas ici sur les usages de la graisse (la conservation des cuirs, le graissage des essieux, la fabrication des savons, etc.), qui sont d'ailleurs la plupart bien connus.

Enlèvement des tendons et leur usage. Les tendons sont ces parties fibreuses, résistantes, qui attachent les muscles aux os; on les connaît généralement, dans la campagne surtout, sous le nom de *nerfs* : de là vien-

nent ces locutions vulgaires de membres nerveux et
celles relatives à divers objets, tel que bois, fer, etc.,
qui ont du nerf. Ces indications suffisent sans doute
pour mettre à la portée de tout ce que l'on désigne par
le nom de tendons. C'est surtout près des extrémités que
les tendons, mieux isolés, sont plus faciles à extraire.
Pour les enlever, on les tranche au raz de leur point
d'attache, en passant la lame du couteau entre eux et
enlevant avec eux les petits lambeaux de la peau restés
adhérens aux pieds, et qui sont propres aux mêmes
usages.

On peut généralement les utiliser, soit, lorsqu'ils
sont assez longs, en les clouant humectés sur des bois
qu'ils relient fortement, soit, desséchés et de toutes
dimensions, en les vendant aux fabricants de *colle-
forte*, ou en les faisant cuire à l'étouffée, puis les employant, avec le liquide gélatineux qu'ils fournissent
ainsi, à rendre les pommes de terre ou recoupes plus
nutritives pour les animaux de basse-cour, et notam-
ment les porcs.

*Dislocation des sabots, onglons, ergots et leurs
emplois.* On parvient de plusieurs manières à séparer
les os des pieds la substance cornée qui la recouvre
chez les chevaux, bœufs, moutons, etc. L'une des plus
simples consiste à mettre cette partie dans l'eau, et les y
laisser jusqu'à ce que la substance molle, pulpeuse,
qui est interposée entre l'os interne et l'ongle, soit
distendue, et presque délayée; en cet état, il suffit
d'insérer une lame de couteau dans cet intervalle
amolli en partie, pour opérer la séparation.

II. DE LA CHAIR. La chair de tous les animaux peut
être employée sans danger pour la nourriture de

l'homme ; des essais ont été faits à l'école d'Alfort, et tous sont venus confirmer ce que nous avançons ; ici nous voulons non-seulement parler des animaux sains, mais encore de ceux qui sont malades : la viande de porc ladre n'a fait aucun mal aux élèves qui en ont mangé. Nous croyons donc que toute viande fraîche peut-être consommée par l'homme sans qu'elle lui nuise. Nous en exceptons seulement celle d'animaux morts du charbon (*anthrax*), maladie que tout le monde connaît, peut apprécier, et que pour cette raison nous ne décrirons pas.

Mais le préjugé est trop fort, nous dira-t-on ; mais alors pourquoi ne pas faire consommer cette chair aux animaux domestiques qui la mangent avec plaisir pourvu qu'elle soit mélangée à une petite quantité de nourriture végétale. C'est ce que nous conseillerons de toutes nos forces. S'il meurt un cheval dans une ferme, on doit le dépecer comme nous l'avons dit plus haut ; mettre à part les intestins, le sang et les os, après en avoir enlevé la chair. Celle-ci toute fraîche est consommée cuite par les chiens, les porcs et les oiseaux de basse-cour ; on lui ajoute trois ou quatre fois son volume de pommes de terre cuites ou de recoupe : pour la volaille, qu'elle engraisse promptement et qu'elle engage à pondre, on la divise autant que possible et on la mélange à du grain.

La chair se pourrit promptement, surtout quand l'animal est mort de maladie ; il faut donc veiller à sa conservation. On y arrive aisément par la dessiccation, qui s'opère dans le four chauffé très modérément. On étale la viande après l'avoir divisée sur des plaques de tôle ou sur des claies, et l'on ferme l'ouverture du four.

Il faut de temps en temps déboucher celui-ci, pour que l'air humide de l'intérieur puisse se dégager. La chair bien sèche se conserve facilement si on la place dans un lieu sec et dans des vases bien clos ; à l'abri, par conséquent, des insectes.

II. DU SANG. Tout ce que nous avons dit de la chair s'applique au sang : on peut donner celui-ci à l'état frais et mélangé à des substances végétales sèches ; en poudre après dessiccation dans le four ou dans une chaudière ; mélangé à de la farine sous forme panaire. Cette dernière préparation est facile : on fait le pain avec la farine convenable et un mélange à parties égales d'eau et de sang. Les Suédois font un pain semblable qu'ils emploient à leur nourriture. Le pain fait avec du sang se coupe en tranches d'un pouce d'épaisseur et se place ainsi dans le four attiédi : là il se dessèche promptement et peut être conservé pour les besoins ultérieurs. Broyé et ajouté à des pommes de terre, ce pain est un aliment parfait pour les porcs et les chiens. On peut aussi le donner avec avantage aux oiseaux de basse-cour.

Employé comme engrais, le sang a des effets prodigieux ; à l'état sec, il est peut-être moins énergique, mais sa présence se fait sentir pendant long-temps : il en faut une fort petite dose ; j'ai obtenu d'énormes asperges en employant à leur fumage du sang frais ou en poudre.

III. DES OS. Les os peuvent servir à un grand nombre d'usages. En brisant la tête des gros os et toutes leurs parties spongieuses, les faisant ensuite bouillir dans l'eau, on en tire beaucoup de graisse qui se rend à la surface du liquide et que l'on peut employer à graisser les machines et les essieux. Les grands os, larges ou gros se mettent à part, pour être vendus aux tabletiers : nous citerons parmi ceux-ci, les os plats des épaules de bœufs ou de vaches, ceux des chevaux, les gros os des jambes, les parties larges des côtes. Les os du pied du bœuf, de la vache et du mouton, fournissent par la coction une graisse fort estimée, que l'on nomme *huile de pied de bœuf*, et que l'on emploie dans la cuisine; les mêmes os de pied du cheval, donnant une huile ou graisse, que les émailleurs emploient pour alimenter leurs lampes. Ce qui reste de ces os et tous les petits que l'on ne fait pas cuire, se vendent aux fabricans de noir animal, de produits ammoniacaux ou servent directement à l'engrais des terres.

Les os employés à ce dernier usage doivent être divisés : pour cela on les soumet à une machine en usage en Angleterre, et qui se compose de deux cylindres profondément cannelés, horizontaux et mis en mouvement comme ceux d'un laminoir. Ailleurs on emploie des pilons mus par un manége ; enfin nous conseillerons, ce qui est plus simple et à la portée de tous, un bloc de bois piqué de clous à têtes carrées et sur lequel on frappe avec un maillet en bois revêtu de même sur une de ses faces et bien cerclé en fer. Les os ainsi employés au fumage ont une action lente mais prolongée; leur effet dure 10 et 15 ans. Avant de briser les os, on les fait sécher complètement au four.

Les cornes, onglons, sabots, ergots, se vendent aux *applatisseurs* ou *tabletiers*. Les petits morceaux ou ceux qui sont informes se râpent en poudre menue, et sont alors achetés par les mêmes ouvriers. Si ces objets étaient de trop petite dimension, on les placerait dans un moule fait avec une frette d'essieu, on placerait dessus et dessous une plaque chauffée à une haute température et l'on comprimerait entre les mâchoires d'un étau. Ces galettes pourraient ensuite être râpées.

IV. Des Intestins. Si l'on est près d'un lieu de fabrique, on peut nettoyer les boyaux et les vendre aux fabricans de cordes à boyau, après les avoir séchés et soufrés; mais à la campagne, il est souvent difficile de trouver facilement à les placer; dans ce cas, on les dépose dans une fosse, on les recouvre d'un pied de terre, des vers nombreux s'y développent et peuvent se donner aux oiseaux de la basse-cour ou aux poissons des réservoirs. Cette nourriture est très convenable; elle engraisse et fait pondre la volaille: on peut dire qu'elle quintuple le produit d'un étang. (Voir Verminière. Pag. 307 du *Livre de l'Éleveur et du Propriétaire des animaux domestiques.* (Même collection).

Mélangés aussi à une petite quantité de terre et de paille, ils fournissent un excellent engrais. On peut encore les faire entrer avec succès dans des composts de chaux et de terre.

Il est encore quelques autres produits que l'on peut tirer des animaux morts, mais ils demandent pour leur préparation des appareils de construction trop chère pour le cultivateur, ou bien dans la plupart des cas, ils manqueraient de débouchés faciles.

CHAPITRE V.

DU LIN ET DU CHANVRE.

Nous ne pouvons donner à ces deux plantes, si utiles cependant et d'un si haut produit, qu'un espace fort restreint. Nous les réunirons parce que les opérations demandées par l'une le sont presque toujours par l'autre, et nous indiquerons seulement les légères différences qu'il faut apporter entre elles. Toutes les deux demandent à perdre par la fermentation *le vernis gommo-résineux*, qui unit l'épiderme aux fibres textiles et celles-ci au bois : il faut ensuite que ces fibres textiles soient détachées, qu'elles soient peignées afin d'être débarrassées de ce qui reste du vernis indiqué plus haut, qu'elles soient filées et tissues. Nous allons donc décrire successivement tout ce travail, n'exceptant que la dernière opération qui trouvera sa place dans *le Livre du Filateur*.

I. Du Rouissage. Le rouissage se fait en plaçant les tiges dans l'eau ou sur une pelouse, où la pluie, la rosée et le soleil opèrent la dissolution du vernis agglutinant. Le premier mode conserve son nom de rouissage : le second s'appelle suivant les lieux *rorage* ou *sereinage*. Le mérite de l'une ou de l'autre méthode est presque égale, et l'on doit recourir à ce qui sera le plus commode. On assure cependant que le rouissage à l'eau offre quelques avantages sur l'autre; quant à nous, nous pensons qu'ils se valent, et que la différence à établir entre eux est toute locale. Nous allons donc passer à leur description.

I. *Rouissage à l'eau.* Sans nous enquérir de ce qui se fait dans tel ou tel pays, nous allons de suite indiquer ce que nous croyons être le mieux. Les *routoirs* les plus convenables sont ceux qui admettent une petite quantité d'eau courante, trop faible pour refroidir l'eau dans laquelle plonge la plante textile : l'eau fraîche plus abondante est mauvaise; il en est de même de celle qui n'est jamais renouvelée : à la vérité le chanvre ou le lin sont plutôt rouis dans l'eau stagnante, mais il y reste moins fort et s'y colore davantage.

Le routoir sera donc à portée d'une eau courante, et celle-ci n'y sera admise que par une très petite ouverture placée dans le bas de la fosse, tandis que le trop plein se videra par le dessus. On conçoit facilement l'utilité de ce mode d'arrivage et de départ. La profondeur du réservoir doit être aussi grande que la longueur du lin à y déposer, observant en même temps que le lin est placé sur 5 à 6 pouces de paille et de perches, et qu'il doit être recouvert d'au moins 4 à 5 pouces d'eau. La fosse doit être garnie d'argile ou mieux encore être creusée dans une terre peu perméable, et privée entièrement de particules ferrugineuses. Elle devra avoir une capacité double du volume que l'on veut y renfermer; on obtient ainsi un rouissage plus égal et plus parfait. L'eau ne doit point être séléniteuse ni ferrugineuse, mais bien pure : la première ne dissoudrait pas le vernis, et la seconde tacherait les fibres. L'eau qui a couru un peu de temps

au soleil et qui cependant est bien pure, convient
mieux que celle qui sort d'une source très rapprochée. »
Lorsque tout est disposé comme nous venons de le dire,
on est placé dans d'excellentes conditions.

Les uns font sécher le lin avant de le mettre au routoir; d'autres au contraire le place tout vert. Il nous
a semblé que les premiers obtenaient de meilleurs
résultats. Voici quelques unes des conditions nécessaires pour obtenir du beau lin. Il doit être rentré et récolté par un temps sec; toutes les tiges seront
de la même couleur; elles seront bien mûres, et surtout
à un degré semblable de maturité : elles seront droites
et bien égales dans leur longueur et leur grosseur.

Pour placer le lin dans le routoir, on établit une espèce de clayonnage de perches un peu fortes, recouvertes de paille, et sur lui on dispose debout, les racines en bas, les poignées de lin que l'on entoure de
perches, bien enveloppées de paille Les poignées doivent être assez éloignées entre elles pour que l'eau
puisse partout les atteindre. Lorsque l'on a réuni une
quantité suffisante de lin, on place dessus quelques
planches sur lesquelles on met des pierres qui font
descendre toute la masse à 8 pouces du fond du routoir. Celui-ci aura été bien nettoyé avant que le lin
soit placé, et de l'eau nouvelle et pure y sera intro-
duite. Pendant les 3 ou 4 premiers jours de l'immersion, le lin demande peu de surveillance, mais au
bout de ce temps de nombreuses bulles d'air viennent
se dégager à la surface, et bientôt après se ralentis-
sent et diminuent : il faut alors inspecter fréquemment
le routoir et faire subir au lin diverses épreuves, pour
saisir le moment précis de le retirer de l'eau. Voici

quels sont les signes auxquels on juge que l'immersion a été suffisante : les tiges extraites se rompent facilement et les fibres s'enlèvent bien entières sans se séparer.

Lorsque tous ces indices se montrent, il est temps de retirer le lin et nul retard ne peut être apporté à cette opération. Il est pourtant à cette règle une exception et la voici : si le routoir est disposé de façon que l'on puisse facilement évacuer l'eau entière qui la remplit et la remplacer par de l'eau nouvelle et pure, on le fait à plusieurs reprises, lavant ainsi les poignées de lin. Cette pratique est excellente et doit être mise en usage partout où elle est possible; si elle ne l'est pas, on enlève les poignées de lin et on les lave avec soin dans de l'eau pure. Il faut ensuite les étendre en couche mince sur une pelouse comme pour le rorage, et laisser blanchir et sécher le lin pendant un temps plus ou moins long.

Le chanvre ne se fait rouir qu'alors qu'il est sec : on retranche auparavant les racines et l'extremité des tiges. La plante étant dioïque, est arrachée en deux fois à six semaines de distance. Le mâle est mûr en juillet et août, et la femelle un peu plus tard. Cette dernière fournit la semence, que l'on détache en frappant sur un tonneau ou sur un bloc, les têtes des plantes réunies en poignées. Le chanvre se couche dans le routoir, au fond duquel on place une couche épaisse de paille. Le mâle y reste environ 8 à 10 jours et la femelle beaucoup plus long-temps. Quand il en est sorti, on le fait sécher en rapprochant le lien du sommet et écartant le bas des tiges dans diverses directions.

2. *Du rorage*. Cette opération est appelée *sereinage* dans quelques contrées. Ces deux appellations indiquent bien quel est l'agent le plus important de ce travail; nous voulons parler de *la rosée* ou *serein*. Combiné avec la chaleur du soleil et aidé par les pluies, il détruit le vernis gommo-résineux. Le lin qui doit être roui par cette méthode, se place en couche très mince sur une pelouse ou un pré nouvellement fauché. S'il ne pleut pas immédiatement, on arrose pour ajouter au poids de la plante et empêcher les vents de la soulever et de l'entraîner. Lorsque la partie qui touche le sol, est presque arrivée au point convenable, on retourne les *ondins*, en glissant sous les tiges le manche d'une fourche et les renversant; on doit apporter une grande attention à ce que le côté du dessous se trouve en dessus. On juge que le rorage est suffisant, lorsque les tiges soumises aux épreuves que nous avons indiquées pour le rouissage, se brisent facilement et que les fibres textiles se détachent bien en lanières larges. Le temps pendant lequel le lin doit rester sur le gazon est très variable : il faut quelquefois 3 ou 4 semaines, et dans d'autres cas 7 ou 8. Le chanvre est rarement traité par le rorage; il demanderait sur la pelouse un séjour moins long que le lin. Celui-ci, comme le chanvre, ne doit être rentré que parfaitement sec.

Tous les moyens autres que le rouissage et le rorage, moyens si préconisés par leurs inventeurs, n'ont pu lutter contre les anciennes méthodes; après quelques essais peu heureux, ils ont été abandonnés.

II. DU BROYAGE ET DU TILLAGE. Fort différentes entre elles, ces deux opérations ont cependant le même but. Il s'agit de détacher du bois ou partie ligneuse de la plante, la fibre textile. Le broyage s'emploie ordinairement pour le lin, et le tillage pour le chanvre; il arrive cependant quelquefois que l'on broie celui-ci, mais il faut alors qu'il soit très court et fin. Tout ce que nous dirons donc du broyage s'appliquera au lin, et du tillage au chanvre.

I. *Du Broyage.* On a dû, comme nous l'avons dit, sécher le lin avant de le rentrer dans les greniers, mais cette dessiccation n'est jamais complète et doit être terminée avant le broyage. Cette opération préliminaire se nomme *halage.* Le meilleur mode à suivre lorsque la saison le permet, consiste à exposer le lin au soleil pendant une semaine au moins et 15 jours au plus ; séché par ce procédé, il ne perd rien de sa qualité et en acquiert au contraire ; ce que l'on ne peut pas dire du lin halé au four, sur une touraille de brasseur ou dans un *haloir.* On est cependant obligé dans certains cas de recourir à ces derniers moyens. Alors si on se sert d'un four, on doit laisser sa chaleur s'abaisser jusqu'à 50 ou 60 degrés C. : on placera sur des vases plats du chlorure de chaux; cette substance, fort peu chère, se trouve chez tous les droguistes et pharmaciens ; elle attire et s'empare très rapidement et facilement de l'humidité ambiante. Sans la précaution que nous indiquons, l'eau évaporée retomberait sur le lin à mesure qu'elle l'abandonnerait, et par là, non seulement le travail serait prolongé, mais toujours imparfait; la qualité du lin en serait même diminuée. Les haloirs dans lesquels le lin reçoit la fumée et la chaleur d'un feu allumé au dessous de lui, sont ce que l'on peut employer de plus mauvais. Le touraillement est de tous ces moyens le moins mauvais : il faut seulement avoir soin que la touraille ne soit point trop chauffée. Le lin y sera placé en couche mince et souvent retourné. On peut encore sécher le lin dans une chambre chauffée par un poèle allumé du dehors et percée d'ouvertures pour la sortie de l'humidité.

Lorsque le lin est bien sec, il ne reste plus qu'à séparer complètement la chenevotte ou partie ligneuse des fibres textiles. Il faut pour obtenir ce résultat, lui faire subir diverses opérations, qui varient à chaque localité. Nous ne les décrirons point toutes, parce que cela serait sans utilité, et nous nous contenterons d'indiquer deux procédés : le premier admet le broyage, et le second, usité en Flandre, ne se sert pas de la broye.

Si l'on veut obtenir de la belle filasse, il faut absolument trier le lin. Cette opération se fait à la main dans quelques cas fort rares, ou en passant les poignées sur un *peigne*, espèce de brosse à grosses dents de bois ou de fer, écartées au moins d'un pouce. La poignée est saisie à deux ou trois pouces au dessous de l'extrémité supérieure; alors tous les brins courts ou brouillés et mal placés se détachent et tombent. On les ramasse ensuite pour les broyer et en tirer de la filasse commune ou des étoupes.

Il faut ensuite préparer le lin à passer sous la broye et c'est à quoi l'on parvient en pilant, sous un maillet de bois, toutes les tiges étendues sur un bloc de même nature que le maillet. On appelle ce travail *macquage* ou *maillage*. Il doit être exécuté avec précaution, et il faut bien se garder de couper la fibre textile : on doit seulement briser la chenevotte, et commencer de la détacher. On a inventé diverses machines propres à accélérer ce travail, mais toutes, assez compliquées, demandent un moteur puissant; elles ne peuvent donc être employées que dans de grandes fermes où la production du lin est considérable. Ces machines sont de diverses sortes; les unes se composent de pilons soulevés par les cames d'un arbre, mis en mouvement par une roue hydraulique; les autres sont des cylindres horizontaux et canelés entre lesquels le lin passe comme dans un laminoir. On peut aussi se servir d'une meule d'huilerie. Tous ces procédés ne donnent pas aux produits la qualité qu'ils reçoivent du maillage à la main. Ils pourraient cependant offrir de grands avantages dans les pays où le lin, de qualité inférieure, sert à la fabrication des toiles communes; mais ici se présente la première difficulté que nous avons annoncée, c'est-à-dire le prix de la machine beaucoup trop élevé, en raison de la petite quantité de lin à préparer. Cet inconvénient qui se reproduit pour une foule d'instrumens ou de machines nécessaires à l'agriculture, disparaîtrait, si le principe d'association se généralisait. Alors seulement le sol pourrait produire tout ce que l'on doit en attendre. Il est très important que le macquage soit bien fait, et de lui dépend en partie la beauté de la filasse.

Lorsque le lin est maillé, on le passe à la broye, instrument en bois que tous les cultivateurs de lin connaissent, excepté dans la Flandre. Cet outil se compose d'un banc de 3 pieds environ, de 2 pieds et demi de hauteur, et d'une largeur de 6 pouces. Deux rainures de 2 pieds et demi de longeur traversent toute l'épaisseur du banc; ces rainures reçoivent les languettes d'une pièce de bois supérieure, nommée *mâchoire*, assemblée avec le banc à une de ses extrémités où une clavette les unit. Cette mâchoire s'amincit en manche au bout opposé à celui par lequel elle est jointe au banc; les languetttes de la mâchoire et les contre-languettes du banc sont taillées en couteaux très émoussés ou plutôt en lames arrondies et bien polies. Ces languettes ne doivent pas remplir exactement les rainures, mais y entrer et en sortir librement. Dans quelques pays, les rainures et les languettes sont en plus grand nombre que dans la broye que nous avons décrite; dans d'autres, on passe le lin dans deux broyes différentes : la première est ici, à une seule rainure et à une seule languette; là elle porte des languettes taillées en scie ; plus loin les languettes de cette première jouent fort gaiement dans les rainures, tandis que dans la seconde, elles entrent presqu'à frottement.

Bien broyer, est une opération qui demande de grands soins et de l'habitude : on tient le paquet de la main gauche, on soulève la mâchoire de la droite, et l'on glisse le lin en dessous; on doit ensuite abaisser les languettes et les relever à plusieurs reprises, frappant par des coups secs et mesurés ; lorsque les chenevottes sont bien brisées et qu'elles se détachent de la fibre, on soulève un peu la mâchoire et l'on tire à soi la poignée; ce frottement achève de détacher la partie ligneuse : on ne doit pas tirer la poignée que la mâchoire ne soit à demi-soulevée; cela fait, on retourne le paquet et l'on travaille l'autre extrémité. Le résultat bon ou mauvais du travail est dû tout entier à l'habitude et à la dextérité de celle ou de celui qui opère.

Le lin broyé est en partie débarrassé des chenevottes, mais non complètement. Il faut donc lui faire
subir une nouvelle opération que l'on nomme *espadage* ou *écouchage*. On doit avoir pour exécuter cette
partie du travail, un *espadoir* et un *espade*. Le premier est une planche de 3 pieds de hauteur, attachée
perpendiculairement à l'extrémité d'une pièce de bois
épaisse et lourde, couchée sur le sol : la planche verticale solidement fixée, porte à son extrémité supérieure une entaille demi-circulaire, à bords arrondis.
L'espade est un sabre de bois de 2 pieds de longueur :
Sa lame a un demi - pouce d'épaisseur, et 4 à 5
pouces de largeur; le double taillant est émoussé et
arrondi. L'ouvrier saisit la poignée de lin par les pattes,
la place sur l'échancrure, et frappe, en glissant, avec
l'espade, la partie de la poignée qui pend le long de
la planche verticale. On conçoit qu'il faut ménager les
coups pour ne pas briser les fibres; le milieu de la
poignée demande plus de travail que les extrémités.
On doit n'espader le lin que lorsqu'il est très sec.

Dans quelques pays on *affine* le lin ainsi qu'on le
fait du chanvre. On le passe pour cela sur la lame
émoussée d'une espèce de couteau placé perpendiculairement le long d'une solive posée debout : le tranchant poli et arrondi se trouve en dedans; c'est sur
lui et entre la poutre et le couteau que l'on passe le lin,
jusqu'à ce qu'il soit suffisamment brillant et nettoyé.

Nous allons maintenant parler de la *méthode fla-
mande :* elle n'admet pas la broye, mais un macquage
énergique et un vigoureux espadage donné d'une manière particulière. Pour le maillage, on se sert d'un *battoir,* morceau de bois dur, long de 10 pouces, large

de 5, et épais de 4. Le dessous est sillonné de cannelures angulaires, profondes de 7 à 8 lignes ; les angles sont émoussés ou légèrement arrondis : sur la pièce de bois est fixé un manche courbé et assez long pour que l'on ne soit pas obligé de trop se baisser en manœuvrant.

Pour se servir du battoir, on étend le lin sur une surface bien plane, et on le frappe d'abord à la patte, puis à la pointe, enfin au milieu. Lorsque le battage est suffisant d'un côté, on retourne les tiges et on les bat de l'autre. Ensuite on secoue les poignées et on les réunit en paquet. Ce macquage doit être énergique, puisqu'il faut qu'il remplace par une seule opération le maillage ordinaire et le broyage.

Le lin bien battu et secoué est écangué ; on se sert pour cela de l'*écangue* et de la planche à écanguer, instrument que nous allons décrire. La planche à écanguer a 4 pieds de hauteur et s'assemble solidement sur un madrier de 2 à 3 pouces d'épaisseur et de 5 pieds de longueur. La planche verticale se place au milieu de cette base ou patin, et porte à environ 3 pieds de hauteur une échancrure de 4 pouces de hauteur et de 5 pouces de profondeur. Le bord inférieur est horizontal, et doit être aminci en biseau et arrondi. Deux petites solives placées debout sont fixées en arrière de la planche à écanguer, et portent une corde ou une courroie qui arrête l'écangue lorsqu'elle est lancée avec force. L'écangue est une espèce de couperet, ayant la forme d'un bonnet phrygien : elle n'a que deux lignes d'épaisseur, est en bois dur, pèse une livre ou une livre 1/4, et porte un manche en bois.

Lorsque l'on veut écanguer, on saisit de la main gauche une forte poignée de fibres; on la place dans l'échancrure de la planche verticale, ayant soin que le biseau de cette entaille soit du côté où pend la partie de la poignée de lin sur laquelle on doit travailler: ensuite on frappe sur ces fibres avec l'écangue jusqu'à ce que toutes les chenevottes soient détachées et que le lin soit très propre; pour arriver à ce résultat, il faut que la poignée ait été retournée et secouée à diverses reprises; l'écangue doit avoir passé partout et avoir touché tous les fils.

En Flandre et en Westphalie pour affiner le lin, on le râcle avec des couteaux à lames très minces, mais un peu émoussées : on se sert de tranchans de plus en plus fin à mesure que l'on avance vers la fin de l'opération. En Flandre, on râcle sur un tablier de cuir, et en Westphalie, sur un morceau de peau de sanglier, dont on se garnit le genou.

Dans toutes ces opérations il se dégage un grand nombre de brins trops courts et emmêlés; on en tire d'abord des *étoupes,* puis du résidu de celle-ci, des *équignons* ou *pieds de freutous.* On emploie ces matières inférieures à la fabrication des toiles communes ou à sac.

Dans beaucoup de pays on broye le chanvre comme nous l'avons dit du lin : il faut seulement se servir de broyes à languettes moins longues et moins justes dans les rainures. On peut aussi employer des broyes à une seule languette, au moins pour préparer la poignée avant de l'engager dans celle à deux rainures. Nous conseillerons toujours de recourir au maillage avant de passer à la broye. Le maillage doit être ap-

pliqué avec les mêmes soins et en suivant les prescriptions données pour le lin. Le *halage* ou *séchage* a presque toujours lieu au soleil. Il est quelques lieux où on
espade le chanvre : il faut surtout le faire avant la fabrication des cordages. On termine la préparation du
chanvre en le faisant macérer, comme dans certaines
contrées, le maintenant peu de temps dans un baquet rempli d'eau : ailleurs on le maille, ou si l'on
aime mieux on le bat avec un maillet, sans défaire les
paquets, mais ayant bien soin que les brins ne se
mêlent pas.

II. *Du Tillage.* Cette opération que l'on nomme
aussi *teillage*, est fort en usage, particulièrement dans
l'Est de la France. Elle occupe pendant la mauvaise
saison les femmes, les enfans et les vieillards : on lui
reproche de ne pas laisser au chanvre toute sa longueur et de ne le débarrasser ni des plaques de son
vernis gommo-résineux, ni du limon qui souvent le
salit. En effet, au peignage on trouve beaucoup plus
de poussière dans la filasse préparée par ce procédé.
Le tillage n'emploie aucune machine. On met sous
le bras une poigée de tiges de chanvre, poignée
que l'on nomme *Meuneveut;* on prend les brins au
fur et à mesure qu'on les brise et qu'on les débarrasse de leurs fibres textiles. Cette opération ne peut
se décrire, parce qu'elle git toute entière dans quelques
mouvemens que l'on apprend à imiter et que le langage
ne rend pas. Après le tillage, le chanvre peut recevoir toutes les préparations que nous avons indiquées
comme se donnant après le broyage.

III. Du peignage ou sérançage. Ce dernier travail
précède immédiatement le filage : son but est de di-

viser, d'adoucir et de démêler le lin broyé ou le chanvre tillé. On se sert pour arriver à ce résultat de *peignes* ou *serans*. Le lin est souvent peigné par les femmes de la ferme, mais les chanvres demandent l'emploi d'ouvriers que l'on nomme *serançeurs* ou *freutous*. Nous allons d'abord décrire les intrumens, et nous donnerons ensuite les diverses prescriptions à suivre pour en tirer parti.

Les *serans* ou *peignes* sont faits de petites broches de fer, d'acier ou de cuivre, implantées dans une planche de bois dur. Les dimensions des broches et leurs formes varient à chaque localité et suivant la filasse que l'on veut produire. Ces peignes, que l'on pourrait plutôt appeler brosses, sont ordinairement au nombre de 4 pour chaque *freutou*. Les plus grands ont des broches de 4 pouces de longueur et grosses à la base de une à deux lignes; les plus petits portent des dents grosses comme de fortes aiguilles à coudre. Les broches sont quelquefois carrées, quelquefois rondes; ici elles affectent une forme conique, là une forme cylindrique : dans certains pays les dents sont disposées sur la planche en lignes qui se coupent à angles droits; ailleurs elles sont plantées en quinconce. Au reste, quelque soient les dispositions adoptées, les peignes seront fortement fixés sur une table ou un banc et très solides.

L'ouvrier prendra une poignée de lin par le milieu et la frappant sur le plus grand peigne l'y engagera : puis la tirant à lui doucement, il l'y replacera de nouveau, jusqu'à ce que le travail soit suffisant et que la division soit aussi parfaite qu'elle peut l'être sur ce peigne; il le reportera ensuite sur le seran immédiatement inférieur et successivement ainsi jusqu'au dernier. Lorsque la poignée est trop engagée, on doit la soulever et non risquer de briser la filasse ou le peigne. Il est bien entendu que toute la poignée doit être peignée avant que l'on quitte le seran sur lequel on travaille, et qu'il est nécessaire par conséquent de retourner la poignée autant qu'il est nécessaire : ce qui ne reste pas dans la main, se ramasse et passe une seconde fois; ce produit du serançage se nomme *étoupe* et ne peut servir qu'aux toiles communes.

Dans beaucoup de pays on maille le lin après le peignage, ayant bien soin qu'il ne se mêle pas. En Flandre, pour les fils à batistes et pour ceux que l'on emploie à la fabrication des dentelles, il faut brosser la filasse : ce que l'on fait avec une brosse arrondie et un peu hémisphérique; les soies en sont courtes et fort distantes entre elles. Le lin est placé sur une planche bien lisse, et brossé sur toutes ses parties : on doit agir avec beaucoup de prudence et n'appuyer sur la brosse que lorsque les fils sont bien démêlés. Les *étoupes*, résidus de cette opération, sont fort belles et abondantes; en effet la livre de filasse est diminuée de 5 onzièmes.

Le chanvre se peigne comme le lin : seulement les serans sont beaucoup plus grands dans toutes leurs dimensions. Il en est qui ont des broches d'un pied de longueur et de 3 ou 4 lignes de côté à la base : les autres sont plus petits. Lorsque l'on veut obtenir de la belle filasse de chanvre on la passe d'abord sur trois ou quatre serans; puis on la maille, on la peigne sur un nouveau jeu de serans plus fins et on affine. L'affinage est semblable à celui que nous avons décrit pour le lin.

Il est encore quelques autres préparations que dans certains pays ont fait subir à la filasse de chanvre. Par exemple, on la frotte en l'étendant sur une planche, creusée de doubles cannelures angulaires se coupant à angles droits. Cette planche est ainsi revêtue d'éminences en pointes de diamant; de plus, elle porte au milieu un trou de 3 pouces, par lequel passe la poignée de filasse que la main gauche retient en dessous; la droite frotte ce chanvre jusqu'à ce qu'il soit brillant et bien assoupli : cette opération, fort simple, donne à la filasse un bel aspect, mais la mêle. Il est quelques pays où l'on fait macérer la filasse de chanvre et de lin dans des liquides de diverses espèces ou renfermant des substances de genres différens. Nous ne décrirons pas ces derniers moyens, parce que nous les croyons mauvais et dangereux, surtout lorsqu'ils sont confiés à des mains peu exercées.

IV. Du Filage. Le filage est la dernière opération que le fil doit subir avant de passer au tisserand. Nous ne le décrirons pas ici parce que ce serait sans utilité. Nous ne pourrions faire comprendre une chose d'une excessive simplicité, qui ne consiste que dans un certain mouvement de doigt ou de pied. Nous dirons seulement que le fuseau fournit un fil très solide et fort beau, mais ce moyen est très long et ne convient bien que pour les femmes qui ne sont point à la maison et travaille en gardant les troupeaux; partout ailleurs on devra adopter *le rouet de bonne femme,* le plus simple de tous : on peut en tirer d'excellens fils; il dure fort long-temps, coûte peu cher, et ne demande qu'un apprentissage fort court. Malgré toute son utilité, nous craignons qu'il ne soit bien difficile de l'introduire à de grandes distances de l'endroit où il est employé d'habitude. Tous les autres rouets, de quelques genres qu'ils soient, sont fort compliqués et ne peuvent être confiés qu'à des ouvrières de profession. Il en est un cependant, inventé par M. LEBEC, ancien notaire à Nantes, qui donne de forts bons résultats. Nous l'avons vu fonctionner et devons lui rendre justice. Mais il est assez compliqué, et nous ne pouvons de mémoire en faire un dessin. Nous attendrons donc pour en parler avec détails que nous ayons pu nous le procurer.

La culture des plantes textiles est d'une immense importance pour l'agriculture et pour tout le pays : on doit donc en généraliser la production et la répandre partout.

DEUXIÈME DIVISION.

—

CHAPITRE 1er.

DES ABEILLES.

L'éducation des abeilles est d'une notable importance pour le cultivateur ; ce produit qui ne coûte que de faibles soins, est fort élevé, si l'on tient compte du capital engagé. En effet, les évaluations les plus faibles l'établissent au moins à 10 francs par ruche ; or, il est facile à chaque habitant de la campagne d'en avoir 20, et presque sans embarras ni dépense, il perçoit à la fin

de son année 200 francs. Pour obtenir ce beau résultat, il ne faut qu'acheter d'abord une ou deux ruches
et recueillir des essaims. En commençant par deux
ruches, on doit, au bout de 4 ou 5 ans, en réunir une
vingtaine et souvent bien davantage. On ne doit
craindre ici que l'abus, car il ne faut élever que le
nombre d'abeilles qui pourra se nourrir dans la localité. Nous allons d'abord nous occuper des notions
d'histoire naturelle que l'éleveur d'abeilles ne peut se
dispenser de connaître ; nous décrirons les divers
modes de logement de ces ingénieux insectes et le
petit nombre d'instrumens que leur éducation réclame : nous dirons ensuite quelles sont les règles à
suivre pour cette éducation, et nous terminerons par
l'énumération des produits et celle des manipulations
qu'ils réclament.

I. Histoire naturelle de l'abeille. La famille des
apiaires est nombreuse et répandue dans le monde
entier; nous ne nous occuperons ici que de l'Abeille
mellifique, *apis mellifica*. L. F. Famille des apiaires.
Ord. des hyménoptères. Les caractères généraux sont :
corps petit, oblong et pubescent; tête triangulaire,
comprimée, verticale, garnie de deux anthères fili-
formes, coudées, courtes, de 12 à 13 articles; 2 grands
yeux ovales et entiers, et 3 petits yeux lisses, disposés
en triangle sur le *vertex;* bouche composée d'un labre
transversal; de 2 mandibules resserrées vers le milieu
et prenant ensuite en s'élargissant une forme triangulaire ; de 2 mâchoires et d'une lèvre, longue, grêle
et coudée; de quatre palpes, dont les maxillaires
très petits et pointus. Les labiaux sont longs et en
forme d'écailles, allant en pointe, et de 4 articles;

les 2 premiers sont grands, surtout l'inférieur, et les 2 derniers forment une petite tige placée obliquement sur le côté extérieur du second et près de son sommet; la lèvre se termine en languette linéaire, striée transversalement, velue et un peu dilatée à son extrémité, en forme de roue. Cette languette sort d'une petite gaîne écailleuse et demi-cylindrique; elle a au dessus du tube, qui renferme sa partie inférieure, deux écailles très courtes, désignées sous le nom de paraglose; le larynx n'est en rien différent de ceux des autres apiaires: le corcelet ou le tronc est court, arrondi et très obtus en arrière; l'abdomen se trouve suspendu à son extrémité postérieure, par un petit pédicule; il est en forme conique, tronqué en devant, arrondi en dessus, comprimé en dessous avec une petite arête le long du milieu du ventre; il est composé de six ou sept anneaux; les pieds sont moins velus que ceux des autres apiaires. Les deux jambes postérieures n'offrent point, à leur extrémité, les 2 pointes en forme d'épines, que l'on trouve dans les autres hyménoptères; le premier article des tarses qui lui sont annexés, est grand et en forme de palette carrée, plus longue que large. Tous les individus sont ailés; les ailes supérieures ont une cellule radicale, étroite et longue, trois cellules cubitales complètes; la première est carrée, la seconde triangulaire, recevant la première nervure reculante, et la troisième oblique et linéaire, recevant la seconde nervure reculante; elle est éloignée du bout de l'aile.

Les abeilles qui sont l'objet de de chapitre ne vivent point isolément, mais en famille; seules elles périraient bien vite. Leur réunion se nomme *essaim*, et,

« pour exister, doit se composer d'insectes qui diffèrent
» de sexe ou d'emploi. Dans tous les essaims se trouve, au
» moins pendant une partie de l'année, une *reine* ou
» mère, 2 ou 3 cents mâles ou *faux bourdons*, et plu-
» sieurs milliers d'abeilles neutres ou *ouvrières*.

La reine a le corps d'un roux brun ; les pattes moins
foncées, assez longues, dépourvues de *palettes* ou
corbeilles et de brosses : l'aiguillon est assez long,
redressé et garni de 4 dentelures. Elle pond seule dans
une ruche bien organisée ; sort peu et semble gouverner la famille ; le moindre choc sur un des points de la
ruche, la fait venir immédiatement à l'endroit me-
nacé. Un instinct merveilleux fait reconnaître aux
ouvrières que la reine est fécondée ; seulement alors
elles la reconnaissent pour maîtresse, l'entourent de
soins et la gardent à vue. Aussitôt après la fécondation,
l'abdomen s'allonge et dépasse de beaucoup les aîles,
ce qu'il ne faisait pas auparavant.

La fécondation a lieu en volant, la femelle étant
placée sur le dos du mâle. Cet accouplement suffit pour
un an au moins, et la reine emporte avec elle les organes du *faux bourdon*, qui meurt presque toujours
aussitôt après. Cet acte suit de près la naissance de la
reine, et lui donne en quelque sorte droit à l'autorité.
Peu de temps après, c'est-à-dire au bout de 48 heures,
la ponte commence : d'abord la reine dépose dans les cellules les œufs d'abeilles ouvrières, au nombre d'environ
200 par jour, et cela pendant 11 mois de l'année, exceptant toutesfois les temps les plus froids ; ce laps de temps
écoulé, elle commence à pondre des œufs de mâles,
ce qui dure pendant un mois. Dans les 10 derniers jours
de ce mois et sans discontinuer la ponte des œufs mâles,

la reine dépose dans les cellules royales, les œufs d'où sortiront les jeunes mères ou femelles.

Le seul défaut de ces petites souveraines est une jalousie excessive contre toutes les abeilles du même ordre qu'elles ; elles les chassent, les tuent ou les fuient.

L'abeille *ouvrière* ou neutre a le corps beaucoup moins allongé que celui de la reine ; elle est aussi moins brune ; elle est plus petite dans une vieille ruche garnie de rayons anciens, qu'elle ne l'est dans des alvéoles toutes neuves : la raison en sera donnée plus tard ; le corps est velu, la trompe longue et l'aiguillon droit, garni de 6 dentelures. Les ailes sont aussi longues que le corps ; les pattes antérieures sont munies de brosses et celles de derrière de palettes ou corbeilles dans lesquelles elles apportent une partie du produit de leur chasse. Les ovaires sont avortés, ce qui n'existe pas dans la reine. Les ouvrières sont très nombreuses et forment le peuple de la ruche : le labeur et les soins de tout genre sont leur partage ; elles construisent les édifices nécessaires pour la conservation des alimens ou la reproduction de l'espèce ; elles nourrissent la reine et ses enfans ; élèvent ceux-ci, les protègent et les défendent. Les unes vont chercher la provision, en tire le miel et la cire, construisent les édifices et les réparent. D'autres préparent la nourriture des insectes naissans et rapportent du dehors, le pollen qu'elles mélangent au miel pour obtenir la bouillie nécessaire à leurs nourrissons. Les premières sont nommées *ouvrières*, et les secondes *nourrices* ; ces dernières sont un peu plus petites que les autres, et peuvent dans quelques cas reproduire l'espèce.

Les *mâles* ou *faux bourdons* sont moins longs que

la reine parvenue à tout son développement, mais ils ont le corps plus gros, presque noir et légèrement comprimé; la trompe est petite ainsi que la bouche; ils sont désarmés et les pattes ne portent ni brosses ni palettes : ils tiennent leur nom du bruit qu'ils font en volant. Ils fécondent la reine, et servent, du moins quelques naturalistes le pensent ainsi, à couver, lors de la grande récolte, époque où les abeilles ouvrières désertent presqu'entièrement la ruche : ils ne sortent alors que pendant la plus grande chaleur du jour. Ils ne travaillent pas, et les abeilles communes les chassent et les exterminent, mais seulement lorsqu'ils ont rendu tous les services que l'on pouvait en attendre.

Les explications que nous avons données ne sont peut-être pas complètement satisfaisantes; mais nous ne pouvons ici discuter d'importantes questions, et nous nous contentons d'admettre ce que tous les savans ont reconnu. Nous ne ferons qu'indiquer ce fait remarquable, que les abeilles ouvrières que l'on a cru long-temps neutres ou sans sexe, peuvent cependant produire dans quelques cas. Nous dirons aussi que l'œuf ou le ver qui se trouve placé dans une alvéole d'abeille ouvrière, et qui doit produire celle-ci, donne cependant une reine, si à une certaine époque de sa croissance, il reçoit une habitation plus vaste et une autre nourriture. Les deux conditions de logement et de nourriture, seraient-elles tellement influentes qu'elles pourraient à volonté donner ouvrières ou reines? Nous regrettons que l'espace nous manque pour jeter sur cette grave question le peu de lumières que nous ayons pu acquérir.

Nous croyons que nous devons placer ici non l'em-

ploi ou la production des produits des abeilles, mais
leur nature ou leur composition.

Le *miel* renferme, dit Desmarets, du sucre de fruit
mêlé à un sucre incristallisable; l'acool dissout le sucre
incristallisable, que l'on peut ainsi isoler et dont la
nature est mal connue. Le miel contient en outre des
matières colorantes, variables avec les localités.

La *cire* est une susbstance huileuse, concrète, formant la partie solide qui renferme le miel des abeilles
elle est ordinairement jaune, cassante, pesant 0,96,
fusible à 68° C., insoluble dans l'eau, soluble dans
l'acool, l'éther bouillant, et dans les huiles à la température ordinaire; elle est précipitée de la solution al-
coolique par le refroidissement. La partie principale
de la cire est une substance analogue à la stéarine,
mais dont les propriétés sont assez différentes pour lui
mériter un nom particulier, *cérine*.

La ou le *propolis*, selon Réaumur, est une gomme;
elle n'en a cependant point les qualités; celles qui lui
sont propres désignent au contraire une résine pure.
Nous dirons donc que le propolis est une matière rési-
neuse, très agglutinative, que les abeilles récoltent
sur les végétaux, pour fermer les ouvertures de leurs
ruches, et qui, mêlée avec une certaine quantité de cire,
leur sert pour asseoir et consolider le fondement de
leurs rayons. Sa couleur est ordinairement jaune ou
rouge : il se fond entièrement dans l'alcool et dans
l'éther, et en partie dans l'essence de térébenthine;
nouvellement récolté, il a une consistance mollasse;
il acquiert de la solidité à mesure qu'il vieillit, à tel
point qu'il devient ductile et cassant, propriété qui
sert merveilleusement les abeilles. Il est insoluble

…t dans l'eau, se ramollit par la chaleur, brûle sans s'enflammer et répand une odeur agréable.

II. DES RUCHES ET DES INSTRUMENS NÉCESSAIRES AU PROPRIÉTAIRE D'ABEILLES. Les abeilles, dans la vie sauvage et indépendante, se logent dans des troncs d'arbres creusés par les années, ou dans les fissures bien closes de quelques roches. Mais établies ainsi, elles ne peuvent devenir les esclaves ou la proie de l'homme, et il devient nécessaire, pour en tirer parti, de les renfermer dans des cabanes de petit volume, faciles à explorer et à changer de place. Ces logemens ont été nommés *ruches*. Les premières ont été sans doute des troncs d'arbres creusés, placés debout près de l'habitation; plus tard on se servit d'ouvrages grossiers de vannerie, mais dans les deux systèmes on n'obtenait le miel et la cire qu'en détruisant leurs ingénieux producteurs. De grands perfectionnemens étaient donc nécessaires, et l'on parvint à les trouver. Nous ne décrirons pas toutes les ruches perfectionnées, mais seulement les meilleures, et pour celles-ci nous chercherons à les faire connaître autant qu'il est nécessaire pour les établir.

Nous allons ici emprunter beaucoup à l'excellent ouvrage du respectable M. Lombard, auquel nous devons une des meilleures ruches connues et sans contredit la plus simple. Il ne faut pas croire que les abeilles travaillent plus ou moins dans telle ou telle ruche; elles travaillent partout où il y a des fleurs et quand les saisons sont favorables à la sécrétion du miel, unique base de leur prospérité: elles ne font rien, partout où il n'y a pas de fleurs, ou lorsque ces fleurs ne contiennent point de miel. La meilleure ruche est celle où les abeilles se réfugient plus facilement; cherchons donc la meilleure pour leur conservation. Les abeilles prospèrent plus dans certaines années que dans d'autres ; des amateurs ont cru devoir vaincre cette différence , en imaginant des ruches de diverses formes qu'ils ont préconisées : de là ces innombrables ouvrages qui ont amenés plus de confusion que d'utilité.

On voit des ruches de différentes formes, des hautes, des basses, des rondes, des carrées, des plates, des simples d'une pièce, des composées de plusieurs, etc. On en voit de toutes sortes de matières, de bois, de paille, de joncs, de liège, de pierre, de poterie; ce qui prouve ce que, nous avons dit, que les abeilles travaillent partout, lorsque les lieux et les saisons leur sont favorables.

Nous nous contenterons donc de décrire la *ruche villageoise* ou *lombarde*; nous le ferons en indiquant tous les détails de construction, et nous ajouterons seulement qu'elle nous a paru la meilleure, la moins chère, et celle, qu'à notre avis, il est plus facile d'explorer et de vider. Nous dirons ensuite comment un amateur peut faire établir une ruche *en verre*, dans laquelle il lui sera facile de connaître le travail et le régime de vie intérieure des abeilles, nous désignerons pour cela celle d'Huber et la décrirons. Nous terminerons enfin par l'indication d'un mode nouvellement importé d'Angleterre.

RUCHE VILLAGEOISE, DITE LOMBARDE. Depuis plus de 35 ans que je soigne des abeilles, dit M. Lombard, après avoir essayé des ruches de diverses formes, je me suis fixé à une à deux parties, que j'ai nommée *villageoise*, parce qu'extérieurement elle ressemble à

peu près à la ruche d'une pièce, qui est la plus répandue dans les campagnes : elle en diffère en ce qu'elle
est en deux pièces.

Le corps de la ruche *B*, et le couvercle convexe *A*.
Fig. 30. Ils doivent avoir ensemble 16 à 18 pouces
d'élévation; le corps de la ruche et la base du couvercle doivent être d'un pied dans œuvre; le corps doit
avoir environ 13 pouces d'élévation, et le couvercle
4 à 5 pouces de profondeur seulement; je dis seulement, parce que si on le faisait plus profond, on y
trouverait du couvain lors de la dépouille, ce qu'il
faut absolument éviter. Dans l'intérieur, sans que
cela nuise à la circulation des abeilles, j'ai mis, pour
séparation, une planchette légère dans œuvre, *fig.* 31,
bien à fleur du haut du corps de la ruche, afin que les
rayons du couvercle ne descendent pas plus bas que
la jonction des deux parties qui tiennent souvent ensemble par la propolis que les abeilles ont mise pour
boucher la fente qui s'y trouve. Cette réunion tient
quelquefois tellement, que l'on est obligé de faire passer un fil de fer, qui, glissant sur la planchette, ne touche pas aux rayons fermés du couvercle.

Sous la planchette, traverse une baguette plate un
peu solide, qui doit être saillante, des deux côtés, de
15 lignes, *fig.* 31, EE; elle sert à enlever la ruche des
deux mains; l'entrée des ruches doit avoir 2 pouces de
longueur, sur 4 à 5 lignes de hauteur; les ruches dont
je me sers n'ont point d'entrée, elle est entaillée dans
la table ou appui des ruches. La planchette de la ruche
doit avoir 10 pouces de largeur en tous sens; on scie
les 4 carnes de manière qu'en mesurant la planchette,
elle ait un pied : on la fixe avec des clous minces insé-

rés dans le rouleau supérieur de la ruche, entrant un peu dans les plans. Les ouvertures que donne la planchette sont nécessaires pour la circulation des abeilles du haut en bas de la ruche; elles sont utiles pour la descente le long des parois, de l'eau des vapeurs qui, pendant l'hiver, s'exhalent de la réunion des abeilles, et pour le passage des abeilles, lorsque l'on croit devoir les enfermer. On doit avoir plus de couvercles que de ruches, pour en faire usage lors de la dépouille; 10 à 12 couvercles de plus suffisent, parce qu'on les fait resservir après les avoir vidés. La manière la plus simple pour bien assujétir les couvercles sur la ruche, c'est avec une double épingle de cette forme Ꮀ, faite avec du fil de fer, connu, dans le commerce, sous les n⁰ˢ 16 ou 17. Quatre suffisent pour chaque ruche.

Afin d'obtenir un diamètre uniforme pour la ruche villageoise, il faut une espèce de métier ou plateau façonné par un tourneur. On prend un morceau de bois (le noyer est préférable) de 2 pouces d'épaisseur et de 14 de diamètre; on l'arrondit et on le réduit à 13 pouces 8 lignes. *Fig.* 33. On creuse le plateau d'environ 1 pouce, en laissant au pourtour un rebord de 10 à 12 lignes de largeur, ce qui donnera le diamètre d'un pied dans œuvre; on fait un quart de rond en dehors et en dedans du bord (*profil. fig.* 34.); au défaut du quart de rond extérieur, on marque 42 espaces qui, entre chacun, donnent 1 pouce; à chaque marque on fait un trou avec une mèche d'une à deux lignes de grosseur, et comme le lien qu'on emploiera pour attacher la paille sur le rebord du plateau sera plat, on fait passer dans chaque trou un petit fer rougi, de 2 lignes de largeur; sur le rebord du plateau on fait 42 échancrures de 2 lignes de largeur sur autant de profondeur, entre deux trous du quart de rond (*profil. fig.* 34.) Dans cet état, le plateau guidera pour commencer les ruches et les couvercles comme nous le dirons.

Les ruches se font communément avec de la paille de seigle, parce qu'elle est plus longue, moins grosse et plus flexible que la paille de blé. Dans les gerbes on en choisit qui soient saines, on prend de cette paille à deux mains, du côté de la racine, et on la frappe sur un tonneau mis sur le côté, placé dans un angle d'une grange ou autre pièce, afin que les grains ne se répandent pas de tous côtés; par ce moyen, les grands épis s'égrènent sans que la paille soit brisée; on la secoue en la tenant du côté des épis, afin de faire tomber la plus petite; on l'emploie ou on la conserve en bottes hors de la portée des souris. Lorsqu'on veut faire une ruche, on prend une poignée de cette paille, on en retranche les épis avec une serpe légère, on la bat avec un morceau de bois rond, afin de la rendre souple sans la briser; on la passe à rebours dans les dents d'un rateau pour en enlever les fanes ou feuilles. Si on la mouillait, la ruche contracterait en séchant, étant employée et serrée comme on va le dire, une odeur de moisi qui ferait déserter les abeilles. Pour les liens, on peut se servir de lanières longues et étroites, levées sur le coudrier ou autre bois flexible; on se sert aussi d'écorces, de ronces, d'osier de tonnelier, etc., auxquels on donne une largeur de 2 ou 3 lignes; on divise ces liens en petites bottes qu'on fait tremper dans l'eau 15 ou 20 heures avant de s'en servir.

12

Lorsqu'on veut faire des ruches, il faut avoir un anneau de cuivre ou de fer d'un bon pouce de diamètre, ou un fourreau de cuir du même diamètre, long de 2 à 3 pouces, avec un petit bourrelet pour le faire glisser facilement. Il faut aussi un poinçon, une petite pince et un pied de roi. On commence la ruche sur le bord superficiel du métier ou plateau; on lie peu de paille d'abord insinuée dans l'anneau ou le fourreau, en l'augmentant successivemeut jusqu'à la 7e ou 8e maille, qui doit être de la grosseur déterminée par le diamètre de l'anneau; ce lien doit s'insinuer dans les trous du côté intérieur du plateau, de manière qu'en lui faisant faire le cercle pour le passer dans le trou suivant, l'écorce du lien se trouve extérieurement sur la partie supérieure du rouleau. Avant de finir le premier tour sur le bord du plateau, on attache une seconde fois le rouleau en passant un second lien dans les échancrures du bord du plateau; de cette manière, le premier rouleau se trouve lié 2 fois pour le moment.

Le second tour doit être monté en spirale sur le premier; pour cela, avec le poinçon, on perce, en droite ligne, le rouleau inférieur à la moitié de sa grosseur, tellement que le fer du poinçon fait X, avec le lien passé dans les échancrures; on prend ce lien, on l'insinue à côté de la pointe du poinçon et on le tire fortement à soi: on passe le poinçon dans la maille suivante, et faisant faire le cercle au lien, on l'insinue dans le rouleau, etc. Par ce moyen, les liens des rouleaux inférieurs et supérieurs se trouvent fortement liés ensemble en X. Quand le lien approche de sa fin, on se sert de la pince pour le serrer. Il faut

toujours insinuer le poinçon, en le poussant devant
soi en droite ligne; si on le faisait en élevant la pointe
ou en la plongeant, on ne conserverait pas le diamètre
uniforme que doit avoir la ruche. Il faut espacer également les mailles que marquent les liens, dont on
cache les extrémités entre les rouleaux boudinés. A
chaque fois que l'on voit le rouleau diminuer de grosseur, on écarte un peu la paille insérée dans l'anneau,
pour y en insinuer 12 ou 15 brins. On a sous la main
une petite baguette d'un pied de long pour mesurer
à chaque tour, afin de se maintenir dans le diamètre
convenu.

Lorsqu'on a fait 3 ou 4 tours, on coupe les liens qui
passent dans les trous du plateau, pour en séparer
la ruche commencée; le premier rouleau se trouvant
lié par les liens passés dans les échancrures, on continue la ruche jusqu'à la hauteur de 13 à 14 pouces.
On diminue peu à peu la grosseur du rouleau supérieur pour terminer à une hauteur uniforme, sans
que cette fin soit aperçue, afin de ne point opposer
d'obstacle au fil de fer lorsqu'on décolera le couvercle
de dessus le corps de la ruche. Je ne fais point d'entrée
à mes ruches, elle est entaillée dans le tablier qui les
porte.

Les ruches faites avec de la paille boudinée en cor-
dons bien serrés, en liant les boudins supérieurs avec
ceux inférieurs de milieu en milieu de chaque cordon,
laissant peu de sinuosité entre chaque cordon, font
planche, après avoir été enduites de propolis par les
abeilles. J'en ai qui servent depuis plus de trente ans
et qui en dureront bien autant encore.

On commence les couvercles comme les ruches sur

le métier; on rentre un peu en commençant le troisième tour et on l'élève jusqu'à 4 et 5 pouces de profondeur; on laisse une ouverture au haut de 15 à 18 lignes de diamètre, pour y placer la flèche. *Fig.* 30 et 32, F. Il faut absolument que les couvercles n'aient que 4 à 5 pouces de profondeur.

Dans les contrées où les abeilles se cultivent en grand, les ruches sont ordinairement posées à terre. On ne voit des tables que dans nos petits ruchers; pour ces tables, le bois est préférable à la pierre ou au plâtre; on doit les faire en planches de 15 à 18 lignes au moins d'épaisseur, longues de 17 pouces sur 16 de largeur; on retranche les carnes comme nuisibles lorsque l'on passe entre deux ruches. Ces tables en planches donnent la facilité d'y entailler l'entrée des ruches.

Dans le principe, je clouais mes tables sur trois piquets placés en triangle; ces tables débordaient les piquets de plusieurs pouces, pour empêcher les rats, les souris, les mulots, etc., qui ne peuvent marcher renversés, de monter sur les tables; je les tenais à un pied de terre, afin que ces animaux ne pussent y parvenir en sautant; mais ces piquets avaient le double inconvénient de pourrir et d'assujétir les tables à la même place, ce qui m'a déterminé à adopter des supports portatifs; pour cela je prends un rondin ou bûche de 5 à 6 pouces de grosseur, et de 8 à 9 pouces de long; j'enfonce quelques mauvais clous (rappointis) dans un des bouts, et ayant un calibre composé de 4 morceaux de bois de 2 pouces en carré, s'assemblant en queue d'aronde, laissant entre eux un vide de 18 pouces de longueur sur 16 de largeur, je coule dans ce vide du plâtre gâché, dans le milieu duquel j'enfonce mon rondin du côté des clous; lorsque le plâtre est bien pris, je retire mon calibre qui a une bonne assiette. Sur le rondin engagé dans le plâtre, je pose le tablier qui doit porter la ruche, je l'y assujétis avec deux pitons qui sont dans le tablier près du rondin, et dans les pitons, je mets une vis qui entre dans le rondin, ce qui rend le tablier immobile et débordant de tous côtés; en plaçant des supports dans la ruche, pour la conservation du plâtre, je mets aux 4 coins un morceau de brique, de tuile ou de pierre, afin que le plâtre ne touche pas la terre.

Pour garantir les ruches vives, il faut les affubler d'un surtout de paille, de roseau ou de jonc. Mes surtouts sont en paille de seigle; pour les faire, je prends successivement 4 bonnes poignées de paille de seigle; je remonte les épis au dessus de ma main; je bats chaque poignée au dessous des épis pour en amortir la paille; je la passe au rateau à rebours pour en détacher les fanes le plus possible, parce que ces fanes retiennent l'eau des pluies qui pourrit promptement la paille; je lie séparément chaque poignée à l'endroit battu; je mets au milieu de ces 4 poignées un porte-surtout d'un morceau de bois creusé dans la proportion de la flèche qui surmonte le couvercle des ruchers, morceau qui a une tête de champignon. *Fig.* 35. J'assujétis la paille au porte-surtout, au dessous de la tête de champignon avec une bonne ficelle; je détache les poignées, dont je retire les ficelles; je prends un morceau du fil de fer connu dans le commerce, sous le nº 16 ou 17, que j'ai fait rougir pour le rendre flexible; je tords les deux bouts réunis du fil de fer au dessous de la tête de champignon ; je retire la ficelle, et avec un des manches de la tenaille, je tords le fil de fer à l'endroit opposé des deux bouts du fil de fer, qui alors fait boucle ; je remets la ficelle plus haut pour faciliter le placement d'un deuxième fil de fer au dessus de la tête de champignon ; je tords ce fil de fer comme le précédent ; la paille, liée au dessus et au dessous de la tête de champignon ne peut glisser, et avec une serpe, je retranche les épis inutiles en arrondissant la tête du surtout ; je retranche au côté opposé l'excédent de la longueur de la paille, qui ne doit avoir qu'environ 2 pieds et demi, à partir du lien de fil de fer qui lie la paille au dessous de la tête de champignon. Dans cet état, je place les surtouts sur les ruches, de manière qu'elles soient entièrement couvertes. On tient la paille assujétie sur les ruches, avec un cerceau posé et non attaché après la paille, et on coiffe le surtout avec un pot, comme on le voit *fig.* 35, ou avec un pot de jardin dont on bouche le trou.

Il faut avoir l'attention de mettre les surtouts en bon état au mois de septembre, à l'approche de la saison des pluies et des hivers. (LOMBARD.)

RUCHES VITRÉES. Les premières ruches vitrées qu'on a vues en France, ont été placées par M. de Cassini, au jardin de l'Observatoire. De Réaumur et de Maraldi en firent faire de pareilles. Ces ruches étaient carrées et en menuiseries auxquelles on adaptait des vitrages et par dessus des volets qui se tenaient fermés avec des targettes. Il y a peu de temps, on en voyait encore quelques vieilles de cette forme ; on s'aperçut bientôt que ces ruches n'étaient pas favorables à l'observation ; les abeilles obscurcissaient les vitres qu'on une pouvait nettoyer, parce qu'elles tenaient aux ruches par du mastic.

Dans le dernier siècle, le célèbre Huber, naturaliste genevois, en a imaginé une qui, en réunissant plusieurs châssis de 18 lignes d'épaisseur, s'ouvrait comme un livre au moyen de petites charnières mises par derrière; mais les châssis ouverts, on ne pouvait facilement les refermer sans écraser les abeilles qui se tenaient sur la partie des châssis près des charnières. Alors Huber composa sa ruche de châssis séparés, mais réunis par deux traverses qui, par des goupilles, serraient les châssis les uns contre les autres, ajoutant un châssis vitré de chaque côté, vitrage assujéti par du mastic, et par dessus chacun un volet qui se tenait habituellement fermé.

Cette ruche se désigne toujours sous le même nom de *ruche à feuillets*, ou en *livre*. Elle se compose actuellement de 8 châssis au lieu de 12. Les châssis ont 18 pouces de hauteur, au lieu d'un pied hors-œuvre, le dans-œuvre de la hauteur est de 17 pouces, et celui de la largeur est de 10 pouces. La figure 36 représente un des châssis, les montans A ont 18 pouces d'élévation sur 1 pouce d'épaisseur et 15 lignes de largeur. La traverse du haut B, est des mêmes épaisseur et largeur. La traverse C a 10 lignes de largeur sur 4 lignes d'épaisseur; elle est placée à 6 pouces et demi du haut; celle du bas D est carrée de 6 lignes de grosseur; elle se place à 1 pouce en remontant; aux deux extrémités des 8 feuillets, il y a de chaque côté un châssis E, *Fig.* 37, et ces châssis sont destinés à recevoir chacun du côté de leur intérieur, un vitrage, et extérieurement un volet. Ce châssis a 18 pouces de hauteur sur 13 pouces 1/2 de largeur. L'ouverture de ce chassis, pour recevoir le vitrage et le volet, a 10 pouces de largeur sur 15 pouces de hauteur, le tout dans œuvre ; les volets doivent être ferrés pour les ouvrir et les fermer à volonté. Les 8 châssis sont en bois de sapin, les deux extérieurs sont en bois de noyer d'un pouce d'épaisseur et les volets de 10 lignes aussi d'épaisseur. Les châssis et les volets peuvent se faire en bois de chêne. Les feuillets ne sont plus réunis d'un côté avec des couplets ou charnières, parce que, comme je l'ai dit, on écrasait les abeilles en refermant les châssis. Au lieu des charnières, deux traverses plates de 19 pouces de longueur sur 15 lignes de largeur, et 4 d'épaisseur, entrent dans le milieu de la hauteur et des 2 côtés des 2 châssis vitrés dans la partie qui fait saillie, en longeant le côté des 8 feuillets, et reçoivent dans des trous espacés une petite broche de fer ; et pour bien assujétir le tout ensemble, on a 4 épingles en bois, *fig.* 37, plus minces dans leur extrémité ; on les enfonce sur la broche de fer qu'elles embrassent, jusqu'à ce que le tout soit solidement réuni. Les entrées des abeilles qui étaient au bas des feuillets sur la grande face, sont réduites à une seule au bas d'un des petits côtés, pratiquée dans l'épaisseur du tablier avec une petite planche saillante pour la marche des abeilles. Cette disposition rend la dépouille plus facile, parce qu'on trouve les rayons de miel dans les châssis des deux extrémités où les abeilles le déposent, pour obéir à la loi de leur instinct, qui les force à mettre leur trésor dans la partie la plus éloignée de leur entrée.

Dans le principe, pour déterminer les abeilles à travailler dans le plan de chaque feuillet, M. Huber plaçait au haut de chacun un petit gâteau de cire ; c'est encore le meilleur moyen. Mais un naturaliste anglais, M. J. Hunter, ayant assuré dans un écrit inséré dans les mémoires de la Société royale de Londres (Trans. phil.) qu'une arête formant angle saillant ou même un angle rentrant déterminait les fondemens des édifices des abeilles; et M. Huber ayant reconnu qu'en général cela était vrai, a fait tracer sous les traverses B et C de chaque feuillet un angle saillant.

L'usage de cette ruche pour les observations et pour la dépouille est fort simple. Lorsqu'on veut voir ce qui se passe dans l'intérieur, on fait glisser les deux châssis portant les volets le long des traverses; après avoir séparé peu à peu chaque feuillet, on examine, et on rapproche ensuite; en faisant le tout avec douceur, les abeilles n'en sont point troublées, et continuent leurs travaux aux yeux des observateurs. Quant à la dépouille, on enlève les châssis des extrémités et on en met d'autres à la place. On doit sentir aussi combien il est facile de faire des essaims artificils en enlevant, dans la saison convenable, des feuillets du centre, contenant du couvain de jeune reine, etc.

Enfin, M. Huber a ajouté à sa ruche un surtout se composant de trois pièces, dont deux se placent du côté des traverses, et la troisième, en toit, se pose par-dessus ces deux pièces, et cela pour les ruches destinées à rester en plein air. *Fig.* 38. (LOMBARD.)

RUCHE NUTT. Nous empruntons à la Maison rustique du 19ᵉ siècle la description d'un procédé dû à un Anglais, M. Nutt, habitant du comté de Lincoln, qui l'a mis en pratique avec succès depuis environ une dixaine d'années. Ce procédé paraît offrir l'avantage de donner du miel de première qualité en plus grande abondance, de faciliter sa récolte, de maintenir les abeilles dans un bon état de santé et d'activité constante, et enfin par des moyens particuliers et l'agrandissement progressif du domicile de ces insectes, de prévenir la sortie des essaims.

Donnons d'abord la description de la ruche de M. Nutt, nous passerons ensuite à l'application qu'il en a faite. L'ensemble de la ruche se compose au moins de six parties mobiles et indépendantes. Ces parties sont : 1° le socle; 2° le pavillon central; 3° trois à quatre boîtes latérales; 5° une boîte octogone; 6° une cloche en verre. Toutes ces pièces sont assemblées dans la *Fig.* 39, où elles forment la ruche complète, mais avec deux boîtes latérales seulement.

Le socle, *Fig.* 40, destiné à supporter toutes les autres pièces, est composé ainsi qu'il suit : A A, planches qui en forment le fond et le dessus, et qui ont 15 pouces de largeur, 3 pieds 6 pouces de longueur et 9 lignes d'épaisseur. B B B, 3 côtés latéraux et postérieurs, de 3 pouces de hauteur. C C, 2 planches qui divisent le socle en 3 portions égales, et sont perforées chacune d'un trou longitudinal de 3 pouces de longueur et 9 lignes de hauteur. Ces trous sont destinés à permettre aux abeilles de passer des faux tiroirs dans le tiroir E, de la ruche du milieu; c'est dans ce tiroir que l'on place la nourriture, dans un petit plat recouvert d'une mousseline grossière. F F, sont deux portes à charnière pour fermer les deux parties latérales du socle ou faux tiroirs; la partie du milieu l'est par le tiroir E, dont les côtés portent aussi un trou longitudinal correspondant à ceux percés dans les cloisons C C. Dans le fond supérieur du socle sont percées il trois ouvertures semi-circulaires G G G, par lesquelles les abeilles passent, soit directement dans les faux tiroirs latéraux, soit dans le tiroir, puis à travers les trous longitudinaux des faux tiroirs et des cloisons, d'où elles s'échappent dans la campagne. Ces faux tiroirs sont des espèces de vestibules qu'on peut fermer à volonté au moyen des portes F F, et qui servent, comme on le verra, à la ventilation dans la ruche.

Le pavillon central, *Fig.* 41, est une boîte carrée sans fond, d'un pied de diamètre et de 10 pouces de hauteur. La face H est percée d'une petite fenêtre de 3 pouces sur 3, vitrée à l'intérieur et fermée extérieurement par un volet à charnière. Les côtés I sont percés d'ouvertures horizontales parallèles de 7 lignes de hauteur, et à 1 pouce de distance les unes des autres. Les ouvertures diminuent successivement de largeur depuis la basse, qui a 8 à 9 pouces, jusqu'à la plus élevée qui n'en a plus que 1. Le dessus L est aussi percé au centre d'un trou d'un pouce de diamètre et de plusieurs autres de 7 à 8 lignes, placés autour du premier; le derrière de cette boîte est plan et uni; par-devant il y a en K K deux planchettes destinées à cacher la jointure des boîtes latérales, lorsque celles-ci ainsi que le pavillon sont placés sur le socle. C'est sur ce pavillon qu'est posée la cloche de verre S, *Fig.* 39, de 8 à 9 pouces de diamètre et 12 à 15 pouces de hauteur, qu'on recouvre d'une boîte octogone T, surmontée d'un chapeau et percée de 3 fenêtres vitrées ayant chacune un petit volet. La cloche repose sur une planche percée de trous correspondans à ceux du fond supérieur du pavillon central, pour établir la communication entre celui-ci et la cloche. Entre cette planche et ce

fond, on peut glisser aisément une feuille de fer-blanc
quand on veut interdire toute communication entre
ces compartimens divers de la ruche.

La boîte latérale, *Fig.* 42, a 1 pied de diamètre et
9 pouces de hauteur.

Les faces N ont une petite fenêtre vitrée et à volet
de 4 pouces et demi sur 3. Le fond C n'a pas de fenêtre ; le côté P est muni d'ouvertures horizontales dé-
croissantes et correspondantes à celles percées dans
les parois latérales du pavillon central. Le dessus Q
porte un trou carré de 4 à 5 pouces, autour duquel
est un encadrement de 2 pouces et demi de hauteur Z,
que l'on bouche avec un couvercle mobile X, et à fond
rentrant. C'est dans ce trou que l'on introduit le tuyau
en fer-blanc M, *Fig.* 39, perforé de trous de 9 pouces
de longueur et de 1 de diamètre, destiné à recevoir
un thermomètre et couronné par une plaque également
perforée, qui porte sur la gorge intérieure du trou Z.
La boîte latérale, *Fig.* 43, est identiquement semblable à la précédente, et ses ouvertures longitudinales correspondent de même à celles de la paroi latérale du pavillon qui la regarde.

On voit toutes les pièces de la ruche assemblées dans
la *Fig.* 39, et il ne nous reste plus qu'à ajouter qu'on
place sur les trous semi-circulaires GGG du socle, qui
font communiquer les boîtes avec le tiroir et les faux
tiroirs, de petits morceaux de fer-blanc *a*, percés de
trous pour le passage des abeilles, ou pleins *b*, quand
on veut les fermer entièrement, et que c'est aussi avec
des feuilles de fer-blanc pleines *c*, qu'on introduit ou
qu'on enlève entre les boîtes et le pavillon, qu'on

intercepte ou rétablit la communication entre les différentes parties.

La construction de cette ruche étant bien comprise,
voici la manière nouvelle de gouverner les abeilles :
On peuple le pavillon central comme une ruche ordinaire, et quand on y place d'abord un essaim, toutes
les communications avec les autres boîtes doivent être
interceptées; on ouvre seulement la feuille de fer-blanc
qui établit la communication entre le pavillon et le
tiroir, et on laisse ce tiroir entr'ouvert; les abeilles se
livrent à leurs travaux, rentrent dans le tiroir, et de là
montent dans la boîte comme elles le feraient dans
une ruche ordinaire, mais avec cet avantage que les
animaux nuisibles ne peuvent y pénétrer aussi aisément que dans les autres ruches. Quand les symptômes
de l'essaimage se manifestent, il faut, dit M. Nutt,
prévenir la fuite de l'essaim en élargissant le domicile
des abeilles, et pour cela on tire la feuille de fer-blanc,
qui sépare le pavillon de la cloche de verre, et les
abeilles trouvant l'espace nécessaire, n'essaiment pas
et demeurent dans cette nouvelle portion de ruche.
Lorsqu'au bout de 15 à 20 jours, on reconnaît aux
mouvemens qui ont lieu dans la ruche, qu'il va sortir
un essaim secondaire, on agrandit encore le domicile
en tirant la feuille de fer-blanc qui interceptait la communication entre le pavillon et l'une des boîtes latérales, et le surplus de la population s'installe dans
cette dernière, au lieu de chercher à essaimer en dehors. Enfin si les mêmes symptômes apparaissent une
troisième fois, on ouvre la communication entre le
pavillon et la seconde boîte latérale, et les abeilles s'y
établissent de nouveau. Avant d'établir la communi-

cation, il faut frotter l'intérieur des boîtes, surtout dans le voisinage des ouvertures de communication, avec un peu de miel liquide, et comme il devient nécessaire, par suite de l'élargissement du domicile des abeilles et de leur nombre croissant, de leur ouvrir de nouveaux passages, on enlève les feuilles de fer-blanc qui bouchaient les trous semi-circulaires du socle et on les remplace par des feuilles percées de trous par lesquels les abeilles passent dans les faux tiroirs pour se répandre dans la campagne.

Ce qu'il y a de remarquable, assure M. Nutt, dans ces ruches, c'est que l'essaim peuple d'abord dans le pavillon du milieu et continue à peupler même après qu'on a élargi le domicile des abeilles. La cloche, les 2 boîtes latérales servent aux abeilles à apporter la récolte, à l'emmagasiner, et non pas à déposer des œufs et à élever du couvain. Cette particularité explique comment le miel qu'on obtient est toujours blanc, sans mélange de pollen, qui dans les ruches ordinaires, s'échauffe, fermente et colore le miel.

Pour faire la récolte du miel dans cet appareil, on enlève la boîte octogone qui recouvre la cloche en verre, on passe entre celle-ci et la planche mobile qui recouvre le pavillon central, un fil de métal pour détruire l'adhérence qui existe entre ces 2 parties, puis on glisse une feuille de fer-blanc sous la cloche et on l'enlève. On transvase le produit, on replace la cloche sur le pavillon, et on tire la feuille de fer-blanc pour rétablir la communication. Il faut faire attention dans cette opération de ne pas enlever la reine dans la cloche, et s'il en était ainsi, ce qu'on reconnaît facilement à l'agitation des abeilles qui viennent se grouper sur cette cloche, il faudrait replacer celle-ci et attendre un autre moment favorable et un beau jour pour faire la récolte. Quand on a opéré avec succès, on place doucement la cloche à l'ombre, à 12 ou 15 mètres de la ruche, en la couvrant d'une étoffe noire et la soulevant un peu pour permettre la sortie des abeilles qui ne tardent pas à l'abandonner et à retourner à la ruche mère.

On en agit de même quand on veut récolter le miel des boîtes latérales, seulement il faut, la nuit qui précède cette récolte, ouvrir en entier les portes F, qui ferment les faux tiroirs, pour que les abeilles frappées par le froid, émigrent dans le pavillon du milieu où la température est plus élevée.

Un des points les plus curieux de la nouvelle méthode de M. Nutt, est l'emploi de la ventilation et du thermomètre dans le gouvernement des abeilles. Cet habile apiculteur avait remarqué, ainsi que beaucoup d'autres observateurs l'avaient fait avant lui, que les abeilles, surtout dans les temps chauds, agitaient continuellement leurs ailes sans changer de place et avec vivacité, pour rafraîchir l'intérieur de la ruche et y opérer une douce ventilation. L'abbé Della-Rocca, afin de prévenir l'élévation de la température qui a lieu quelquefois dans les ruches, soit par suite de la chaleur de l'air intérieur, soit par l'accumulation de la population, avait conseillé de procurer cette ventilation, en pratiquant dans la ruche quelques ouvertures pour aérer les abeilles, mais il ignorait le parti avantageux qu'on peut retirer d'une ventilation bien entendue, et c'est ce que M. Nutt paraît avoir observé avec soin et mis à profit. Afin de régler la température

dans l'intérieur de la ruche, M. Nutt se sert d'un thermomètre qu'il suspend dans le tuyau de fer-blanc perforé M, *Fig.* 39; ce tuyau est placé sur l'ouverture Z,
pratiquée au sommet des boîtes latérales et s'appuie, au
moyen de la plaque carrée qui la surmonte, sur la
gorge pratiquée sur cette ouverture. Le tout est recouvert du tampon X qui est mobile, de manière qu'en
le soulevant on puisse lire le degré marqué par le
thermomètre. La règle générale est de ne pas laisser
la température intérieure de la ruche tomber au-dessous de 20° C. (16° R.), et monter au delà de 25 à 30° C.
(20 à 24° R.), qui est celle qui convient le mieux aux
abeilles. Dès que cette dernière est dépassée, il faut
ventiler en ouvrant le couvercle X; il s'établit alors un
courant d'air qui entre par les faux tiroirs, traverse
la ruche, et vient sortir par l'ouverture supérieure des
boîtes. En hiver, où les abeilles doivent être engourdies, une température même assez basse ne leur est
pas nuisible; il ne faut pas craindre de placer la ruche
dans un lieu sec, tranquille et d'une température constamment froide.

Voici maintenant les avantages que procure une
ventilation ménagée avec soin, suivant les expériences
de M. Nutt. L'air est renouvelé dans l'intérieur de la
ruche et la chaleur y est modérée; les abeilles en sont
plus vives et plus actives, et ne sont pas obligées
d'employer leur temps à battre des ailes, ou forcées
de passer au dehors de la ruche, en grappes ou en
boules, pendant 20 à 30 jours de la plus belle saison,
le temps que dans le nouveau mode, elles emploient
en travaux utiles et productifs pour l'homme.

L'essaimage ayant lieu, suivant la plupart des observateurs, par suite de la haute température qu'une population abondante produit au sein de la ruche, on prévient aussi par la ventilation la fuite des essaims, surtout quand on augmente en même temps l'étendue de la demeure des abeilles.

En donnant de l'air frais à la ruche par les boîtes latérales, on contraint la reine à demeurer constamment dans le pavillon central, où elle continue à procréer et où se trouve la température la plus favorable à la ponte et à l'éducation des larves. Les autres travaux de la ruche n'exigeant pas une température aussi élevée, les abeilles ne déposent dans la cloche et dans les boîtes latérales que du miel et pas de pollen, qui, étant destiné à la nourriture du couvain, est transporté par elles dans la boîte du milieu, ce qui donne un produit de meilleure qualité et fort abondant.

M. Nutt qui, dans son ouvrage, a donné un journal assez exact de ses observations sur l'effet de la température et le produit dans les ruches de son invention, fait connaître qu'en 1826 un seul essaim d'abeilles lui a donné en plusieurs récoltes le produit énorme de 296 livres anglaises (134 kilog.) de miel, savoir : le 27 mai, une cloche de 12 livres et une boîte de 42 livres; le 9 juin, une boîte, 56 livres; le 10 juin, une cloche, 14 livres; le 12 juin, une boîte, 60 livres; le 13, une boîte, 52 livres; et en juillet, une boîte, 60 livres; en tout 296 livres. Mais il n'a pas fait connaître qu'elle était approximativement la population de son rucher, la qualité et l'abondance du nectar qu'on trouve dans le canton où il était placé, élémens qui auraient permis d'établir avec plus d'exactitude le surcroît de produit uniquement dû à sa ruche et à sa méthode de gouvernement des abeilles, ainsi que les avantages qu'elles présentent l'une et l'autre sur celles déjà en usage. Dans tous les cas, cette méthode mérite qu'on l'essaie en France, en faisant usage du même appareil, afin de confirmer ou d'apprécier avec certitude les succès qu'elle a présentés entre les mains de l'inventeur.

Les ruches doivent se placer dans un lieu qui leur soit spécialement consacré et que l'on nomme *rucher*. Le rucher en plein air convient parfaitement à la ruche lombarde; il faut, dit M. Lombard, placer les ruches à 4 ou 5 pieds d'un mur, en les espaçant entre elles de 15 pouces. Si on établit un second ou un troisième rang, on les met devant le premier, laissant 4 pieds entre chaque ligne et disposant les ruches en échiquier. On doit avoir près des ruches un petit filet d'eau, dans le lit duquel on plantera du cresson. Si l'on ne pouvait se procurer de l'eau courante, on en mettrait dans des baquets ou bassins enfoncés dans le sol, remplis à moitié de terre et plantés en cresson. Les abeilles s'abattent sur les feuilles de cette plante et peuvent boire sans danger.

L'exposition la plus convenable pour les abeilles, est celle où elles souffrent le moins des vents dominans de la contrée et du froid de la mauvaise saison. L'examen de la localité doit donc servir de guide dans le choix que l'on aura à faire d'un emplacement. Le plus ou moins d'humidité du sol et de l'atmosphère servira d'indicateur, pour l'utilité qu'il y aura à éloigner ou à rapprocher du rucher les plantations. Si le pays est excessivement humide, on placera les ruches à une plus grande distance du sol et on remplacera celui-ci par 10 pouces ou 1 pied d'épaisseur de pierrailles.

Nous ne dirons rien des ruchers couverts, qui nous semblent mauvais dans presque toutes les circonstances. De bons surtouts garantissent aussi bien de la pluie et du froid et sont plus faciles à nettoyer. Sous les ruchers, les insectes et surtout les teignes et les guêpes établissent leurs logemens; les rats, souris et mulots s'y retirent; si l'on y place deux rangs l'un au dessus de l'autre, on ne peut facilement en explorer les ruches : dans tous les cas il est difficile d'approcher de celles-ci; en construisant un rucher couvert, on fait une grande dépense, fort nuisible au résultat que l'on veut obtenir. Les ruches en paille ont sur les autres cet immense avantage, qu'elles laissent moins facilement pénétrer l'air extérieur et qu'elles mettent par conséquent les abeilles à l'abri des brusques variations de la température.

L'éducation des abeilles réclame quelques instrumens peu nombreux. Le plus essentiel est l'*enfumoir;* M. Féburier en indique un fort simple. On enveloppe de linge l'extrémité d'un bâton court, on l'allume et on le présente à l'entrée ou sous la base de la ruche soulevée. M. Lombard nous donne la description du sien : il est à la vérité plus compliqué, mais rend aussi de meilleurs services.

« Cet enfumoir, dit-il, est en tôle; la base représente une boîte ronde de 7 pouces, ayant une partie circulaire de 2 pouces d'élévation, avec une espèce de couvercle y adhérent, bombé, ayant 2 pouces d'élévation dans son milieu : ce couvercle est criblé de trous de 2 lignes de diamètre, et porte une ouverture, ayant la forme d'un carré long de 3 pouces et large de 15 lignes.

Cette ouverture doit être pratiquée de manière à venir jusqu'auprès de l'un des bords du couvercle vis-à-vis de l'endroit où doit être un manche de bois. On introduit le feu par l'ouverture ainsi que la matière qui doit produire la fumée : on s'en sert aussi pour mettre sur le feu les instrumens tranchans nécessaires pour couper la cire et les rayons lors des récoltes. » M. Lombard conseille d'employer pour produire la fumée, de la bouze de vache, séchée, divisée ensuite en petits morceaux, mais jamais en poussière parce que celle-ci pourrait s'enflammer et causer de graves accidens.

On doit avoir aussi de petits instrumens de fer que l'on nomme *tranchans*. On les fait en prenant une tige de fer de 4 lignes de diamètre, l'épointant d'un bout pour recevoir un manche et rivant à l'autre bout une petite lame de fer triangulaire et formant un angle droit avec la tige : cette lame aura 1 pouce et demi de longueur et 6 lignes de largeur à sa base. On doit la faire chauffer avant de l'employer, ce qui force à en avoir plusieurs afin de ne pas manquer. Le feu de l'étouffoir suffit pour leur communiquer la chaleur nécessaire, qui doit être peu élevée. La lame n'a nul besoin d'être en acier.

Les personnes peu habituées aux abeilles s'en effraient, et par des mouvemens désordonnés les épouvantent : on doit donc recourir lorsqu'il faut explorer la ruche à quelques préservatifs que nous allons indiquer. On liera le bas du pantalon autour de la guêtre ou de la botte; on mettra de gros gants de laine; ceux de peau, quelque soit leur épaisseur, n'empêchent pas l'abeille de piquer : on portera une veste ou gilet se

d boutonnant du haut en bas et sous lequel on engagera
les bords pendants d'un camail de coutil ou de toile
cirée, dont il faudra se couvrir la tête. Ce camail aura
devant la figure une ouverture, que l'on garnira
d'un masque bombé en toile métallique, de fils de laiton ou de fer. Ainsi couvert, on sera parfaitement à
l'abri des atteintes de la mouche à miel.

Nous terminerons ce chapitre en indiquant rapidement quelques uns des remèdes que l'on peut apporter
aux piqûres des abeilles. Lorsque ces morsures sont
peu nombreuses, elles ne présentent pas de dangers, et
fort heureusement c'est ainsi que cela se passe ordinairement; il suffit alors de retirer l'aiguillon, de
presser la plaie ou même de la sucer, et d'y faire couler
une goutelette d'ammoniaque liquide ou *alcali volatil*.
On peut à défaut de celui-ci employer une très petite
quantité de chaux vive réduite en poudre impalpable,
d'alcool très fort, d'huile ou de miel : nous conseillerons à toutes les personnes qui approchent fréquemment des ruches, de porter sur elles un flacon rempli
d'alcali volatil. Lorsque les piqûres sont en très grand
nombre, ce qui n'arrive guères, si l'on ne renverse
une ruche, il est peu de remède bien satisfaisant : on
voit souvent la mort suivre ces lésions, soit qu'elles
atteignent les hommes ou soit qu'elles atteignent les
animaux. Le palliatif le meilleur, est alors l'application prolongée de l'eau froide; pendant l'emploi de ce
moyen, on doit se hâter d'appeler un médecin.

III. MOEURS, TRAVAUX ET CULTURE DES ABEILLES.
L'abeille est fort douce et rarement elle attaque.
M. Lombard cite une foule d'exemples du peu de dan-
ger qu'il y a d'approcher ces insectes, si toutefois on

ne les provoque pas par des cris ou des gestes désordonnés : il faut cependant s'en méfier lorsqu'un orage menace. La faim les fait se jeter sur celles d'une autre ruche, et alors un grand nombre d'abeilles restent sur la place. Quelque douce qu'elle soit, l'abeille n'est point peureuse et ne recule jamais devant une agression ; elle périt mais ne cède pas : en effet, sa mort suit presque toujours la blessure qu'elle a faite à son ennemi, car le dard qui reste ordinairement dans la plaie entraîne avec lui le gros intestin. On ne doit jamais les chasser avec la main, mais soufler dessus ; ce moyen fort simple est celui qui les éloigne le mieux : on peut aussi les enfumer, mais ceci ne se fait que pour explorer une ruche, la vider en partie ou toute entière.

La mouche à miel a beaucoup d'instinct, reconnaît les personnes qui la soignent et s'y attache ; les sens de l'odorat et de la vue sont très développés chez elle, et l'action du dernier n'est point arrêtée par la nuit. Très laborieuses et très actives, les abcilles ne souffrent point de paresseuses au milieu d'elles ; nous voyons en effet que les bourdons ou mâles sont détruits aussitôt qu'ils ne servent plus à rien.

1°. *Travaux des abeilles*. Avant de passer à l'éducation ou culture que demandent ces insectes, nous allons dire rapidement comment ils exécutent leurs travaux. Lorsqu'ils s'échappent en essaim, ils apportent avec eux les matériaux nécessaires pour établir leur logement. Aussitôt qu'ils se sont réfugiés dans la ruche qui leur est présentée, dans le trou creux d'un arbre ou dans la fissure d'un rocher, ils ferment toutes les ouvertures et ne laissent que celle nécessaire à leur

entrée et à leur sortie de la ruche. Cela fait, les abeilles se groupent dans le haut du logement et commencent la construction des rayons entre lesquels elles
laissent un espace de 3 à 4 lignes, espèces de rues nécessaires à la circulation. Une partie des mouches sortent alors et vont à la provision soit pour apporter aux
travailleuses leur nourriture, soit pour leur fournir la
propolis et la cire nécessaire à leur travaux de construction. Le miel est dégorgé; la cire sort, concrète et
en petites plaques, d'entre les écailles qui couvrent
l'abdomen ou s'échappe en bouillie comme le miel.
Cette dernière cire s'emploie de suite pour lier et sou-
der celle qui est solide. La propolis s'apporte dans les
palettes qui garnissent les pattes postérieures.

Les *rayons* que l'on nomme aussi *gâteaux* ou *couteaux*; sont connus de tout le monde; nous ne les décrirons donc pas : nous dirons seulement qu'ils sont perpendiculaires à la base de la ruche et que les *alvéoles* sont
presque horizontales; nous disons presque, parce qu'elles sont un peu relevées du côté de l'ouverture. Dans
ces ingénieux édifices, les cellules ou alvéoles sont
adossées par l'extrémité postérieure et ouvertes à l'extrémité opposée : quelques alvéoles plus grandes que
les autres servent à élever les mâles ou faux bourdons;
à part leurs dimensions plus grandes, elles ne diffèrent
en rien de celles qui renferment le miel et les œufs d'où
sortiront les ouvrières.

Il est une autre espèce de cellule plus grande et
d'une autre forme; elle a 1 pouce de longueur et au
moins 3 lignes et demie de diamètre. Les parois en
sont épaisses et la forme est ovale; le fond est arrondi
et ressemble à la cupule du gland. Toujours peu nom-

breuses, ces cellules sont destinées à recevoir les œufs royaux. Les ouvrières sont toutes occupées à ces divers travaux et sont nourries, sans qu'elles se dérangent, par d'autres abeilles qui leur rapportent le produit de leurs excursions. Outre ces travaux habituels, les abeilles en ont d'autres accidentels qui seront décrits dans le cours de ce chapitre.

Nous avons dit comment les reines était fécondées et nous ne reviendrons pas la dessus. Nous allons passer à la description de la ponte et de l'incubation. 48 heures après sa fécondation, la mère commence à pondre ses œufs; pendant 11 mois elle produit des œufs d'ouvrières et ne donne que dans le douzième ceux de mâles et de reines : les derniers même ne paraissent que dans les derniers 10 jours et souvent elle n'en pond qu'un par jour ou même tous les 2 jours. La ponte n'est réellement suspendue que pendant les froids et lors de l'essaimage. Quelques apiculteurs croient, et en cela nous nous réunissons à eux, que le manque de fleurs a plus d'influence sur la cessation de la ponte que l'arrivée de l'hiver. En effet, sans pollen, les ouvrières ne pourraient préparer la bouillie nécessaire aux jeunes vers, et cette considération puissante doit arrêter la ponte. On suppose même que changeant alors la nourriture de la reine, les ouvrières l'empêchent par là de déposer des œufs dans les alvéoles.

La reine avant de pondre explore chacune des cellules, et après l'examen, y dépose un œuf, enfonçant pour cela l'abdomen dans l'ouverture. Au bout de 3 jours d'incubation, cet œuf éclot, et donne naissance à un petit ver blanc et ridé, nommé *larve* : à cet âge il reçoit sans retard et fréquemment les alimens que lui préparent les nourrices, en mélangeant du pollen et du miel, dans diverses proportions, suivant l'âge et l'état de la larve : ce mets a la consistance d'une bouillie.

5 à 6 jours après, le ver a pris tout son accroissement et se dispose à passer à l'état de *nymphe* : alors les ouvrières cessent d'apporter de la bouillie et ferment l'ouverture de l'alvéole au moyen d'une petite plaque de cire un peu bombée : enfermé, le ver s'enveloppe d'une toile soyeuse et se trouve au bout de 72 heures, transformé en nymphe d'un beau blanc : 7 jours et demi s'écoulent encore et l'insecte parfait quitte son enveloppe, crève le couvercle de sa cellule et sort : de grands soins l'entourent aussitôt; la nouvelle abeilles est nettoyée par les ouvrières, et nourrie abondamment du miel qu'elles lui apportent : 24 heures après, elle travaille comme ses compagnes et devient un membre utile de la tribu. Les cellules sont nettoyées aussitôt après la sortie de la jeune abeille, mais la toile est laissée dans le fond de l'alvéole.

Dans le onzième mois, l'abdomen de la reine se développe davantage et elle commence la ponte des faux bourdons. Ceux-ci reçoivent les mêmes soins que les œufs et larves des ouvrières, mais ne sortent qu'au bout de 25 jours. A la fin de ce mois, la mère commence la ponte des œufs qui doivent produire les jeunes mères. Ces œufs ne diffèrent en rien de ceux des ouvrières, et prennent sans doute leur caractère des cellules plus larges et d'une nourriture différente. En effet, on peut considérer les ouvrières comme des reines de petites tailles, dont les organes génitaux sont atrophiés. Les œufs royaux sont entourés de soins et gardés avec vigilance; les larves qui en viennent reçoivent une nourriture abondante et le seizième jour l'insecte sort parfait.

C'est ordinairement à cette époque que les abeilles émigrent, ce que l'on appelle *essaimer*. La cause de cette sortie a été long-temps inconnue; tout fait croire que maintenant elle est découverte. Les ruches ont à l'intérieur une chaleur bien plus élevée que celle de l'atmosphère ambiant : on la doit au grand nombre d'habitans de la ruche et surtout au mouvement qu'ils se donnent en se rendant à leurs divers travaux. Si elle devient trop forte, il y a malaise, et dans un temps de calme les abeilles ventile l'intérieur de leur logement en battant des ailes. Ceci expliqué, on comprendra très bien que la naissance d'une grande quantité d'abeilles augmentant la population de la ruche, en accroît extraordinairement la température. L'état normal et habituel n'existe donc plus; un changement devient nécessaire et va se trouver déterminé par la nécessité du gouvernement d'une seule dans la ruche : les jeunes reines se préparent à sortir de leurs cellules, et la reine-mère, guidée par son instinct, veut les détruire; elle se porte vers tous les points de la ruche, agitant ses ailes et suivie par une nombreuse cour : ce mouvement extraordinaire augmente la chaleur et la porte jusqu'à 32° R.; un malaise très grand survient et la reine s'échappe de la ruche suivie des mâles et d'une petite partie des ouvrières; elle prend son vol et s'arrête à peu de distance de la ruche abandonnée : aussitôt toutes les abeilles qui ont pris part à son émigration viennent se grouper autour d'elle et forme ce qu'on appelle un *essaim*.

Aussitôt après le départ de la reine, le calme et

l'ordre se rétablissent d'eux-mêmes. « La plus ancienne des jeunes reines sort de son alvéole, dit M. Lombard; les abeilles entourent aussitôt les autres cellules royales et en font une garde sévère : d'un côté elles retiennent captives les autres reines dans leurs cellules, les y nourrissent; de l'autre n'ayant aucune affection pour la reine encore vierge, lorsqu'elle veut approcher des cellules royales, elles la chassent, la mordent, la tiraillent au point que ne pouvant tenir à l'horreur que lui inspirent les cellules royales et au traitement qu'elle éprouve, elle s'agite comme la mère, ainsi que les abeilles; la chaleur de la ruche montant subitement à 32°, la population ne pouvant la supporter, déserte la ruche. C'est ainsi que se forment les deuxième, troisième et quatrième essaims; et lorsqu'il n'y a plus assez d'abeilles pour garder les cellules royales qui restent, la première reine qui devient libre détruit les reines encore existantes, et il n'y a plus d'essaims. Lors de l'espèce du désordre qui précède le départ des essaims secondaires, il arrive que des jeunes reines s'échappent de leur cellule, ce qui est cause qu'on en voit communément plusieurs dans ces essaims; mais lorsqu'ils sont logés, ces reines se battent entre elles jusqu'à ce qu'il n'en reste qu'une. Communément, les jeunes reines sortent le lendemain de leur ruche pour être fécondées et pondre 46 heures après, ce qui oblige les abeilles à construire des rayons dès qu'elles sont logées.

Les abeilles ne cessent de travailler que lorsque le temps constamment humide et pluvieux les empêchent de sortir, elles se renferment alors et s'engourdissent quand les froids augmentent. Elles recueillent pendant toute la belle saison le nectar et le pollen des fleurs, la miellée des feuilles et les jus sucrés des fruits entamés par d'autres insectes; elles ramassent aussi, on ne sait où, les matériaux nécessaires pour faire la propolis.

La durée de la vie des abeilles n'est pas exactement connue : on suppose que les reines vivent plusieurs années; les ouvrières un peu plus d'un an, et les faux bourdons quelques mois : ces derniers périssent ordinairement d'une mort violente. Nous terminerons ce paragraphe en disant que des calculs presque certains établissent que l'abeille ne s'éloigne guère pour butiner au delà d'une demi-lieue.

2°. *Culture ou éducation des abeilles.* Nous suivrons ici le mode de division adopté par nos prédécesseurs, c'est-à-dire celui par saison et par mois. Nous nous contenterons d'observer que les travaux avancent plus ou moins suivant la situation des lieux que l'on habite. On devra donc prendre note de cette observation et se rappeler que nos indications se rapportent au climat de Paris.

Janvier. On ne doit point toucher ni remuer les ruches pendant les grands froids, ni laisser sortir les abeilles, surtout quand la terre est couverte de neige. On doit essuyer, lors des dégels, l'eau qui coule sur les plateaux, et donner quelquefois un peu d'air aux ruches; les cales ne doivent pas avoir plus de 5 à 6 lignes de hauteur. On peut, en établissant ces plateaux, leur donner un peu de pente, et si l'on creuse alors l'entrée dans cette table, l'eau s'écoulera plus facilement au dehors.

Février. Dès ce mois-ci, dans les années chaudes, les

abeilles commencent à sortir; on peut donc ôter les guichets ou leur donner leur maximum d'ouverture. On peut acheter les ruches vives et les transporter; nous indiquerons plus loin comment il faut s'y prendre pour le faire avec succès. Dans quelques localités on fait à cette époque, une récolte des provisions laissées après l'hiver; quelques alpinômes blâment cette opération et donnent d'excellentes raisons à l'appui de leur opinion. Ils pensent que l'on doit rejeter cette récolte à la fin de la belle saison, et conseillent d'agir dans tous les cas avec beaucoup de discrétion.

MARS. M. Lombard indique cette époque comme celle où l'on doit faire la récolte de la cire : en récoltant, dit-il, au printemps les rayons de cire, qui dans les ruches sont au dessous du couvain, on rend un service essentiel aux abeilles, parce que c'est dans la partie inférieure de leurs rayons, qu'elles élèvent dans la belle saison un couvain nombreux; ce qui indique la nécessité de mettre les abeilles en état de renouveler cette partie; si on ne le fait pas, la cire noircit, les alvéoles se tapissent par les soies des coques successives, que plusieurs générations de vers ont filées, avant de passer à l'état de nymphes et que les abeilles ne peuvent ôter ni arracher.

Pour enlever ces rayons, on se revêt du costume indiqué, on fait pénétrer un peu la fumée par l'entrée de la ruche en soulevant celle-ci, et plaçant au-dessous l'enfumoir; puis quand toutes les abeilles se sont réfugiées dans le haut de leur logement et qu'on les suppose engourdies, on saisit la ruche et on la renverse sens dessus dessous. On détache ensuite tous les rayons vides commençant par ceux de derrière, épargnant avec le plus grand soin tous ceux qui renferment du couvain; les tranchans légèrement chauffés servent ici à détacher les rayons. Quelquefois les abeilles se réveillent et cherchent à sortir, il est facile de les faire rentrer en les enfumant de nouveau. Il se trouve quelquefois de petits rayons de miel que l'on peut enlever aussi, du moins dans les fortes ruches. Les rayons sans miel ne doivent jamais être mêlés à ceux qui en renferment.

La quantité de cire à prendre, varie avec la force des ruches. Dans les plus fortes on peut en prendre une livre et dans quelques autres, retrancher seulement quelques alvéoles du bas des rayons. Dans les ruches très faibles il faut prendre beaucoup de cire. En récoltant la cire, on explore la ruche et l'on s'aperçoit que la reine a péri pendant l'hiver, quand il ne s'y trouve ni œufs, ni jeunes vers. Il faut alors y porter remède et c'est ce qu'indique M. d'Espaignet : il dit qu'il faut donner aux ruches veuves de leur reine, ou *orbes*, comme il les appelle, un petit rayon garni de couvain; il ne doit point être donné trop tôt, ce qui force à fermer jusqu'à cette époque le guichet, pour empêcher les abeilles des ruches voisines de venir piller celle qui est sans reine. On peut aussi réparer la perte de la reine en introduisant dans la ruche un petit essaim avec sa reine. Il arrive aussi qu'une ruche sans reine trouve moyen de s'en créer une sans que pour cela les abeilles ouvrières aient été fécondées, puisqu'il n'existe pas de mâle dans la ruche. Nous ne pouvons éclaircir cette question, jusqu'à cette heure fort obscure. Nous conseillerons seulement d'avoir recours au petit essaim comme au meilleur moyen.

Avril. Dans les contrées du nord on peut encore continuer les travaux indiqués pour le mois précédent.

Mai et Juin. Ces deux mois sont ceux pendant lesquels la sortie des essaims a lieu. Il est des ruches qui en donne jusqu'à 4. Le second sort 8 à 12 jours après le premier; le troisième 6 à 7 jours après et le dernier dans le quatrième jour. On ne doit placer seuls que les premiers, les autres à moins d'une abondance extraordinaire de fleurs seront réunis.

L'essaimage a lieu pendant les instans les plus chauds de la journée, lorsque le temps est lourd et calme, ou bien que le vent du midi souffle et que l'orage se prépare. L'essaim ne sort guère sans que des signes presque certains l'annoncent. On voit alors des groupes d'abeilles à la porte de la ruche, les bourdons et les reines sortent et opèrent en volant la fécondation; un bourdonnement très fort se fait entendre dans la ruche; on voit à son entrée une humidité assez prononcée, résultat de la condensation de l'humidité, produite par la chaleur élevée de l'intérieur; enfin vers le soir au milieu du bruissement général, on entend un cri aigu semblable à celui de la cigale.

A l'instant où l'essaim va sortir, le bourdonnement redouble, la reine s'envole et est bientôt suivie d'une quantité considérable d'abeilles. Ordinairement l'essaim, comme nous l'avons déjà dit, se forme et se groupe à peu de distance; quelquefois au bout d'un peu de temps, les abeilles se séparent, reprennent leur vol et regagnent la ruche; on peut alors être sûr que la reine n'est point avec elles: il faut chercher par terre pour savoir si elle n'est pas tombée avant d'atteindre le but.

On la reconnaît à sa forme et à son entourage, on la prend alors sans la blesser et on la remet dans la ruche; le lendemain l'essaim ressort et s'il rentre encore, on doit rechercher la reine et si on la trouve la sacrifier parce qu'elle est trop faible. Les abeilles rentrent alors une seconde fois et ne sortent plus que lorsqu'elles ont trouvé une nouvelle reine.

Le bruit que l'on fait pour arrêter les essaims, n'a pas ordinairement le résultat que l'on en attend. Il faut se contenter de suivre les mouches si elles ne s'éloignent pas trop, ou si l'on veut les arrêter, projeter sur elles de la poussière ou du sable; l'effet de ce moyen est prompt, aussitôt elles s'abaissent et se fixent.

Les essaims doivent être recueillis de suite, à moins que d'autres ne sortent en même temps; il faut alors les séparer en jetant de la poussière et les couvrir d'un linge aussitôt qu'ils sont fixés, mais sans les remuer ni les inquiéter. « Dans tous les cas, dit M. Lombard, il faut agir tranquillement et sans crainte. Dès qu'un essaim est fixé, il faut apporter une ruche ayant son couvercle détaché, mettre cette ruche à terre à l'ombre, et le plus près possible, la tenir soulevée de 5 à 6 lignes, avec une cale ou pierre du côté où l'on croit qu'une partie de l'essaim pourra tomber, afin que les abeilles puissent facilement entrer dans la ruche; on mettra également une autre cale, sur le bord du plancher de la ruche, de manière à pouvoir l'ôter à volonté. Si l'essaim est attaché à une branche facile à secouer, on tiendra le couvercle d'une main sous l'essaim et de l'autre ou secouera la branche pour faire tomber l'essaim dans le couvercle que l'on posera doucement sur la ruche : si l'essaim est près de terre, il faut l'y faire tomber et le couvrir avec la ruche. Tout ce qu'on vient de dire peut se faire visage découvert et mains nues; les abeilles ne sont point dangereuses dans ce cas; si l'essaim est fixé à un tronc d'arbre ou quelque corps dur, il faut prendre des précautions contre les abeilles, parce qu'en les détachant du corps solide avec un balai de plume ou d'autres matières douces, on peut en irriter quelques unes. Il est rare que tout ceci ne réussisse pas.

« Si la reine n'était pas dans l'essaim recueilli, les abeilles retourneraient à leur première place; il faudrait le recueillir de nouveau. Si un essaim était fixé à une branche de laquelle on ne pourrait approcher avec une échelle, il faudrait avec un grand bâton frapper sur cette branche pour le faire tomber. Si un essaim se divise en plusieurs groupes, c'est signe qu'il contient plusieurs reines; dans ce cas, il faut recueillir le plus gros et le laisser à terre; les autres ne tarderont pas à s'y réunir. Dès qu'un essaim est logé, il faut le porter au rucher afin que s'il en sort un autre, il ne vienne pas se mêler avec lui. »

La récolte des essaims étant une des opérations les plus importantes de l'apiculture, nous croyons devoir entrer dans quelques détails à son égard. Nous dirons que l'on peut se servir pour abattre les essaims d'une pluie artificielle, que l'on produit au moyen d'une pompe à main ou de jardinier. Pour faire tomber dans la ruche, préalablement frottée d'herbes odoriférantes et aspergée d'eau miellée, pour y faire tomber, dis-je, un essaim fixé sur une grosse branche d'arbre, on se sert d'une longue plume dont on fait passer les barbes entre l'essaim et la branche. Si l'essaim s'est réfugié dans un trou d'arbre creux ou dans un trou de rocher, on lui présente une baguette garnie à l'extrémité de ses ramilles, on la retire quand elle est suffisamment garnie d'abeilles et on la secoue dans la ruche; on recommence cette opération jusqu'à ce que l'on se soit assuré que la reine se trouve dans la ruche. Il arrive quelquefois que les abeilles quittent le logement qu'on leur a donné et qu'elles retournent dans la ruche-mère. Quand ce retour s'effectue après quelques heures, on peut être sûr que la reine manque; il faut alors la chercher comme nous l'avons déjà dit, ou attendre que l'essaim en ayant trouvé une nouvelle, ressorte. Si la sortie de l'essaim de la ruche nouvelle, n'a lieu qu'au bout de quelques jours, on doit attribuer cette fuite à la ruche elle-même; il faut alors le placer dans une autre et ne se servir de la ruche rebutée qu'après l'avoir purifiée et flambée.

On voit quelquefois des essaims se mêler : cela est sans inconvénient pour ceux qui sont faibles, mais les autres doivent être séparés; surtout si la saison est favorable. Voici comment on s'y prend : On étend à terre un drap blanc, on place à un des bouts la ruche remplie, on la soulève, et la secouant on fait tomber les abeilles, mais petit à petit de manière à les étaler sur le drap; elles ne s'envoleront point au loin, mais suivront la ruche pour y rentrer; on doit alors apporter une grande attention. Si l'on aperçoit un groupe un peu serré, on y distinguera facilement une reine : armé d'un verre ou gobelet on la couvrira et passant un petit carton en dessous, on pourra l'emporter à la maison. L'autre reine suivie de toutes les abeilles ouvrières et des mâles, rentrera dans la ruche : aussitôt la nuit venue on secouera celle-ci et on en fera tomber une assez grande quantité d'abeilles pour former un essaim : on se hâtera de couvrir cette portion d'une autre ruche. Au bout de peu d'instants une des 2 ruches sera tranquille, tandis que dans l'autre on entendra un bourdonnement très fort. On ira alors chercher la reine que l'on a mise à part, on la placera sous la ruche bruyante, et le calme se rétablira.

Si des essaims sortaient lorsque la saison est très avancée, il serait facile de les faire rentrer, en cherchant la reine comme nous venons de le dire et la tuant; les mouches à miel rentreront alors d'elles-mêmes dans la ruche-mère. On opérera de même si un essaim étranger entre dans une ruche déjà occupée : pour faciliter le mélange des 2 tribus, on enfumera.

Le poids seul peut donner la base sur laquelle on doit établir la valeur d'un essaim ; en effet, les abeilles par les temps chauds se serrent beaucoup moins dans le groupe et celui-ci par conséquent paraît plus volumineux qu'il ne le serait à une température plus basse. Les meilleurs essaims sont ceux de 6 livres. Moins pesants, ils sont trop faibles, et d'un poids supérieur, ils énervent les ruches-mères qui les ont produits. Un essaim de 6 livres doit renfermer au moins 25,000 abeilles.

On ne doit pas abandonner les jeunes essaims à eux-mêmes dès les premiers jours, mais il faut pendant quelque temps mettre près d'eux une assiette qui contient une préparation ou mélange de vin et de miel : le premier doit y être dans une faible proportion. Cette nourriture est recouverte d'un linge clair ou d'une feuille de papier fendillée. On peut aussi y mettre un peu de sel, suivant un de nos plus habiles éducateurs d'abeilles, qui conseille comme une excellente méthode l'emploi fréquent du sel, pour garer les mouches à miel d'une foule de maladies.

On doit enlever les reines à tous les essaims tardifs et faire rentrer ceux-ci dans les ruches-mères. Tous les faibles doivent aussi être réunis; on obtient plus de produits de 6 bonnes ruches que de 18 médiocres. Lorsque des groupes d'abeilles se tiennent oisifs à l'entrée des ruches, il est facile de reconnaître que la tribu ou famille est trop considérable. Il faut donc en enlever, ce qui s'exécute en faisant tomber ces groupes dans un couvercle que l'on porte devant une ruche faible. Là on fait tomber le contenu du couvercle et on couvre précipitamment, avec la ruche faible, les nouvelles venues qui montent de suite auprès des anciennes habitantes, et travaillent sans façon auprès d'elle. Cette opération ne serait pas sans danger si on travaillait sans précaution. Ces réunions se font immédiatement après le coucher du soleil, et seulement quand les fleurs sont abondantes; si l'on voulait substanter des ruches faibles, on leur donnerait une assiétée d'alimens préparés comme nous l'avons dit plus haut. Le vin est nécessaire lorsque le miel est solidifié, mais seulement dans ce cas; le sel au contraire est toujours utile.

Il est nécessaire de veiller au départ des essaims : en effet, ils s'éloignent peu d'abord, mais se mettent bientôt en quête d'un logement ou d'un abri. Ils envoient pour cela des quêteuses au loin, et une fois le gîte trouvé, rien ne peut les arrêter qu'ils ne se soient rendus au logis préparé. Cet accident arrive aussi quelquefois lorsqu'on recueille les abeilles dans une ruche sale. Les considérations que nous venons d'énoncer doivent engager les propriétaires d'abeilles qui ramasseraient un essaim sorti depuis long-temps, à le tenir complètement reclu et bien caché, pour que les quêteuses ne le retrouvent pas, car alors elles provoqueraient une nouvelle sortie.

Quelquefois les essaims donnent eux-mêmes de nouveaux essaims, 1 mois environ après leur établissement. Ces derniers sont ordinairement fort beaux et prospèrent s'ils viennent assez tôt. La fin de l'essaimage est annoncée par la cessation du bourdonnement : on dit alors que la ruche *a rompu*. Peu de jours après, des cadavres de reines sont jetés devant l'entrée de la ruche et sont bientôt suivis par ceux des faux bourdons.

« Quand l'année est favorable, dit Gélien fils, dans le *Conservateur des abeilles*, les ruches étant pleines on peut y adjoindre dessus, dessous ou à côté, de petits vaisseaux vides et pouvant contenir 5 à 6 livres de miel, avec communication dans les ruches par un trou d'environ 1 pouce; ces petits vaisseaux seront bientôt pleins, alors on les enlève pour en substituer d'autres; ces vases peuvent être en verre. »

JUILLET. Il est des contrées où les abeilles cessent de trouver dans ce mois, les fleurs dont elles ont besoin pour augmenter leur provision; on leur retranche alors tout le miel que l'on peut, de crainte qu'elles n'abusent et ne laissent rien à récolter. Il faut cependant éviter de tomber dans un excès bien préjudiciable aux ruches; en effet, si l'on enlève trop et qu'elles ne trouvent point de nourriture au dehors, elles souffriront et ne pourront passer la mauvaise saison. Près des lieux où fleurissent en abondance la bruyère et le sarrazin, on peut aussi faire dans ce mois une récolte de miel, et cela par des raisons contraires à celles que nous venons d'indiquer. Là les mouches à miel trouvent facilement à réparer le vol qu'on leur a fait.

Pour enlever le miel, il faut chasser les abeilles, ce qui n'est point difficile. On ôte le couvercle de la ruche et on le remplace par une ruche vide. On frappe ensuite avec deux baguettes sur le corps de la ruche pleine, commençant par le bas, et les mouches effrayées s'élèvent et gagnent la ruche vide. On peut aussi employer la fumée, après avoir disposé une ruche vide, comme nous venons de le dire. Il ne reste plus alors qu'à descendre le nouveau logement des abeilles sur un plateau, à emporter la ruche pleine et à en détacher ce que l'on juge convenable de miel, sans toucher au couvain ; cela fait, on rapporte la ruche au rucher et l'on y fait rentrer les abeilles, par les moyens indiqués pour les faire sortir ; souvent elles rentrent d'elles-mêmes dans leur ancienne habitation.

C'est ordinairement dans ce mois et dans le suivant que l'on transvase les abeilles d'une vieille ruche dans une nouvelle ; mais seulement dans les pays où les fleurs d'automne sont fort abondantes ; ailleurs il faudrait opérer beaucoup plus tôt. Le transvasement est une chose fort simple, on place une ruche vide et bien frottée de miel ou d'herbes odoriférantes ; on la place, dis-je, sur celle qui est pleine après en avoir retiré le couvercle. La seule précaution à prendre avant d'enlever ce couvercle ou *cabotin*, est de frapper sur lui en commençant par le haut, pour faire descendre les abeilles dans le corps de la ruche. Ceci fait, on porte le couvercle dans un lieu obscur, mais percé d'un trou fort petit, puisqu'il ne doit laisser passer qu'une ou deux abeilles; celles qui ont pu rester dans le cabotin, s'échappent aussitôt qu'elles se trouvent dans l'obscurité et regagnent la ruche par l'ouverture que nous avons indiquée.

Après cette disgression, revenons à notre transvasement; il suffit pour l'exécuter de tambouriner sur la ruche inférieure ou de l'enfumer. Bientôt toutes les mouches auront gagné la ruche supérieure que l'on enlèvera et que l'on placera sur un plateau. On portera la ruche pleine dans l'endroit où l'on a déjà déposé le couvercle; les abeilles restées dans la ruche, s'échapperont comme les premières et regagneront leur nouveau logement.

L'abbé Rozier dit que pour les ruches d'un seul morceau il faut placer ruche vide et ruche pleine, base contre base, ayant soin que la nouvelle soit en dessus, puis tambouriner sur celle qui est pleine. Les abeilles se hâteront de passer dans celle qui est vide. Ce transvasement est fort utile; d'abord il donne une récolte abondante, et forçant les abeilles à construire de nouveaux gâteaux, il produit des alvéoles plus grandes et par conséquent des abeilles plus fortes.

Aout et Septembre. On doit craindre pendant ces deux mois que des abeilles ne viennent en piller d'autres. Cela arrive surtout dans les lieux où le nombre des ruches est trop grand, comparé à la quantité de fleurs nécessaires à la subsistance. Dans les contrées sans bruyère et sans sarrazin, l'automne est une époque fort dangereuse pour les abeilles, car elles manquent alors de nourriture, à moins d'être en très petit nombre.

« Si l'année a été favorable, dit M. Lombard, je fais ma récolte de miel lorsque les abeilles semblent avoir fini leurs travaux, c'est-à-dire lorsqu'elles n'ont plus ou qu'elles n'ont que peu de fleurs à leur portée, parce qu'alors il n'y a plus de croissance dans la progéniture des reines : c'est-à-dire, lorsqu'il n'y a plus de nymphes, mais seulement le petit couvain qui doit y passer l'hiver.

« Le temps que je crois convenable pour faire ma récolte étant arrivé, je sonde les couvercles de mes ruches en frappant le dessus avec le dos d'un doigt pour connaître leur état. S'ils sont pleins, ils ne rendent qu'un son mat, s'ils ne le sont pas, ils donnent un son creux; je marque les premiers, je ne touche pas aux autres. Je ne touche pareillement point aux couvercles des ruches non pleines, quoique les couvercles rendent un son mat. La veille du jour pris pour faire la récolte, si le temps est assuré au beau, je décolle les couvercles de dessus le corps des ruches, en y passant le fil de fer ou de laiton. Il faut faire cela d'avance, afin que les abeilles agitées par le décollement, aient le temps de se calmer. Le lendemain, entre 10 et 11 heures du matin, après m'être fait par précaution, une petite atmosphère de fumée, au moment où je vais lever le couvercle, je frappe 3 à 4 coups de baguette sur le corps de la ruche pour y attirer la reine, si elle était dans le couvercle, et j'enlève successivement les couvercles pleins en les remplaçant par des vides, qu'un aide assure immédiatement bien sur les ruches, soit avec les épingles, soit avec le

« *pourget*, afin que les abeilles du dehors n'aient aucun
« accès dans les ruches.

« Dans ces couvercles il se trouve plus ou moins
» d'abeilles dont il faut se débarrasser; pour cela on
» emploie plusieurs moyens. Le premier, c'est de se
» retirer à l'écart et à l'ombre, d'aboucher un couvercle
» vide sur le couvercle plein et de frapper sur ce dernier; les abeilles monteront dans le couvercle qu'on
porte aussitôt au rucher. On en fait tomber les abeilles
en frappant le couvercle sur la terre, les abeilles retour-
neront dans leur ruche; s'il reste ensuite quelques
abeilles dans le couvercle, il ne faut ni les craindre,
ni s'en inquiéter; il faut emporter le couvercle dans une
pièce obscure, ayant un petit jour par dessous, une
porte mal jointe, ou quelque autre ouverture. On
pose le couvercle à terre sur le côté, à 2 pieds du petit
jour, les abeilles qui étaient restées, prendront ce
chemin pour retourner à leur ruche; si on posait les
couvercles tout près du petit jour, les abeilles du dehors pourraient venir les piller.

« Voici le second moyen : au moment où on vient
de lever le couvercle, il faut le pencher sur l'appui
près de l'entrée, frapper sur le couvercle, ce qui fait
fuir les mouches pour rentrer en foule dans leur ruche;
et, pour accélérer cette rentrée, on souffle de la bouche sur les abeilles qui craignent cette espèce de
souffle.

« Le troisième moyen consiste à avoir quelques
hausses du diamètre des couvercles, auxquelles on
fait 4 entrées opposées; on pose les couvercles sur les
hausses en les plaçant de manière à pouvoir introduire

14.

de la fumée par dessous la hausse, ce qui fait déserter les abeilles.

« Quatrième moyen. Etant reconnu que les mouches, de quelque espèce qu'elles soient, enfermées dans une pièce obscure, cherchent à en sortir par le moindre jour qu'elles aperçoivent, par un volet mal joignant; par exemple, pour se débarrasser des mouches des couvercles, on peut les mettre dans une pièce obscure en laissant un peu de jour et plaçant les couvercles à peu de distance, je dis à un peu de distance afin que les abeilles du dehors ne viennent pas piller le miel des couvercles. Pour faciliter la sortie des abeilles, on peut mettre quelques lattes pour leur faire des chemins du couvercle au petit jour.

« Lorsqu'il n'y a plus de mouches dans les couvercles, on les enferme dans une pièce où les abeilles ne peuvent avoir le moindre accès; il faut porter cette précaution jusqu'à boucher le tuyau de la cheminée, si elle est basse. Ensuite on manipule le miel. »

On peut, dans les premiers jours de septembre, retrancher un peu du miel nouveau qui se trouve dans le bas des gâteaux, mais seulement dans le voisinage de bruyères en fleur ou de sarrasin, parce qu'alors, placées dans ces conditions, les abeilles ont bientôt réparé le dommage qui leur a été fait.

L'époque est venue de placer les guichets, pour éviter l'invasion du sphinx à tête de mort, papillon nocturne, produit par la chenille de la pomme de terre; ils doivent rester tout l'hiver, parce qu'alors les abeilles engourdies ne peuvent se défendre contre leurs nombreux ennemis. Les guichets sont de petites plaques en zinc, plomb laminé, fer-blanc, bois mince ou ardoise, avec lesquels on ferme l'ouverture de la ruche; quelques crans sont pratiqués sur les côtés et dans le bas, pour laisser passer les abeilles une à une; pour fixer solidement les guichets, on emploie un mortier composé de deux parties de bouze de vache et d'une partie d'argile ou de cendres passées au tamis. On se sert aussi de ce mortier que l'on nomme *pourget,* pour enduire les ruches, afin de les mettre à l'abri de l'air extérieur et de les consolider. On ne doit l'appliquer comme enduit, que pendant l'été, pour qu'il puisse sécher complètement et rapidement. Il faut aussi dans ce mois réparer et renouveler les surtouts.

OCTOBRE. On peut déjà à cette époque acheter des ruches et les transporter. C'est aussi dans ce mois que dans les contrées où l'on cultive en grand les abeilles, et où la bruyère et le sarrazin sont abondans, on dépouille les ruches superflues. Nous allons dire en peu de mots comment on opère dans le département des Landes. On se procure des barriques parfaitement assemblées et jointes; à l'entrée de la nuit on les conduit près du rucher; là on saisit l'une après l'autre, les ruches qui ne doivent pas avoir dans l'intérieur de bâtons en croix, et les frappant sur le bord de la barrique, on fait tomber les rayons dans celles-ci. Miel, cire, couvain, et quelques ordures, tout est mêlé sans qu'il en résulte pourtant de graves inconvéniens. Quinze ruches pleines ou environ, remplissent une barrique bordelaise de 230 litres, mais après que les rayons ont été bien pilés. Les marchands enlèvent ensuite ces futailles pleines, les laissent en repos et décantent tout le miel qu'ils mettent alors dans d'autres tonneaux. Le résidu est pressé, et fournit un miel inférieur et de la cire.

NOVEMBRE. Ce mois est un des plus favorables pour l'acquisition et le transport des ruches. Cependant cette dernière opération peut avoir lieu toute l'année, excepté dans les 15 jours qui précèdent l'essaimage, durant les six semaines pendant lesquelles les essaims se forment et s'éloignent et enfin lors des grands froids : dans ce dernier cas les abeilles groupées et engourdies pourraient être détachées par les secousses du transport, tomber sur le plateau et périr de froid. On ne doit jamais acheter de ruches dans son voisinage immédiat, parce qu'alors les abeilles retournent à leur ancien gîte et ne trouvant plus de ruches périssent. Il faut qu'elles soient éloignées au moins d'une lieue. Si on était obligé de changer de place des ruches et de les porter à une distance moindre que celle que nous venons d'indiquer, on ferait ce transport en novembre et on n'ouvrirait la ruche que lorsque les abeilles ne peuvent sortir. Elles auraient alors le temps d'oublier l'endroit où elles étaient auparavant.

Lorsque l'on transporte les ruches à peu de distance, on le fait facilement en suspendant deux ruches à une perche élastique, mais forte, et plaçant celle-ci sur l'épaule, chaque ruche étant à un bout : la base des ruches doit être dans ce cas enveloppée d'une toile assez serrée. Un homme pourrait facilement porter 4 ruches. Si l'on doit s'éloigner beaucoup du point de départ, on placera les ruches sur une voiture, ayant soin de les renverser, dans une couche très épaisse de paille et fermant par une toile serrée et bien fixée, l'ouverture, qui alors se trouve en haut. On peut aussi mettre les ruches enveloppées, dans leur position ordinaire, plaçant en dessous un lit épais de branchage recouvert de paille ; on obtient par là de l'élasticité et l'effet des secousses est diminué. Entre les ruches on met de la paille pour les empêcher de ballotter. Avec ces diverses précautions on peut transporter les ruches à 100 lieues et au delà.

L'été, le transport est moins facile ; on ne peut guère le faire au delà de 25 à 30 lieues, et l'on doit disposer les ruches de manière à laisser tous les jours sortir les abeilles une demi-heure au moins avant le coucher du soleil. La nuit venue, elles rentrent d'elles-mêmes, on ferme l'entrée de la ruche et l'on peut continuer le voyage. Dans quelques pays le transport se fait sans aucun inconvénient à dos d'âne ou de mulet : il faut seulement apporter un grand soin à ce qu'aucune des mouches ne puisse sortir ; car si elle le faisait et qu'elle vînt à attaquer le malheureux animal, celui-ci furieux, s'échapperait, renverserait les ruches et pourrait périr sous les nombreuses blessures qui viendraient le frapper.

Décembre. On ne peut pas retarder plus long-temps la visite que l'on doit déjà faire dans le mois précédent : elle consiste à s'assurer du poids de la ruche et à nettoyer les tables avec un bouchon de foin. Le poids d'une bonne ruche est de 35 à 40 livres, mais celle qui pèse 15 à 20 livres peut très bien passer l'hiver. Quelques apinômes conseillent de visiter la ruche par le dessus en soulevant le couvercle dans lequel se trouve ordinairement le miel. Ils disent à l'appui de leur opinion que des circonstances étrangères à l'approvisionnement peuvent donner un grand poids à la ruche. Si les abeilles sont renfermées dans des ruches de paille d'un bon pouce d'épaisseur, recouvertes d'un surtout épais, elles ne souffrirons nullement de l'hiver si la température est sèche ainsi que la situation. Dans le cas contraire, surtout lors des dégels, l'humidité se condensant dans l'intérieur de la ruche, coule le long de ses parois, pourrit ou fait moisir les rayons inférieurs. Il est nécessaire à cette époque de donner beaucoup d'air. On conseille dans les climats très humides de rentrer les ruches au commencement de novembre dans une chambre bien saine et sans la moindre ouverture. Le plus petit jour ferait sortir les abeilles, qui viendraient se grouper près de cette ouverture; plus tard le froid survenant les ferait périr. Dans les belles journées, on pourrait ouvrir la chambre, l'aérer, mais après avoir fermé la ruche; ensuite on ouvrirait celle-ci aussitôt que la salle serait close; les abeilles profiteraient du renouvellement de l'air. On remettrait ensuite les ruches dehors en février. Nous terminerons ce paragraphe par une énonciation rapide des maladies et accidens qui peuvent nuire aux abeilles et des remèdes que l'on peut y apporter.

Les maladies des abeilles ne sont pas nombreuses; on n'en connaît réellement que trois : la dyssenterie, l'indigestion et l'étouffement.

La dyssenterie est causée par l'humidité qui souvent lors du dégel envahit la ruche; les excrémens sont alors noirs, élargis, d'une odeur très forte et très désagréable, tandis que dans l'état normal les mêmes matières sont d'un rouge jaunâtre et granuleuses. Les abeilles attaquées de la dyssenterie, ne peuvent aller au dehors pour jeter leurs ordures, mais les laissent tomber sur leurs compagnes, dont elles couvrent ainsi les ailes et les organes de la respiration. Cette maladie est la plus désastreuse; il faut aussitôt que l'on s'en aperçoit donner de l'air et chasser l'humidité en enfumant et nettoyant : à ces moyens d'hygiène, il faut ajouter quelques remèdes : on a indiqué comme tels un peu de sel dissous dans de l'eau, un sirop composé de deux parties de vin et d'une de miel solide, attiédi et présenté sur une assiette, au milieu de laquelle on place une tranche de pain grillé, imbibée de sirop et saupoudrée de sel fin.

L'indigestion n'a pas de remède connu; nous nous contenterons de dire ce qu'il faut faire pour la prévenir. On ne doit jamais offrir de nourriture aux abeilles dans les temps frais ou à la chute du jour. Elles ne pourraient alors étant gorgées de nourriture regagner la ruche, et le froid les saisissant, elles périraient.

L'étouffement résulte de ce qui suit : « Les abeilles, dit M. Lombard, périssent de cette maladie quand on leur donne des restes de miel qui ont pris consistance, parce que ne pouvant l'avaler, elles se lèchent les unes les autres, bouchent leurs trachées ou organes de la respiration et étouffent. » Ici, comme pour l'indigestion, on n'indique point de remède.

Beaucoup d'animaux attaquent les abeilles. Les petits rongeurs, tels que les *mulots*, *souris*, *rats*, etc., entrent dans les ruches, dévorent le miel, la cire et infectent les abeilles de leur urine; les abeilles savent bien s'en débarrasser pendant la belle saison, mais non pendant l'hiver parce qu'elles sont alors engourdies. Lorsqu'elles sont actives, elles les tuent et revêtent leur corps d'un sarcophage de propolis qui empêchent l'odeur, que produit la chair en décomposition, de les incommoder. Les ruches, placées sur un plateau, sont presque entièrement à l'abri de leurs attaques, parce que ces animaux ne peuvent marcher renversés. On doit chercher à les détruire dans le voisinage du rucher, en employant les moyens connus et en usage partout.

Les *araignées* sont surtout dangereuses dans les ruchers couverts, parce qu'elles y multiplient singulièrement, on doit les rechercher et les détruire ainsi que leurs toiles. Les *limaces* et *limaçons* pénètrent aussi dans les ruches et y sont tués par les abeilles. Les *crapauds* et les *grenouilles* saisissent beaucoup d'abeilles au dehors et les tuent; on doit donc leur faire une chasse assidue. Il en est de même des *oiseaux* qui se nourrissent d'insectes.

Nous allons parler un peu plus longuement des *guêpes* et des *fausses teignes*. Les premières sont les ennemies acharnées des abeilles, elles les pillent et les détruisent partout où elles peuvent les rencontrer. On doit donc rechercher leurs gîtes et en fermer l'entrée avec un mortier de terre, si les nids sont dans un mur ou dans un arbre, et avec une bouillie de même nature, s'ils sont en terre. On peut aussi les attirer sur des tamis enduits de miel et les faire périr en les inondant d'eau bouillante; on ne court aucun risque de faire en même temps périr quelques abeilles, parce que celles-ci, très frilleuses, sortent beaucoup plus tard que les guêpes et que l'on retire le tamis avant cet instant.

Les *fausses teignes* ou *galleries* (*galleria cereana*, F.), sont les fléaux des ruches, que l'on ne peut entièrement en préserver, et qu'elles ruinent quelquefois complètement. Le papillon de cette chenille est un phalène ou papillon de nuit; il paraît ordinairement au mois d'avril; il est gris obscur, taché de noir, et porte des ailes couchées; lors du crépuscule, sa femelle entre dans une ruche et y dépose quelques œufs sur des rayons de cire : ces œufs produisent des chenilles rases, d'un blanc sale, à tête brune et revêtue d'écailles, qui s'enveloppent, aussitôt écloses, dans des cocons allongés et blancs; elles fixent ces fourreaux ou *galeries* sur le rayon, et allongent leur tête au dehors pour prendre leur nourriture. La variété la plus grande est grosse comme un tuyau de plume; lorsque la chenille est arrivée à toute sa croissance, elle quitte son fourreau, se retire et file son cocon; puis subit toutes les transformations des lépidoptères, et devient papillon.

Lorsque les ruches sont fortes et qu'elles ont une reine, les abeilles, en parcourant les rayons pour soigner le couvain, arrachent les teignes qu'elles rencontrent et les jettent au dehors, les portant aussi loin qu'elles le peuvent. Quand au contraire la ruche est faible, ou bien lorsqu'elle manque de mère, les galleries s'en emparent et la ruinent. Il faut surtout s'attacher à prévenir le mal en tuant tous les papillons que l'on rencontre dans le voisinage des ruches; on en trouve beaucoup sous les surtouts que l'on doit soulever de temps en temps. Les ruchers couverts favorisent la propagation de ces insectes destructeurs. On doit tenir la ruche très propre ainsi que ses alentours, et chercher les teignes avec grand soin lors de la récolte de la cire; enfin si la ruche est infectée, le meilleur moyen est de la transvaser. Les teignes attaquent aussi la cire en magasin.

Nous ne devons pas oublier, parmi les ennemis des abeilles, le gros papillon de la pomme de terre, le *sphinx atropos* ou *à tête de mort*. Il est le plus grand de nos contrées, et porte dans les ruches la désolation; s'il peut y pénétrer, il pille tout le miel, effraie les abeilles et leur fait déserter la ruche. Aussi celles-ci, aussitôt qu'elles l'aperçoivent, ferment l'entrée de la ruche avec un mélange de cire et de propolis, ne laissant de passage que pour une seule d'entre elles. Nous devons donc prévoir pour elles cette nécessité et placer les guichets dès les premiers jours de septembre, surtout dans les lieux où la pomme de terre est cultivée en grand. Le sphinx ne vole que pendant le crépuscule et les nuits éclairées.

Il arrive quelquefois que des mortalités effrayantes viennent frapper les ruches dans toute une contrée. Quelques éducateurs d'abeilles attribuent cela à l'humidité et surtout à la réclusion des abeilles pendant tous les temps froids. M. Lombard nous indique comment il a évité ces sortes d'épidémies. « Mes ruches sont bien couvertes, dit-il, et à l'entrée de l'hiver j'en rapetisse l'entrée, de manière à garantir les abeilles de leurs ennemis du dehors, en leur laissant la facilité de sortir, ce qu'elles font, quand un rayon de soleil, par un temps doux, le leur permet pour se vider; » il dit aussi qu'il donne un écoulement facile à l'eau condensée dans les ruches et qu'il aère celles-ci.

On conseille, dans quelques ouvrages, la création d'essaims artificiels pour suppléer à ceux que la nature a refusés. Ici on doit agir avec une grande prudence et même s'abstenir dans la plupart des cas. On ne doit en faire que lorsqu'on voit des faux bourdons voltiger au dehors des ruches. On prend alors une de celles-ci; on fait passer dans une ruche neuve, par la fumée ou le tambourinage, les abeilles qu'elle renfermait, ayant soin que la mère fasse partie de la tribu; cette ruche nouvelle est placée sur un plateau. L'ancienne est laissée dans sa place ordinaire avec tout ses rayons, et comme on a opéré pendant la chaleur, les abeilles qui reviennent de la provision regagnent leur ancien gîte; manquant de reine, elles s'en procure une le plus promptement possible, soit en faisant éclore un œuf royal, soit en construisant une cellule de reine et y plaçant un ver d'ouvrière. Ce moyen est le plus simple et le plus convenable de ceux indiqués. On peut aussi consulter à cet égard ce qui concerne les ruches faibles qui ont perdu leur reine. Ce n'est même que dans ce dernier cas que nous croyons utile l'opération que nous indiquons. La perte d'une reine étant l'accident le plus grave qui puisse frapper une ruche, nous avons cru devoir indiquer ici le moyen de la remplacer ou de créer un essaim artificiel.

IV. DES PRODUITS UTILES DES ABEILLES. Ces produits sont de trois sortes: les essaims ou les animaux eux-mêmes, dont nous ne parlerons plus, le miel et la cire. Ces deux derniers nous occuperons seuls.

1º. *Du miel.* Nous n'entretiendrons plus nos lecteurs de sa composition, qui se trouve relatée dans le premier paragraphe de ce chapitre; nous ne dirons rien de ses propriétés ni de son emploi que tout le monde connaît, et nous passerons immédiatement à sa manipulation. Celle-ci demande quelques instrumens que nous allons décrire, en ajoutant cependant qu'il ne sont utiles que lorsque l'on opère sur de grandes quantités; autrement, une chaudière, quelques linges forts et serrés, 1 ou 2 tamis et des vases en terre vernissée, suffiraient. Les instrumens nécessaires dans les grandes manipulations sont une presse, des cuviers ou jarres de terre, des paniers en osier à claire-voie, des terrines, des baquets et des barils ou grands pots.

Le meilleur miel s'écoule facilement des rayons : il suffit pour l'obtenir, de placer sur un cuvier ou plutôt sur une jarre bien vernissée, un des paniers à claire-voie dont nous avons parlé. Dans ces paniers on met des gâteaux disposés debout, de façon que le côté qui était en haut dans la ruche, se trouve en dessous dans le panier, pour que les alvéoles que l'on a soin d'ouvrir, penchent vers le bas. Ainsi exposé au soleil, derrière la vitre du laboratoire, le miel le plus pur se rend dans le réservoir. Si le soleil ne donnait pas, on élèverait la température de l'appartement à 24 ou 27° R. Il faut aussi fermer tous les passages qui pourraient servir aux abeilles du dehors pour s'introduire; la cheminée elle-même doit être close. Nous conseillerons de rendre mobile un des carreaux de la fenêtre et de percer dans le volet extérieur un trou d'un pouce. Aussitôt que les rayons sont apportés dans le laboratoire, il faut ouvrir le carreau mobile, et les abeilles qui se trouveraient encore dans le miel, regagneront leur gîte. Il faut aussi, avant de placer les rayons dans les paniers, les nettoyer du couvain, des mouches à miel tuées et du pollen ou *rouget*.

Quand le vase qui servira de réservoir sera suffisamment rempli, on y puisera le miel et on le versera dans de grands vases en terre vernissée, percés à 1 pouce du fond d'un trou fermé d'une cheville. Chaque vase sera rempli en une seule fois, couvert et déposé dans un coin du laboratoire; au bout de 24 ou 36 heures, on examinera le contenu du vase, et si l'écume est bien montée, on décantera par le bas, recevant le miel dans le vase où il doit être conservé. Si l'on emploie un baril, on ne devra pas le remplir entièrement, mais laisser un petit vide. On peut communiquer au miel une saveur particulière, en le faisant couler sur des fleurs odorantes, telles que roses, fleurs d'oranger ou de jasmin, etc., ou bien encore en projetant ces mêmes fleurs dans le vase où il jette son écume.

Ce premier miel est le miel dit *vierge*, le plus pur et le meilleur.

Les rayons, après avoir laissé couler ce premier miel, en renferme encore beaucoup que l'on obtient en mettant les gâteaux brisés dans une toile forte et les soumettant à une pression de plus en plus énergique; on leur ajoute les écumes et résidus du miel vierge. Ce qui reste après cette pression est la cire, mélangée à la vérité de substances hétérogènes. Le second miel est aussi mis au dépôt dans des vases, où on le laisse au moins 48 heures : les écumes qu'il rejette sont très abondantes et se remêlent à de nouveaux rayons. On conçoit parfaitement que pour entretenir la liquéfaction du miel pendant toutes ces opérations, le laboratoire doit être maintenu à une assez haute température. Si l'on ne possède que quelques ruches, on met les rayons égoutter dans une chaudière, on les brise et on les fait chauffer à une température assez faible pour que la cire ne fonde pas. Il faut aussi remuer et prendre bien garde que le miel ne brûle. Lorsque le miel semble bien sorti, on verse le contenu de la chaudière dans un linge serré et on exprime par la torsion.

Le miel se conserve dans un lieu frais et non humide; on le met dans des barils ou des pots en terre vernissée. Si ces vases étaient exposés à la gelée, on les coucheraient. Lorsque le miel est fort dur, on le prend avec une cuillère que l'on fait tremper dans l'eau bouillante. Il est difficile de conserver du miel bon, pendant plus d'une année, à moins d'excessives précautions qui ne réussissent pas toujours.

On falsifie quelquefois les vieux miels en leur ajoutant de la farine, mais la ruse est facile à découvrir, puisqu'il suffit de laver le miel dans l'eau, qui, en cas de fraude, prend une apparence laiteuse.

Les eaux de lavage, qui contiennent du miel, peuvent entrer en fermentation et donner un hydromel agréable; on peut aussi en tirer de l'eau-de-vie ou esprit. Si la fermentation tournait à l'acide, on concentrerait la liqueur par la gelée et l'on aurait du fort bon vinaigre.

Les abeilles, malgré toutes les précautions, pénètrent quelquefois dans le lieu qui renferme le miel. Il faut alors fermer l'endroit par où elles ont passé; elles s'en apercevront bien vite et se précipiteront vers la fenêtre. Lorsqu'elles y sont en grand nombre, il suffit d'ouvrir celle-ci pour qu'elles s'enfuient. Si quelques unes étaient engluées, on les prendrait avec une écumoire, on les placerait sur un tamis et on les porterait près des ruches. Leurs camarades les auront bientôt délivrées. M. Lombard dit qu'il ne tire point de second miel de ses rayons, mais les donne à nettoyer à ses abeilles, qui s'en acquittent fort bien.

Le miel en rayons se conserve plus long-temps que celui qui a coulé. On doit le mettre dans des vases en terre vernissées, et bouchés hermétiquement.

2°. *De la cire.* Les miels les plus bruns sont aussi ceux qui donnent les plus belles cires, celles qui sont les plus faciles à blanchir. Les beaux miels blancs de Narbonne et de Chamouni, fournissent des cires rebelles au blanchiment. La proportion entre le miel et la cire est très variable, et nous ne croyons pas devoir donner ici des résultats qui n'ont rien d'assurés.

Il est des rayons de cire qui ne contiennent pas de miel et qui ne doivent jamais être mêlés avec les autres. On les traitera donc à part et on les garera autant que possible des fausses teignes ; on doit dans ce but les visiter souvent.

Avant de fondre la cire, il faut la démieller : le meilleur mode à suivre pour cela, est d'émietter la cire et de la placer près des ruches, sur un drap. Quelques propriétaires d'abeilles démiellent leur cire en la battant dans l'eau et l'y laissant macérer 24 heures ; mais ce procédé ne vaut pas le premier indiqué. Lorsque la cire est démiellée, on fait chauffer de l'eau dans une chaudière, n'en mettant environ que la moitié de celle-ci. Quand l'eau est bouillante, on y projette petit à petit une certaine quantité de cire, remuant le tout avec un grand bâton ; on ne doit pas faire trop bouillir, parce que la cire deviendrait sèche, cassante et se colorerait. Lorsque la cire est bien fondue, et que des fentes se font en bouillant, au milieu de la couche, on la verse dans un sac de toile serrée, doublé quelquefois d'une toile plus fine, et on la porte dans le seau de la presse que l'on a dû chauffer, en y projetant de l'eau bouillante. Un vase presque cylindrique de terre vernissée doit être placé, rempli d'eau chaude, sous la gouttière de la presse que l'on serre progressivement. Quand la pression ne fait plus que peu d'effet, on verse un peu d'eau chaude dans le seau de la presse et l'on continue à descendre le plateau supérieur. Lorsqu'il a produit tout son effet, on couvre le seau dans lequel on a reçu la cire et on laisse refroidir pendant 12 ou 15 heures. Au bout de ce temps, on retire le pain de cire et on détache la crasse qui se trouve en dessous.

La cire doit être fondue une seconde fois pour être convenablement épurée. Pour cela, on met de l'eau dans la chaudière, on la fait bouillir et on y projette les morceaux de cire, ayant soin d'en mettre assez pour obtenir des pains de 15 à 20 livres. La fonte doit se faire doucement; aussitôt que l'écume monte, on l'enlève et on la jette dans un vase rempli d'eau froide. Si le bouillon s'élevait au dessus des bords du vase, on y jeterait quelque peu d'eau froide que l'on doit avoir toujours près de soi lorsque l'on fond de la cire.

Lorsque celle-ci est convenablement fondue, on la verse dans le seau dont nous avons parlé tout à l'heure, ayant soin de jeter auparavant un peu d'eau bouillante au fond de ce vase; on couvre quand la cire est versée et on laisse refroidir pendant 36 à 48 heures, enlevant auparavant l'écume et crevant les bulles d'air qui se forment à la surface: au bout de ce temps, on retire le pain et l'on retranche la crasse qui se trouve en dessous. Les écumes et les crasses se réunissent à de nouvelles cires à purifier ; la cire ainsi traitée est livrée au commerce. On la falsifie quelquefois : mais on reconnaît l'altération en en mâchant un petit morceau. En effet, la poix s'il y en a, s'attache par ce moyen aux dents, et la graisse a une saveur qui se reconnaît facilement.

Le marc, laissé dans le seau de la presse, peut, étant bouilli, donner une qualité inférieure de cire que l'on emploie à frotter les appartemens. Le second marc, après cette opération, peut se vendre aux fabricans de toile cirée, s'emploie dans la médecine vétérinaire, peut être brûlé ou servir d'appas pour les fausses teignes. Il devient promptement dur, si on ne le retire encore chaud du sac où il est renfermé.

La manipulation que nous venons d'indiquer ne peut guère être mise en pratique, que lorsqu'on travaille sur une grande quantité de cire. S'il en était autrement, après avoir fait démieller par les abeilles, on renfermerait la cire brisée dans un sac bien fermé, que l'on placerait sur une claie mise dans une chaudière ; on ferait ensuite bouillir l'eau, la cire s'élèverait à la surface, d'où on la retirerait avec une écumoire. Pour obtenir toute la cire renfermée dans le sac, on le change de place à plusieurs reprises après l'avoir secoué. Nous ne dirons rien des usages auxquels on emploie la cire. Chacun les connaît et n'a rien à apprendre à cet égard.

Nous terminerons ici ce que nous avions à dire des abeilles. Nous recommanderons aux cultivateurs de ne point négliger cette production, qui, avec quelques

15.

soins peu dispendieux et peu embarrassans, peut donner une fort belle recette.

Nous devions donner ici les règles de l'éducation du ver à soie; mais nous y avons renoncé, en observant que la place que nous pourrions consacrer à ces documens serait évidemment trop petite, pour dire tout ce que réclame un sujet d'un intérêt aussi élevé. Nous en ferons donc l'objet d'un travail spécial, dans lequel nous placerons tout ce qu'il est nécessaire de savoir sur la culture des diverses espèces ou variétés de mûriers, sur l'histoire naturelle et sur l'éducation du ver à soie; enfin sur le tirage de la soie. Nous y décrirons avec grand soin les nouveaux procédés d'aération et de ventilation dus au vénérable M. d'Arcet; les systèmes les plus convenables pour la construction des magnaneries; nous aidant pour tout cela des travaux des Dandolo, des Verri, des Bonafous, des Loiseleur, des Longchamps, des Camille Beauvais, des Bourdons, etc.

Nous engagerons seulement ici les propriétaires ruraux à planter des mûriers; ceux-ci sont lents à croître, et leur plantation doit devancer la création d'une magnanerie. Les meilleures espèces ou variétés sont les suivantes : *Mûrier blanc*, morus alba; cette espèce est la plus ordinairement cultivée; ses variétés sont nombreuses et à feuilles plus grandes que le type; il convient cependant d'avoir des sauvageons, parce que le changement de feuille est utile aux vers à soie, aux diverses époques de leur vie; le mûrier blanc résiste assez bien aux hivers dans les parties tempérées de l'Europe. Variétés. — *Feuilles roses — Grosse reine — Romain — Langue de bœuf — Nain — Veineux — Moretti Colombasse verte — Colombassette. — Le mûrier d'I-*

talie convient aussi au ver à soie.—*Le mûrier de Cons-tantinople* qui s'élève très peu, fournit de nombreuses feuilles, et l'on obtient des vers à soie, qui en mangent, des cocons très gros et très pesans. — *Le Mûrier Mul-ticaule* ou des *Philippines*, s'élève naturellement en taillis, a de nombreuses feuilles fort succulentes; seul parmi ses congénères, il se multiplie facilement de boutures, ce qui le rend très propre à recevoir les greffes des autres espèces; il est aussi d'une croissance très rapide. On le trouve par milliers et à très bas prix, dans les pépinières du château de Fromont, (près Ris, département de Seine-et-Oise.)

Nous terminerons en disant à nos lecteurs que partout où le mûrier peut croître, la production de la soie est possible. Les résultats obtenus près de Paris, et beau-coup plus au nord, sont là pour prouver ce que nous avançons. Nous ajouterons que l'industrie sétifère rapporte beaucoup, et ne demande que des travaux, à la vérité minutieux, mais peu longs. Le mûrier se plante en avenue, en bordures et en taillis.

TROISIÈME DIVISION.

ADMINISTRATION RURALE.

CHAPITRE 1er.

DU CHOIX DU DOMAINE.

Le choix d'un domaine est d'une importance égale pour le propriétaire et pour le fermier; pour l'acquéreur et pour le locataire. Les mêmes conditions sont nécessaires à l'un et à l'autre, mais à des degrés différens; en effet le propriétaire qui veut louer son acquisition, doit surtout s'attacher au prix de location qu'il peut obtenir, en faisant le moins de frais et de dépenses possibles : le fermier au contraire fera, d'une foule d'autres circonstances, un examen sévère et raisonné. Ici nous considérerons ce choix sous toutes ses faces, dans toutes ses circonstances et en faisant abstraction de la qualité de celui qui doit s'enquérir.

I. Des conditions intérieures du Domaime. L'examen doit avant tout se porter sur le domaine lui-même, et c'est par là aussi que nous allons commencer. La constitution du sol est un des points qui doit surtout fixer l'attention. La situation la plus convenable pour une ferme est d'occuper une surface légèrement ondulée : on y trouve des sols de différentes natures, condition si nécessaire à la variété des cultures. Sur un point du domaine, coulera un ruisseau limpide ou une rivière large et profonde. Les terres ne seront point morcelées, mais réunies en très grandes pièces et closes de haies ou de fossés. Des chemins d'exploitation peu larges, mais en bon état, donneront partout un facile accès, praticable dans toutes les saisons. Les bâtimens de la ferme seront au point central, peu loin de l'eau et suffisans pour tous les besoins; un petit jardin et un verger les accompagneront : une machine à battre y sera placée. Les terres seront en bon état et toutes améliorées; il n'y aura point de marais malsains, mais de la marne et tous les moyens d'amélioration possibles.

Nous venons de décrire *l'eldorado* des fermes et de réunir beaucoup d'excellentes conditions que l'on trouve ainsi fort rarement groupées. Elles sont pourtant toutes utiles et presque nécessaires; elles ne peuvent manquer, sans qu'il en résulte de graves inconvéniens : nous allons les examiner toutes en détail en suivant l'ordre que nous avons indiqué précédemment.

1°. *La constitution du sol* est physique et chimique. L'examen de la *constitution physique* est facile, puisque dans ce cas tout ce qui nous demande de l'étude est perceptible pour nos yeux. Nous en avons déjà parlé dans la première partie du *Livre du Cultivateur*, et nous ne nous occuperons ici que de quelques unes des questions les plus importantes. Nous venons de dire tout à l'heure que *la situation* la plus convenable pour un domaine était d'occuper une surface légèrement ondulée : en effet dans une semblable position, les eaux ont un écoulement facile, sans que cependant les terres puissent être entraînées ; la charrue et les divers instrumens de culture passent partout et les voitures ont un accès facile dans toutes les pièces ; les sols de diverses natures ne manquent pas non plus dans une situation de ce genre. *L'exposition* est une chose très importante, car d'elle dépend souvent toute la réussite de la culture; elle varie suivant les climats; dans le Midi on trouve très bien d'être exposé au nord et abrité de la chaleur; le contraire a lieu dans le Nord. *L'élévation* au dessus du niveau de la mer a ceci de particulier que sous la zône torride elle peut vous placer dans la région des plus grands froids : elle doit donc entrer dans les conditions à examiner. *Les montagnes* ont aussi pour avantage de vous parer des vents dominans ou de ceux qui sont désastreux : on peut suppléer aux montagnes, mais non complètement par des abris artificiels ou grandes plantations d'arbres verts ou à feuilles caduques.

La position d'un domaine au milieu d'une plaine étendue, n'est pas ordinairement mauvaise, pourvu que les terres ne soient pas exposées à des inondations subites et générales ; si celles-ci ne s'étendent pas sur la totalité de la ferme, mais seulement sur une partie, on pourra mettre en prés les terrains exposés ou les cultiver avec quelques précautions, mais toujours avec risques. Les cultures souffrent beaucoup plus dans les plaines des vents impétueux et de la chaleur dont rien ne vient les parer. Il est des plaines, résultats d'alluvion, qui sont d'une grande fertilité; d'autres au contraire ne produisent qu'après beaucoup de peines et de soins, des récoltes fort médiocres ; les premières sont celles qui ont reçu de l'inondation, des terres fertiles et abondantes, tandis que les secondes ne sont formées que de galets roulés et d'une couche très mince de terre végétale.

Les terrains montagneux et escarpés conviennent mal à l'établissement d'une ferme; la charrue ne peut facilement y travailler; les voitures ne sauraient y arriver, et les terres remuées descendent rapidement dans le fond des vallées. Ce genre de sol ne peut être utilement employé qu'en pâturage, en bois, et surtout en vigne si son exposition est convenable.

Près de la ferme, il faut de *l'eau*, mais non des marais: autant la première est nécessaire, autant les seconds sont nuisibles. L'eau courante est la seule convenable, et si l'on est obligé de créer des réservoirs, ce ne sera jamais qu'à grands frais. Les mares coûtent peu, dit-on; oui, mais leur eau est saumâtre et souvent tarie pendant les grandes chaleurs : il faut alors employer tous les moyens de transport de la ferme pour aller quérir l'eau nécessaire à la consommation journalière des habitans et des animaux domestiques. Si l'on n'a pas d'eau, on construira des citernes suffisantes pour ne jamais en manquer. Lorsque l'on a des eaux courantes, on doit établir au dessous d'elles des prairies faciles à irriguer; seules, elles seront conservées : on suppléera aux prés rompus par des prairies artificielles.

Les terres sont, dans un trop grand nombre de pays, *morcelées* et divisées en une infinité de parcelles. Dans ces contrées, l'agriculture est forcément stationnaire, et le sera jusqu'à l'instant où l'agglomération de ces parcelles et un nouveau partage par pièces pourront être faits. La *vaine pâture* est encore un autre obstacle à renverser si l'on veut que l'agriculture prospère et qu'elle puisse supporter les charges qui pèsent sur elle, charges qui s'aggravent tous les jours. Le double fléau, que nous venons de signaler, est attaqué par tous les agronomes habiles et amis de leur pays. Nous avons dit quelque part : « Il est un obstacle que l'on ne peut détruire sans des lois bien désirées par tous les gens voulant le bien de leur pays, c'est la vaine pâture, ce fléau de nos campagnes; tant qu'il existera, l'agriculture sera nécessairement stationnaire, et la production restera beaucoup au dessous de ce qu'elle pourrait être. Il est d'autant plus extraordinaire de la voir maintenir, que personne n'en tire de profit, ce qu'il est bien facile d'établir. »

Si l'on supprimait la vaine pâture, l'emploi de la main d'œuvre augmenterait, et cette différence serait bien plus élevée que le produit d'une malheureuse vache étique et presque sans lait : d'ailleurs, la nourriture à l'étable de cette même vache serait plus avantageuse pour son propriétaire, qui ne consacrerait que deux ou trois semaines de son temps pour payer le loyer, de quelques ares de prairies artificielles et de racines fourragères. A la vaine pâture, vient se joindre dans une partie de la France la division excessive du sol; dans ces contrées, tel qui ne possède qu'un hectare de terre, l'a souvent en plus de six à huit places, quelquefois très éloignées les unes des autres. Là, un seul système d'assolement est possible : il doit être le même pour tout le territoire de la commune; car, comment arriverait-on aux parties enclavées, s'il fallait traverser d'autres cultures auxquelles on porterait dommage. La culture défectueuse n'est pas le seul vice de cette distribution du sol, mais cette infinité de points de contact donne lieu, comme on doit le penser, à beaucoup de procès et à un grand nombre de vols de terres ou *d'anticipations*, comme il est d'usage d'appeler dans l'Est ces sortes d'usurpations.

Il existe en Bourgogne et en Lorraine des exemples de réunions préliminaires de ces parcelles de terrain et d'une nouvelle division du sol de la commune, chacun recevant une portion unique, en rapport égal avec tous les morceaux épars qu'il possédait. Mais il faut le dire, cet heureux travail n'a pu avoir lieu que par l'entremise des grands propriétaires de ces communes, qui déclarèrent qu'ils consentaient, dans l'intérêt de la mesure, à prendre les terres les plus éloignées et les moins bonnes. Ces réunions ont eu lieu vers le milieu du dernier siècle. Nous citerons pour l'avoir vue et parcourue, la commune de Rouvres, près de Dijon ; il en est d'ailleurs parlé avec détail dans le *Voyage agronomique dans la Côte-d'Or*, de François de Neufchateau. Pour obtenir la mesure que nous indiquons, il ne faut que le vouloir bien et se réunir pour le demander.

Les pièces de terre seront entourées de *haies* et de *fossés*, et bien closes partout : on se mettra par cela à l'abri du parcours, au moins aussi long-temps qu'il ne sera pas entièrement prohibé. La question des *grands arbres* dans les clôtures se présente ici : nous ne pouvons la résoudre d'une manière absolue; en effet, les arbres sont tout-à-fait nécessaires dans les lieux battus des vents, très secs ou malsains : ailleurs il peut être utile de les supprimer; nous laisserons le cultivateur consulter à cet égard la constitution du pays et la composition des terres.

Les chemins d'exploitation devront être en bon état et suffisans pour conduire sur tous les points du domaine. Ils n'ont point besoin d'être très larges, mais bien empierrés et bordés de petit fossés nécessaires pour l'écoulement des eaux. Nous avons donné dans le *Livre du Forestier* le mode d'établissement et d'entretien des voies de communication. Le chemin d'arrivée à la ferme aura 18 pieds, les autres auront assez de 10 à 12 pieds.

Les bâtimens de la ferme devront être construits autant que possible au centre de la propriété, et peu loin de l'eau. Ils seront bâtis avec des matériaux solides, durables, mais peu coûteux. Les écuries, étables et bergeries seront suffisamment grandes et très aérées, établies suivant les règles que nous avons données dans le *Livre de l'Eleveur*. Une cour à meules ou gerbiers devra se trouver près des granges qui seront suffisantes si elles peuvent contenir la plus grande de ces meules. Dans toutes les fermes importantes, sera placée une machine à battre, qui rendra de grands services et augmentera la production. Pour tous ces détails, nous renverrons au *Livre du Cultivateur*. Près de la ferme se trouvera un jardin potager ainsi qu'un verger : non-seulement on ajoutera par là au produit, mais encore au bien-être de ceux qui exploiteront la ferme. Outre le rapport que l'on en tirera, les arbres du verger assainiront l'air et procureront en été un ombrage salutaire et agréable. (Voir le *Livre du Jardinier*.) Il arrive quelquefois que le lieu convenable pour la ferme, manque d'eau ; on doit alors recueillir toutes les eaux des bâtimens et les conduire dans des citernes bien murées, enduites de ciment hydraulique et voûtées. Leur grandeur doit être en rapport avec les besoins.

2º. *La constitution chimique* du terrain ou sa composition, demande un examen aussi approfondi que les circonstances physiques que nous venons d'étudier. Nous y joindrons l'épaisseur des couches et des sous-couches, qui pourrait sembler plus naturellement placée dans le premier paragraphe, mais qui tient par tant de points à ce que nous allons dire, que nous avons cru qu'il fallait l'y rattacher.

Les sols, comme nous l'avons vu dans le *Livre du Cultivateur*, sont, suivant leur composition, plus ou moins propres à la production. Nous ne reviendrons pas sur ce qui a été dit, et nous y renverrons le lecteur. Il y trouvera les différentes variétés de sol ; leur descriptions sous quelques points de vue qu'on les considère ; ce que c'est que le sous-sol. Il se pénétrera bien de ce que nous lui indiquons, puis après étudiera ce que c'est que le domaine qu'il veut acheter ou louer.

Lorsqu'il connaîtra bien la nature du sol de toutes les parties du domaine, il examinera dans quel état la culture les a laissées, et surtout si tout le parti possible en a été tiré. Nous conseillerons de prendre de préférence un domaine tout amélioré et composé de bonnes terres ; le contraire est rarement fructueux. L'acquéreur ou le fermier sondera le sol pour reconnaître la nature des couches inférieures, et savoir surtout si elles contiennent de la marne ou du falun. S'il existait des marais ou des friches, il verrait si l'on peut dessécher les premiers et défricher les autres ; il s'assurerait des frais que ces opérations entraîneraient et du résultat probable. Il chercherait aussi à savoir quel serait le produit qu'il en tirerait en ne les changeant point de nature.

Chacune des observations fera l'objet d'une note particulière, et l'on ne se décidera à terminer qu'après avoir étudié avec soin et consulté des hommes compétens. Tout ce que nous indiquons comme utile, est surtout nécessaire pour le fermier d'un grand domaine. Si son examen était superficiel, il s'exposerait à de grands désappointemens et à des chances ruineuses. Rien n'est donc à négliger ici, et loin de trouver nos indications trop minutieuses, on doit regretter que nous n'ayions pu les étendre davantage.

II. Des conditions extérieures du Domaine. Ces conditions ou circonstances influent singulièrement sur la prospérité de la culture, sur le mode de travail et sur les productions que l'on doit demander au sol. En

première ligne, nous placerons les voies de communication, nous parlerons ensuite du voisinage ou de l'é-
loignement des grands centres de population, de l'é-
coulement des produits, des diverses industries manu-
facturières, consommant comme matières premières
des produits agricoles, du prix de main d'œuvre, de la
population, de son activité, de sa moralité, de la manière de vivre et de l'abondance ou de la rareté des
capitaux dans la localité.

Personne ne niera l'importance des *voies de communication* pour l'agriculteur. Toutes les matières qu'il
produit présentent un grand poids ou un grand volume
pour une valeur souvent peu élevée. Les grains, les
vins, et beaucoup d'autres denrées ne peuvent aller
fort loin sur les routes les meilleures parce que, le prix
de transport est trop élevé : il leur faut des canaux ou
des rivières navigables, et cependant ces artères du
commerce et de la production sont très rares ; les routes elles-mêmes et les chemins vicinaux deviennent
pendant la saison des transports de vrais cloaques, où
l'on peut perdre non seulement les chargemens, mais
encore les animaux employés à la traction. La question des voies de communication est donc une des plus
importantes pour l'agriculture. On s'occupe beaucoup
des pays de fabrique, on leur ouvre des débouchés
nombreux, et nous sommes loin de nous en plaindre ;
mais pourquoi alors ne rien faire pour l'agriculture, la
grande productrice et la seule qui ait des racines ailleurs que dans des combinaisons toujours variables et
mobiles. Une route est pour une contrée agricole un
tel bienfait qu'en moins de quelques années la face du
pays est changée, que sa production a triplée et son
bien-être avec elle. Il faut donc examiner avec beaucoup de soin à quel distance se trouve la route, la rivière navigable ou le canal le plus voisin. Nous com-
prenons sous le nom de *route* les chemins de grande
vicinalité et tous ceux qui vont de commune à commune. On ne considérera pas l'éloignement de ceux-ci
puisqu'il sont forcément très voisins de l'habitation,
mais on s'assurera de leur état d'entretien. Dans la plu-

part des lieux, ces petites voies si nécessaires, sont tellement délâbrées, qu'elles ne peuvent servir; dans ce cas, on passe dans le champ voisin, et le chemin change, comme le sillon que le vaisseau trace sur l'océan, mais avec cette différence que la trace y reste assez long-temps pour perdre une propriété. Il est deux écueils pour messieurs les maires dans la réparation des chemins : s'ils ne s'en occupent pas, on ne peut y passer que l'été, et quand ils y font travailler, on ne peut plus y passer du tout; ils deviennent impraticables en été comme en hiver. Cela tient à ce qu'ils emploient la pierre aussi grosse qu'elle est extraite de la carrière et que les tas faits par le renversement du tombereau ne sont pas même étendus. Espérons qu'une administration municipale, établie sur d'autres bases et plus éclairée, viendra remplacer celle qui fait si peu de bien. Sous ce rapport, l'Allemagne est admirablement traitée.

Les grands *centres de population*, et par conséquent *de consommation*, ont une immense influence sur les communes qui les avoisinent. L'agriculture a pour ce cas des productions spéciales. La basse-cour obtient alors des soins tout particuliers et un grand développement; les œufs et la volaille acquièrent une plus grande valeur; il en est de même du lait frais, du beurre, des fromages à la crème, des légumes et des fruits. Aussi le voisinage d'une ville se fait-il sentir sur tout ce qui l'entoure à une distance plus ou moins éloignée suivant le nombre plus ou moins grand d'hommes réunis. Parmi tous les avantages que l'on y rencontre, nous devons placer la facilité que l'on trouve à se procurer à fort bon marché des engrais de tous genres. Les voies de communication rapprochent cette distance, surtout les rivières ou canaux, parce que l'on peut sur ceux-ci transporter sans secousse : il est vrai que sur l'eau le voyage est ordinairement plus lent; mais au milieu du mouvement qui s'opère, on ne peut douter que les bateaux à vapeur se multipliant, soient bientôt employés à ces transports. Les chemins de fer, lorsqu'ils existeront, rapprocheront encore davantage les distances. Dans quelques localités, l'éloignement des consommateurs et le manque de routes ou de rivières, ne permettent que l'élève du bétail et la production des substances nécessaires à la nourriture et à l'habillement du pays.

Les deux causes que nous venons d'indiquer influent singulièrement sur *l'écoulement des denrées* ou produits. En les traitant, nous avons donc dit tout ce qui était nécessaire sur la vente et le moyen de se débarrasser de ces mêmes produits.

Les *manufactures* ou usines qui demandent à l'agriculture *ses matières premières* sont aussi d'une grande importance. Elles déterminent dans leur voisinage telle ou telle culture. Ici des moulins font produire des blés et des grains de tout genre; là des sucreries engagent à cultiver les betteraves dont elles ont besoin : ailleurs ce sont des féculeries, des huileries, etc. Ces manufactures sont celles que l'on devrait avant tout encourager , car elles ne craignent rien des chances extérieures de paix ou de guerre; elles ont peu de crises à craindre, et situées au milieu de la campagne, elles ne peuvent jamais jeter de désordre dans le pays.

La localité doit aussi appeler l'examen attentif de l'acquéreur ou du fermier, il doit s'informer avec soin des circonstances au milieu desquelles il se trouvera placé. Ici beaucoup de questions se trouvent à faire et nous allons les développer aussi complètement que nous le pourrons.

La population voisine de l'établissement lui fournit des travailleurs et des consommateurs. Pour être bons travailleurs, les habitans doivent être nombreux, robustes, actifs, intelligens et probes. S'il ne réunissent pas ces diverses conditions, ils ne rendent que des services incomplets et toujours trop chèrement payés : il est surtout une malheureuse passion, souvent bien contagieuse, celle du vol, elle n'épargne ni la bonté, ni la bienfaisance; elle semble pour certains hommes une nécessité aussi grande que l'air et la nourriture. Des villages, des contrées entières voient se développer cette épidémie que rien ne peut réprimer. Les lois sont impuissantes, parce que le vol est toujours caché et que nul n'est témoin pour accuser d'un crime qu'il est lui-même prêt à commettre ; ce que ne peuvent les lois, dira-t-on, la morale doit le faire, la morale, mais qu'est-ce que la morale, sans une sanction que l'on n'admet pas. Il faudra donc éviter ces lieux où sans cesse la rapine vient enlever le fruit de votre travail et dans lesquels la surveillance la mieux exercée ne peut empêcher que l'on ne vous dépouille.

Les consommateurs sont après les travailleurs ce qu'il y a de plus nécessaire au cultivateur ; nous ne voulons point ici parler des gens qui consomment au loin, mais de ceux qui tout près de l'exploitation absorbent ses produits. Le propriétaire et le fermier doivent les faire entrer dans l'appréciation qu'ils font des circonstances extérieures. Ils devront chercher à produire ce qui leur est nécessaire, parce que ces matières se vendent toujours bien et sûrement. La manière de vivre, les mœurs et les usages de ces voisins doivent être l'objet d'un examen attentif.

Le prix de la main d'œuvre est une chose fort importante, car si elle était trop élevée pour être employée à la culture du sol, on devrait renoncer à faire porter des récoltes à celui-ci. Le prix des travaux manuels sera donc en rapport avec le prix de vente des objets produits. Ce que nous disons de la main d'œuvre doit s'appliquer à tous les travaux que l'on peut demander au dehors ; la valeur des chevaux, du bétail, des bêtes ovines, et de tous les autres animaux domestiques doit être apprécié avec exactitude. Les races locales seront aussi examinées ; on se rendra compte de la plus value qu'elles pourraient acquérir par des soins judicieux Le voisinage des forêts, dans lesquelles on doit chercher le bois de chauffage et celui d'œuvre ; celui des fours à chaux, du plâtre, des pierres à construire, des tuiles ou laves, de la houille et de la tourbe doivent entrer dans les questions à faire et à étudier.

Il est utile aussi de s'informer de l'abondance et de la rareté des capitaux dans le pays. On saura à quel intérêt le pauvre cultivateur obtient la faible somme dont il a besoin. Car pour lui mille entraves; il semble que l'on ait volontairement placé entre lui et les capitaux une barrière insurmontable, afin de rejeter l'argent disponible sur l'agio et les spéculations; j'ai dit volontairement, parce que s'il n'y avait pas mauvais vouloir, on aurait depuis long-temps changé la loi sur l'hypothèque et créées des banques agricoles semblables à celles qui font prospérer la culture en Allemagne.

III. Évaluation. Lorsque l'examen dont nous n'avons indiqué que les bases principales sera terminé et qu'on aura pris des notes exactes et détaillées, on passera à l'évaluation. Ici plusieurs moyens existent. Nous allons les indiquer, non pour que l'on en choisisse un, mais pour qu'on les choisisse tous : ce que nous disons peut paraître singulier, et cependant rien n'est plus rationnel ; chaque mode en effet doit servir de contrôle aux autres, et ce n'est que par leur comparaison que l'on arrivera à la vérité; ce que nous avançons, pour les divers modes d'évaluation doit être répété pour les renseignemens : ils doivent être nombreux et comparés entre eux. On doit surtout s'attacher à ceux que l'on recevra de personnes intelligentes et probes.

Le premier mode d'évaluation est celui qui résulte de l'examen des baux : le dernier de ceux-ci s'il n'est fait que depuis peu de temps, ne peut guère être un renseignement certain; on doit au moins compulser tous ceux faits ou suivis depuis 20 ans ; il est bon aussi de consulter d'autres baux de la commune pour établir une comparaison, on sait au moins par là qu'elle est l'augmentation ou la diminution de valeur que les biens ruraux ont reçus dans la commune. Si le fermage est en nature, on devra prendre une moyenne de 20 ans.

L'impôt est le second objet à examiner comme base ; il est surtout important pour celui qui achète : mais ici il paraît difficile d'obtenir une connaissance parfaite du rapport qui existe dans la commune entre le revenu net et l'impôt. On ne reçoit souvent à cet égard que des données fort incomplètes.

Une autre évaluation qui semble présenter le meilleur moyen d'estimer est celui de l'estimation parcellaire. On croit qu'en visitant chaque pièce, la mesurant, la classant et lui donnant une valeur que l'on regarde comme vraie, on arrivera à quelque chose de certain, cependant il y a presque toujours de graves erreurs : l'estimateur se laisse entraîner à la vue d'une bonne pièce de terre et lui donne le plus ordinairement une valeur exagérée ; cet entraînement est forcé. Il est ici un autre écueil, c'est de rencontrer un estimateur de mauvaise foi. Une de mes parentes voulait me vendre une de ses propriétés ; elle choisit un estimateur, le fait accompagner par un de ses gens ; l'évaluation se fait, et l'homme qui en était chargé vient me trouver et me propose de changer les notes qu'il avait prises et de diminuer la valeur du bien.

La quatrième méthode d'évaluation consiste à juger la récolte sur pied, tenant compte de l'état de culture des terres et de leur fumage. Il sera facile de trouver ici des objets de comparaison en jetant les yeux sur les pièces voisines de semblable qualité : on remarquera celles qui sont chargées de récoltes plus belles et celles où les produits sembleront inférieurs. Il sera nécessaire ici d'être éclairé par les avis de gens intelligens choisis dans la commune même. Il faudra bien se rendre compte, pour les objets que l'on comparera, du rapport exact de qualités qui peut exister entre eux. C'est dans ce dernier examen que l'on achèvera de se convaincre des améliorations possibles : on saura après l'avoir fait si les prés qui n'étaient pas irrigués pourront l'être facilement et sans grands frais ; on verra aussi si un labour profond, des changemens dans le mode de culture, dans l'assolement, dans les végétaux cultivés, ne pourront pas donner à la ferme une plus grande valeur.

CHAPITRE II.

DE L'ACQUISITION ET DE LA LOCATION.

Il existe deux moyens pour être mis en jouissance des biens ruraux : l'un ne donne que des droits temporaires et limités ; l'autre, au contraire, vous rend maître absolu et définitif de la propriété, avec cette seule condition, de vous soumettre à la jurisprudence qui régit la matière. Le dernier de ces modes est celui qui constitue le propriétaire, soit qu'il acquière ses droits par une *vente*, par la *succession* ou par une *donation*. Le premier, est la *location* qui donne pour un temps tous les droits du propriétaire du sol, si toutefois on se conforme aux charges inscrites dans les actes qui constituent le fermier. Nous examinerons d'abord l'acquisition et passerons ensuite à la location.

I. DE L'ACQUISITION. Nous ne nous occuperons point ici des divers modes d'acquisition qui se font sans vente, tels que ceux par prescription, par alluvion, etc. Nous donnerons seulement les lois qui régissent ces diverses matières et nous les reporterons à la partie de législation, soit de ce volume, soit des autres ouvrages de la série agricole. Nous ne dirons rien non plus des donations soit entre vifs, soit testamentaires, parce qu'il ne peut y avoir de précautions à prendre ; il faut accepter ou refuser : c'est à ce dernier moyen qu'il faut recourir lorsque les charges du testament l'emportent sur la valeur des choses données ; on peut encore prendre un moyen terme, ce que l'on appelle accepter sous *bénéfice d'inventaire*.

Nous avons dit quel était l'examen à faire avant

d'acheter une propriété, et nous avons donné tous les moyens d'arriver à une évaluation aussi exacte que possible. Il ne s'agit donc plus ici que de passer l'acte, après avoir toutefois étudié l'origine et les antécédens de la propriété, sa nature et les charges dont elle peut être chargée.

Lorsque la propriété sera d'une assez grande importance, on recourra pour l'examen des titres à un notaire ou à un jurisconsulte honnête homme; si au contraire, le bien est d'une valeur minime, on pourra se réserver ce travail. On se fera donc remettre les titres et toutes les pièces nécessaires, et on apportera dans leur étude une sérieuse et sévère attention.

On y recherchera l'origine de la propriété, le nom et les qualités de ses divers possesseurs, depuis au moins 30 ans. Chacun de ceux qui auront précédés le vendeur, devront réunir les conditions nécessaires à celui-ci, conditions que nous allons énoncer.

Le vendeur possédera à titre incommutable, c'est-à-dire, que seul il aura toute espèce de droits sur la propriété. Elle ne sera soumise à aucun rachat, à aucun réméré, nul usufruit ne la frappera, le propriétaire le sera véritablement et non comme bailleur emphytéotique, ce qui ne lui donne que les droits d'un fermier, droits à la vérité fort durables, puisqu'ils ne cessent ordinairement qu'au bout de 99 ans. Le domaine peut aussi être *engagé*, ce qui signifie donné par le chef de l'état, avec charge de révocation imminente et permanente, et le titulaire n'en jouit point d'une manière définitive. Les biens *dotaux* sont aussi d'une espèce particulière et ne peuvent être aliénés pendant le mariage, qu'avec certaines formalités et sous des conditions indiquées par la loi. Il est enfin un dernier genre de bien qui n'est point incommutable : cette forme de possession est commune en Bretagne, et porte le nom de domaine *congéable*.

Toutes les conditions que nous venons d'énumérer doivent être l'objet d'un examen approfondi, non seulement par rapport au vendeur, mais aussi par rapport à ses prédécesseurs, pendant au moins 30 ans.

Si le propriétaire possède, comme héritier direct de son père ou de sa mère, on devra s'enquérir de la liquidation de la communauté qui a du intervenir entre les héritiers du mort et le survivant; si plusieurs enfans ont hérité, on se fera représenter l'acte de partage, et l'on s'assurera que le vendeur est bien le véritable propriétaire du domaine à vendre, sans rapport ou autre charge particulière.

Dans le cas où l'un des prédécesseurs aurait acquis par *donation entre vif*, on rechercherait si le donateur pouvait donner, si le donataire pouvait recevoir, et si ce dernier a accepté la donation, en remplissant les formalités voulues. Les acquêts par donation entre vif sont si souvent sujets à rapport, qu'il est souvent difficile de les acheter en toute sûreté. L'accession à la chose à vendre, par legs testamentaire, présente presque autant de difficultés que la donation, et demande le même soin dans l'examen.

Enfin il faut considérer si tous les acquéreurs successifs ont acquittés les charges qu'ils avaient consenties par leur titre d'acquisition; s'il n'existe aucune clause suspensive ou résolutoire; si la propriété est sans ou avec servitude et usufruit, et si elle est grevée de rentes foncières, rachetables ou non rachetables.

Il peut être utile de se faire remettre le plan du domaine et un état de son bornage, si toutefois ces deux pièces existent; leur confection dans certains cas serait beaucoup trop chère si on l'exigeait impérieusement. Dans les appréciations ou dénombremens des pièces de terrain, la loi admet qu'il ne peut y avoir réclamation si la différence des contenances est au dessous d'un 20ᵉ.

Les actes se font *sous-seing privé* ou *pardevant notaires*. Nous ne dirons rien de ces deux espèces d'actes que chacun connaît et peut apprécier, et nous nous contenterons de donner ici un ou deux modèles d'actes de vente sous-seing privé. L'avantage de ce genre d'acte est de coûter peu et d'être d'un emploi facile, surtout à la campagne, où l'on est souvent fort éloigné des notaires. Il est cependant fort utile de recourir à ceux-ci pour tous les achats d'une grande importance. (Voir à la partie de législation l'art. ACTE.)

Lorsque l'acte est passé, il faut le faire transcrire au bureau des hypothèques dont on dépend, et obtenir la purgation. Il faut pour cette dernière opération, ainsi que pour la purge légale, s'adresser à un avoué. Ce n'est qu'après l'accomplissement de ses diverses formalités, que l'acquéreur pourra en toute sûreté solder le prix de l'immeuble ou en servir la rente foncière ou viagère.

MODÈLE DE VENTE D'UNE FERME.

Entre les soussignés,

M. Joseph R...., demeurant à   et M. S...., demeurant à   a été faite la convention suivante :

M. R...., vend à M. S...., qui accepte et déclare bien connaître les objets vendus.

Un corps de ferme composé de bâtimens d'exploitation, logement de fermier, granges, écuries et autres dépendances, de   hectares   ares   centiares, tant en terres labourables, qu'en prés et bois ; savoir : en terres labourables, une première pièce de   hectares   ares   centiares, qui tient du levant à   du couchant à   du nord à   du midi à

La 2°, (désigner successivement ainsi les pièces de terre, prés et bois.)

M. R...., était propriétaire de ladite ferme, au moyen de l'acquisition qu'il en a faite, de M. T...., par contrat passé devant M^e   qui en a la minute, et son collègue, notaires à   le   moyennant le prix de   qui a été payé, suivant quittance, passée devant les mêmes notaires, et qui constate que les formalités de transcription et de purge ont été remplies, et que le paiement a été régulier.

Elle appartenait à M. T...., (indiquer comment cette

acquision avait eu lieu ; et remonter ainsi pour établir régulièrement la propriété jusqu'au delà de 30 ans.)

Pour jouir et disposer par le sieur S...., de ladite ferme et dépendances en pleine propriété, à compter de ce jour, et néanmoins n'entrer en jouissance réelle, par la perception des loyers, qu'à partir de (c'est ordinairement le premier terme qui suit la vente.)

Cette vente est faite aux charges et conditions suivantes, que M. S.... promet d'exécuter et accomplir, savoir :

1° De prendre ladite ferme dans l'état ou elle se trouve, avec les servitudes actives et passives qui peuvent en dépendre et la grever.

2° De payer à partir du   (c'est ordinairement de l'époque d'entrée en jouissance par la perception des loyers), les impositions foncières et autres de toute nature qui pourraient grever la propriété présentement vendue.

3° De payer les droits d'enregistrement et autres auxquels le présent contrat pourrait donner ouverture.

4° D'entretenir tous les baux, verbaux ou écrits, et particulièrement, etc.,   (désigner ces baux.)

La présente vente est faite moyennant le prix de   que M. S...., promet de payer à M. R...., savoir :   fr., immédiatement après l'accomplissement des formalités de transcription et purge dont il va être parlé;   fr., le   prochain, etc., avec les intérêts sur le pied de 5 p. 0/0 par an, payables de six mois en six mois , à partir de ce jour, lesquels intérêts diminueront au fur et à mesure de chaque paiement partiel.

Les acquéreurs feront transcrire le présent contrat au bureau des hypothèques de   (la situation de l'immeuble,) dans le délai de   faute de quoi les vendeurs pourront le faire transcrire aux frais desdits acquéreurs. Ils rempliront toutes les formalités que la loi indique pour purger les hypothèques légales qui pourraient grever ledit immeuble. Ces formalités devront être remplies avant l'expiration du délai de 4 mois, à partir de ce jour, faute par lesdits acquéreurs d'avoir rempli lesdites formalités dans ledit délai, ils ne pourront s'en prévaloir pour retarder le paiement de la partie exigible dudit prix.

S'il existait des inscriptions, ou si pendant l'accomplissement desdites formalités, il en survenait, le sieur S...., s'oblige d'en rapporter mainlevée et certificat de radiation dans la quinzaine du jour de la signification qui lui en serait faite à son domicile.

Le sieur S...., acquéreur, ne sera tenu que des simples frais de transcription, sans inscription ; tous les frais extraordinaires seront à la charge du vendeur.

M. R...., a présentement remis à M. S...., qui le reconnaît, les pièces dont le détail suit : 1 . . . . 2. . . . . .

Ou ; M. R...., s'oblige de remettre au sieur S...., lors du premier paiement du prix, les pièces ci-après : 1. . . . . 2. . . . .

S'il convenait à M. S...., acquéreur, de déposer le présent contrat chez un notaire, M. R...., promet de se présenter à toute réquisition, pour intervenir à l'acte de dépôt qui en serait dressé par le notaire, et de reconnaître sa signature, pour donner à cet acte un caractère d'acte authentique.

Fait double à　　　　　　　le　　　　　　mil
(Signature des parties.)

MODÈLE DE VENTE D'UNE PIÈCE DE TERRE.

Entre les soussignés, (préambule de la formule précédente.)

A été faite la convention suivante :

M. R...., vend à M. S...., qui accepte.

Une pièce de terre située à　　　　　terroir de tenant du levant à　　　　　etc.; laquelle pièce, M. S...., a dit bien connaître.

Pour en jouir et disposer en toute propriété, et en percevoir les revenus à partir de

Cette pièce de terre appartient à M. R...., (établir la propriété comme dans la formule préccédente.)

Cette vente est faite moyennant le prix de que M. S...., s'oblige de payer le   ; pendant ce temps il remplira, s'il le juge convenable, les formalités de la transcription et de la purge.

Les titres de propriété, énoncés plus haut, (dans l'établissement de la propriété,) seront remis par M. R..., au sieur S...., lors du paiement du prix.

Fait double à   le   mil
(Signatures des parties.)

Lorsque c'est un mari et une femme qui vendent solidairement un immeuble qui leur appartient, comme faisant partie de la communauté, ou pour que la femme renonce par ce moyen à son hypothèque légale, le préambule du contrat se rédige ainsi :

M. Joseph-Adrien R...,, propriétaire, et la dame Julie V...., qu'il autorise à l'effet du présent contrat, demeurant ensemble à

Et M. François S...., etc.

M. et madame R...., vendent solidairement à M. S...., etc.; (et dans le courant de l'acte, le mari et la femme stipulent toujours conjointement.)

II. DE LA LOCATION. Toutes les locations se font au moyen de baux ; nous disons toutes, car nous ne pouvons considérer le *métayage* que comme un bail à ferme, à partage de fruits. Seulement dans le métayage les instrumens de culture, les animaux de rente ou de travail, le capital fixe et celui de roulement, sont fournis par le propriétaire. On a dit ce mode de fermage mauvais, et cependant il est seul possible dans un grand nombre de contrées. On a attribué au métayage des inconvéniens qui pourraient résulter de toute espèce de système d'amodiation. Nous croyons que le métayage est bon dans tous les pays où les capitaux sont rares et les produits médiocres. On en voit aussi des exemples dans les sols fertiles, mais de petites cultures. Sans le conseiller complètement et partout, nous l'approuverons pour les lieux que nous venons de désigner.

Les baux sont de plusieurs sortes, nous allons nous occuper des plus importans.

1° *Du bail à ferme.* La question la plus intéressante à résoudre après le prix ou canon de la ferme, est sans contredit *la longueur du bail.* Nous allons l'examiner la première. Dans quelques provinces de France, et surtout dans certaines parties de l'Ouest, il n'intervient aucun acte entre le propriétaire et le fermier, honnêtes gens tous deux, la parole suffit, et pendant de longues périodes d'années, le fils du fermier succède à son père, comme le fils du propriétaire au sien. Le fermage ou canon, reste le même ou ne subit de variation que de l'aveu des deux parties, et cela seulement quand les produits du sol ont eux-mêmes variés dans une grande proportion. Le propriétaire qui habite au milieu de ses terres, a des besoins restreints et se sent plus heureux du bien-être qu'il répand autour de lui, que de venir étaler son luxe et son inutilité au milieu des villes. Là tout le monde est aussi heureux qu'il peut l'être; les vices sont rares et la misère n'existe pas, car le besoin n'a pas le temps de naître, prévenu qu'il est par la charité. Si partout les mêmes vertus régnaient, ils ne serait nullement besoin de recourir à un contrat pour régler d'avance les droits et les devoirs de chacun; l'usage et la bonne foi suffiraient. Mais malheureusement il n'en est pas ainsi, et dans les contrées dont nous venons de parler, ce qui avoisine les villes se gâte, et se pervertit. Le reste de la France est encore beaucoup plus avancé; il faut donc en venir à des baux, et ici se présente cette question : combien dureront - ils? La réponse est facile : le plus long - temps possible; en effet que faire pendant une occupation restreinte? épuiser le sol en le faisant produire outre mesure et ne tenter aucune amélioration , parce qu'elle coûterait fort chère, sans profiter pour ainsi dire à celui qui l'aurait faite.

La courte durée des baux s'oppose donc à ce que les procédés s'améliorent et que l'on parvienne à tirer du sol tout ce qu'il peut produire. Moins ils sont longs et plus ils sont mauvais; c'est en dire assez de ces conventions de 3, 6 ou 9 années. Par elles, le fermier à la merci du propriétaire, ne peut rien entreprendre de bon et de profitable. Les produits sont peu abondans, de mauvaise qualité, et cependant les terres s'épuisent sans que l'on puisse espérer de les rendre meilleures, au moins de long-temps. On parle d'encouragemens à l'agriculture sans vouloir ou sans pouvoir les donner, et cela pourquoi : parce que l'on cherche fort loin des moyens qui sont cependant fort simples et que nous allons énumérer ici en peu de mots : changer la jurisprudence hypothécaire et rendre aussi facile le prêt sur hypothèque, qu'il est difficile aujourd'hui ; établir ou favoriser l'établissement des banques agricoles, des fermes modèles, des comices agricoles ; introduire des notions agricoles dans l'enseignement primaire des campagnes, et enfin encourager les longs baux, en faisant des changemens à la législation qui régit les biens placés sous la tutelle de la loi.

Les baux ne devraient pas avoir moins de 15 ans de durée et pourraient avoir beaucoup plus. Ils doivent renfermer plusieurs rotations de culture et être établis de manière à finir avec la dernière période de celles - ci. Si l'assolement triennal était adopté ou continué, malgré tout ce qu'il a de vicieux, on donnerait au bail 15 ou 18 ans de durée : pour l'assolement de 4 ans, 16 ou 20 années; pour celui de 5 ans, 15 ou 20 années ; pour celui de 6 ans, 18 ou 24 années; pour celui de 7 ans, 21 ou 28 années; et pour celui de 8 ans, 24 ou 32 années. Il est facile de fixer, pour les autres assolemens, la durée nécessaire du bail. Nous croyons avoir tout dit sur la nécessité des longs baux, sans lesquels le fermier ne cultivera jamais comme il le doit.

, Nous allons parler maintenant d'un remède aux baux trop courts: Ce moyen d'améliorer de mauvaises conditions, est une clause que l'on nomme en Angleterre : *Clause de lord Kames.* Elle a été placée dans le bail de Roville, comme on le verra plus loin

Voici en quoi elle consiste : on fixe dans le bail une clause par laquelle, à l'expiration de celui-ci, le fermier pourra recommencer pendant un temps aussi long que celui qui était indiqué comme devant être la durée de la convention, à la charge par lui de payer au propriétaire une augmentation de bail fixée dans la clause. Le propriétaire peut refuser, mais en donnant au fermier une somme 6, 8 ou 10 fois plus forte que l'augmentation proposée. Ainsi si le fermage est de 3,000 francs, on pourra mettre dans la clause que le bail sera continué pendant autant de temps qu'il s'en est écoulé depuis la prise de possession du fermier, mais qu'alors celui-ci paiera une augmentation de 500 francs; le propriétaire conserve le droit de refuser cette continuation en soldant au fermier 6, 8 ou 10 fois l'augmentation proposée, c'est-à-dire, 3, 4 ou 6,000 f.

Cette clause est une admirable invention, qui doit se répandre partout, mais surtout dans les pays à baux de 9 années. En adoptant ce moyen, on réservera au propriétaire la facilité de résilier le bail au bout d'une période, et au fermier la possibilité d'entreprendre de notables améliorations, sans qu'elles profitent seulement à des étrangers. Nous en avons dit assez pour prouver que les longs baux sont d'une nécessité absolue, partout où l'on désirera faire faire à l'agriculture de grands progrès. Toutes les objections proposées jusqu'à ce jour contre ce système, ne sont que l'expression de préjugés insoutenables, et mieux encore, toutes les plaintes portées par les propriétaires contre les fermiers, viennent à l'appui de ce que nous avançons; en effet que disent-ils: que le fermier ne fume pas suffisamment les terres, qu'il ne laboure pas assez profondément; que les terres sont surchargées de récoltes et que le sol reste sale ou avec des labours insuffisans. A cela la réponse est facile; pourquoi voulez-vous que le fermier fasse des améliorations, qui sans utilité pour lui, serviraient seulement à son successeur. En agriculture il est peu d'améliorations qui portent de suite leur fruit; voulez-vous par exemple défoncer profondément le sol; il faut le faire petit à petit, demi-pouce par demi-pouce, ou si l'on descend immédiatement à la profondeur voulue, il faut pendant plusieurs années voir diminuer les récoltes, qui bientôt à la vérité s'augmenteront et vous dédommageront; mais ici il faut du temps. Veut-on un second exemple de la nécessité des baux longs. Pour base de toute amélioration dans la culture, il faut du fumier; pour obtenir ce fumier, il faut du bétail et des pailles; pour nourrir les animaux domestiques, des prairies artificielles, et pour avoir celles-ci, il faut les semer. Or, si nous avons un bail de 9 ans, nous semons les prairies artificielles en entrant dans la ferme, elles donnent la seconde année, sont consommées par le bétail, et le fumier ne peut souvent être employé avant la troisième. Nous nous sommes beaucoup étendus sur l'avantage que propriétaires et fermiers trouveront à faire de long baux, et cela parce que comme nous l'avons dit au commencement de l'article, avec un long-temps devant lui, le preneur soignera les terres en bon père de famille, les améliorera et en tirera tout le profit possible.

Le paiement ou plutôt le mode de paiement est après la durée des baux, ce qui doit le plus attirer l'attention du bailleur et des preneurs. Nous ne dirons rien du taux de ce canon ou fermage, parce qu'il varie dans des proportions essentiellement différentes. Presque partout l'intérêt de l'argent placé en fonds de terre ne s'élève pas à plus de 3 p. 0⁄0, et dans quelques contrées on n'obtient que 2 ou 2 1⁄2. Le prix local ne peut jamais être changé et sert nécessairement de base aux transactions. Nous nous contenterons donc de conseiller au bailleur de ne point trop élever le prix de ses terres, parce qu'alors il ne trouvera que de mauvais fermiers, faisant fort mal leurs affaires, ruinant les terres, et qu'à la fin de ce bail, il se trouvera dans la nécessité de perdre beaucoup. D'ailleurs il ne sera pas soldé complètement, et n'aura trouvé que perte dans ses prétentions exagérées.

Nous allons dire quelque chose du mode de paiement : nous en connaissons trois qui sont les plus fréquemment en usage : *le bail à prix d'argent*, celui soldé en *produits du sol* et enfin celui *à partage de fruits*. Le premier est le meilleur : il devrait être le plus ordinaire, et malheureusement le contraire existe. Des craintes et des défiances ont motivé l'abandon de ce genre de solde, que l'on ne trouve guère que dans le paiement des fermes d'un grand revenu. Voici quels sont ces avantages : un revenu fixe et connu à l'avance, sur lequel on peut baser ses dépenses : beaucoup d'ennuis de moins pour le propriétaire, obligé de se livrer pendant trois ou quatre mois au commerce des grains se tenant à l'affût de la hausse ou de la baisse, dépensant pour le remuage de ses blés et perdant souvent par le séjour prolongé qu'ils font sur ses greniers : d'un autre côté, ses denrées sont presque toujours de mauvaise qualité, et il n'ose les refuser lors de la livraison, parce qu'il faudrait pour cela intenter contre le fermier une action judiciaire qui le ruinerait, et qu'alors on ne trouverait plus de nouveaux amodiateurs; enfin la dernière raison plus importante que toutes les autres en est une de justice; en effet, que résulte-t-il d'un canon en produits du sol ou plutôt en grains; c'est que dans les années où la récolte est mauvaise, le fermier paie une somme beaucoup plus considérable qu'il ne l'eût fait si tout était venu en abondance : il livre au bailleur non seulement la part calculée que celui-ci doit retirer de la culture de sa propriété, mais encore le profit que lui fermier devrait avoir pour ses soins et ses peines, et presque toujours une portion notable de ce qui devait le couvrir de ses frais et de ses dépenses. Le mode de paiement en nature est donc préjudiciable aux intérêts du maître et du fermier : il doit être repoussé des baux et remplacé par le fermage en argent.

Le canon doit être non seulement stipulé en argent, mais encore se composer d'une somme fixe, la même pour toute la durée du bail. Nous disons une somme fixe, parce que dans quelques pays on paie bien en argent, mais en basant ce solde sur une quantité donnée de produits du sol, cotés au prix du marché. Ainsi établi, le paiement ne perd qu'un des désavantages signalés plus haut, celui de l'ennui que donne au bailleur la vente des produits, mais il ne change rien à la position désastreuse du fermier, dans les années de disette. En effet, celui-ci ne peut vivre dans ces temps malheureux, qu'en tirant de ses récoltes un prix plus élevé, et c'est cette faculté que vient lui enlever le paiement en nature ou au taux des mercuriales.

Nous ne dirons maintenant que fort peu de chose du *fermage en grains* dont nous avons établi le désavantage; nous ne l'approuvons que pour de faibles portions, et cela lorsqu'on habite la commune sur laquelle se trouve le bien ou au moins les environs. Dans ce cas il peut être utile de se faire livrer les provisions nécessaires au ménage, et l'on y trouve cet avantage de les avoir régulièrement, et pour le même prix, quelque valeur qu'elles acquièrent sur le marché. Il est seulement nécessaire de se tenir en garde contre la mauvaise qualité des objets que l'on doit vous livrer.

Le bail à partage de fruits est sans contredit le plus mauvais. Il nécessite un assez grand nombre de démarches de la part du bailleur et surtout une grande probité dans le fermier. Nous ne voyons pas comment le premier peut se mettre à l'abri du vol et de la mauvaise foi. Nous connaissons en France nombre de contrées où ce système serait impraticable, et seulement un tout petit pays où les mœurs locales, mœurs pures et vertueuses, permettent ce mode de location.

Le métayage se rapproche beaucoup du bail à partage de fruits et en a tous les inconvéniens; on ne peut donc l'admettre que dans un très petit nombre de cas déjà cités. Il consiste, comme chacun sait dans ceci, que le fermier vient avec sa famille prendre possession d'une métairie, meublée par le propriétaire, garnie par lui des instrumens aratoires et peuplée de même des animaux domestiques nécessaires à la culture. Il vaudrait mieux, ce nous semble, avancer au fermier l'argent de ces divers objets, que d'adopter le métayage. Nous parlons ici de ce dernier quoique son établissement demande un contrat réunissant le bail à ferme à celui à cheptel.

La jouissance d'une ferme se continue quelquefois après l'expiration du bail sans qu'il soit passé de nouvel acte, mais par un arrangement verbal entre le fermier et le propriétaire : il n'est alors fait nul changement aux anciennes clauses. En jurisprudence, on nomme cette continuation *tacite réconduction*. Lorsque le fermier reste en possession après l'expiration de son bail, il ne peut être renvoyé avant d'avoir recueilli tous les fruits de l'héritage par lui cultivé. C'est-à-dire que s'il s'agit d'un pré, d'une vigne qui donnent tous leurs produits dans une année, la réconduction pourra cesser à la fin de cette année : s'il s'agit au contraire de terres arables, la réconduction durera autant que l'assolement ou cours de rotations. Ce mode est mauvais en ce qu'il ne permet aucune amélioration au fermier qui peut être renvoyé avant d'en avoir recueilli tout le profit.

L'époque d'entrée en jouissance ne peut être fixée d'une manière invariable, parce qu'elle est nécessairement différente suivant l'assolement adopté. Dans les contrées où l'on suit l'assolement triennal, l'entrée du nouveau fermier est après les semailles du printemps; dans celles où l'assolement biennal est en usage, l'entrée en jouissance est dans le mois de novembre. Ici l'ancien fermier quitte aussitôt après les récoltes terminées, là, lors de Saint-Michel (29 septembre) ou à la Chandeleur (2 février), ou enfin à la Pentecôte. Toutes ces époques sont bonnes pourvu que l'on se soit basé pour les établir sur les nécessités des lieux ou des cultures adoptées.

Lors de l'entrée en jouissance, il est certaines mesures à prendre que nous allons énoncer et expliquer. Le bail ancien a dû réserver au fermier qui viendra remplacer le preneur, le droit de semer au printemps sur les céréales les prairies artificielles nécessaires à son exploitation : il lui aura aussi réservé une quantité fixée de paille et d'engrais. Dans le plus grand nombre de nos provinces, il se trouve un moment où les deux fermiers ont sur le sol des récoltes qui leur appartiennent et des droits sur les bâtimens d'exploitation : ceci est un grand vice parce qu'il en résulte un mélange d'intérêts souvent peu d'accord. Ce système doit être remplacé par celui qui admet que le fermier, entrant à l'époque fixée par le bail, devient propriétaire de toutes les récoltes et cultures qui se trouvent sur les terres de la ferme ainsi que des bâtimens : il paie seulement à son prédécesseur une indemnité arrêtée par des arbitres, qui tiennent compte des dépenses du fermier sortant et des produits qu'il laisse sur le sol. Ce dernier est engagé à bien cultiver sa ferme la dernière année, puisqu'il sera soldé en raison de la beauté des récoltes et cultures.

Il est des clauses de diverses natures à insérer dans le bail; les unes sont particulières au bailleur et au preneur; les autres sont plus générales, et ont pour but d'empêcher la détérioration des terres louées. Les premières ne peuvent trouver place ici et les secondes seront mieux expliquées par les exemples de baux que nous nous proposons de donner et surtout par celui de Roville. Nous conseillerons seulement d'admettre aussi peu qu'on le pourra de restrictions, parce que toutes sont gênantes et que leur nécessité absolue doit seule les faire approuver.

Il en est trois cependant qu'il est utile et presque nécessaire de placer dans tous les baux : *la caution* est la première; nous la regardons comme bien préférable à l'hypothèque pris sur les biens du fermier : car en hypothéquant ses propriétés on le met ordinairement dans l'impossibilité d'emprunter pour se créer un capital dont il manque presque toujours : on doit donc préférer à l'hypothèque personnel du preneur celui dont on frappe les biens de la caution. On n'accepte la garantie qu'après la remise d'un certificat du conservateur des hypothèques, certificat qui constate que cette garantie est libre de toute hypothèque antérieure. Si les impôts sont payés par le fermier, le propriétaire y joindra l'obligation pour celui-ci *d'assurer* les bâtimens d'exploitation; mais dans tous les cas il placera dans le bail une clause qui contraindra le preneur à assurer le mobilier, instrumens, bestiaux, contre le danger de l'incendie et les récoltes contre celui de la grêle.

Il est d'usage dans certains baux de retirer au fermier la permission de *sous-louer*, sans qu'auparavant le bailleur ait donné l'autorisation préalable; cette mesure est bonne, surtout lorsque le propriétaire est peu éloigné de la commune où le domaine est situé. On se met ainsi à l'abri de mauvais fermiers et de dangers que l'on avait sans doute examinés avant de s'arrêter à son premier choix.

Lorsque le terme d'un bail à ferme est prêt d'arriver, c'est-à-dire 2 ans ou 18 mois avant l'expiration, il faut faire les annonces et publications nécessaires pour appeler de nouveaux fermiers, si l'on ne peut s'arranger avec l'ancien, ce qui vaut presque toujours beaucoup mieux : attendre trop tard en pareil cas est toujours nuisible. Il faut aussi rédiger un cahier des charges et conditions que l'on veut insérer dans le bail et le communiquer aux cultivateurs qui se présenteront pour louer. On peut y tracer le mode d'assolement et d'exploitation que l'on veut adopter, à moins qu'ayant une entière confiance dans l'habileté et la probité du fermier avec lequel on traite, on ne lui abandonne ce choix. Lorsque ces diverses conditions sont adoptées par les deux parties, on passe le bail pardevant notaire ou bien on le fait sous seing privé.

Avant l'entrée en jouissance, un état de lieux et un inventaire doivent être dressés avec beaucoup de soins, plus encore dans l'intérêt du fermier que dans celui du maître. Dans l'état de lieux, doit se trouver tout ce qui a rapport aux bâtimens, aux clôtures, aux fossés, etc. Il est vrai que les grosses réparations sont à la charge du bailleur, mais seulement lorsque les dégradations sont le fait de l'usure ou de circonstances indépendantes de la volonté ou de l'usage de l'exploitant. S'il était prouvé au contraire que ces mêmes dégradations sont causées par l'incurie ou le défaut de soin, les réparations seraient faites par le preneur.

A la sortie du fermier, un nouvel inventaire est dressé et un examen sérieux des lieux doit être fait.

Tous les remplacemens nécessités par le mauvais soin du sortant sont exécutés à ses frais ainsi que les réparations locatives et les grosses, si toutefois elles sont occasionnées par le défaut de réparations d'entretien. Il est aussi d'usage de se faire remettre une déclaration exacte des pièces de terre avec leurs tenans et leurs aboutissans, déclaration qui doit être semblable à celle que l'on a remise au fermier lors de son entrée et qu'il n'a du accepter qu'après l'avoir vérifiée; car il devient responsable de tous les vols de terre qui auraient pu être faits. L'état des lieux et l'inventaire terminés, le propriétaire remboursé de tout ce qui lui est dû peut laisser enlever les meubles, instrumens aratoires, bestiaux, etc., du fermier sortant et donner décharge complète et main-levée à la caution.

Les modèles de baux seront tous réunis à la fin du paragraphe.

2°. *Du bail à cheptel.* Ce bail est un acte par lequel on confie à un cultivateur des animaux de rente ou de travail, sous certaines conditions. Il y a trois espèces de cheptel : 1° le simple, 2° celui à moitié, et 3° celui dit *de fer*, qui est celui donné par un propriétaire à son fermier ou son colon. Les actes nécessaires pour l'établissement de ces conventions peuvent être faits sous seing privé ou pardevant notaires; on peut y introduire quelques clauses que ce soit, mais à défaut de conventions, on suit les règles que nous indiquerons dans la partie de législation. Nous donnerons un modèle de ce bail : le cheptel est quelquefois joint au bail de la ferme.

Il est une convention que l'on nomme improprement *cheptel*, et qui a lieu lorsqu'une personne confie à une autre, une ou plusieurs vaches, lui en abandonnant tous les produits moins le veau qu'elle se réserve, ainsi que la propriété des vaches. Les veaux doivent être retirés après le sevrage, que le bailleur peut faire retarder jusqu'à six semaines. Les difficultés qui surviennent sur ce mode de location sont ordinairement jugées d'après l'équité.

3°. *Du bail emphytéotique.* Celui-ci est un bail à

très long terme et quelquefois perpétuel. Sa durée ordinaire est de 99 ans. Le fermier d'un semblable bail peut, sous-amodier autant qu'il le juge convenable, mais sans pouvoir étendre la durée de ces sous-fermages au delà de son emphytéose.

4°. *Du bail à domaine congéable.* Ce bail, encore fort en usage en Bretagne, s'emploie pour concéder un terrain, sous la condition d'une rente, pour aussi long-temps que le propriétaire ne le revendiquera pas.

Il est encore quelques modes de locations peu usités maintenant et sur lesquels nous ne pouvons nous étendre dans un ouvrage aussi restreint que celui-ci. Nous citerons seulement le bail *à culture perpétuelle*, que l'on appelle *à quart* ou *à tiers*, dans les environs de Nantes; celui *à vie*, etc.

Nous allons donner ici des modèles de différens baux et la copie des clauses les plus intéressantes de celui de Roville.

MODÈLE DE BAIL A FERME.

Entre les soussignés,

M. Joseph R...., demeurant à   et M. S...., demeurant à

A été faite la convention suivante :

M. R...., donne à titre de bail à ferme, pour années consécutives, pour la récolte entière et dépouille de tous les fruits et produits qui pourront être perçus et recueillis pendant lesdites   années, qui commenceront au   au sieur S...., qui accepte,

Les biens ci-après désignés, savoir :

1°. Un corps de ferme situé à   consistant en   (énoncer tout ce qui compose la ferme,) et autres dépendances, le tout tenant du levant à   du couchant à   du nord à   du midi à   et contenant en superficie   hectares,   ares,   centiares.

2°. Dans les divers ustensiles servant à la culture et

à l'exploitation de cette ferme, desquels il a été fait un état entre les parties, qui est demeuré ci-joint;

3°. Dans   hectares   ares   centiares de terre labourable, en plusieurs pièces, savoir :

La première pièce contenant   hectares ares   centiares,   située   terroir de   tenant d'un bout du levant à d'autre bout et du couchant à   d'un autre côté et du midi à   d'autre côté et du nord à

La seconde pièce, (désigner successivement toutes les pièces, si toutefois elles ne sont trop nombreuses et de trop petites dimensions.)

Ce bail est fait aux charges, clauses et conditions suivantes :

1°. De garnir ladite ferme et de la tenir garnie de meubles, grains et fourrages, chevaux, bestiaux et autres effets exploitables et suffisans pour répondre des fermages ;

2°. D'entretenir les bâtimens de toutes réparations locatives, et de les rendre, à l'expiration du bail, en bon état de réparation, conformément à l'état qui en sera dressé entre les soussignés avant l'entrée en jouissance dudit preneur ;

3°. De souffrir les grosses réparations qu'il conviendra de faire, et de fournir les voitures et charriots pour transporter les matériaux qui seront nécessaires pour faire ces grosses réparations;

4°. De labourer, fumer et ensemencer les terres par soles et saisons convenables, sans pouvoir les dessoler ni les désaisonner; (*cette condition n'est pas de rigueur*)

5°. De convertir toutes les pailles en fumier pour l'engrais desdites terres, sans pouvoir en distraire ni vendre aucune partie, et de laisser à la fin de son bail toutes celles qui s'y trouveront;

6°. D'entretenir les clôtures qui se trouvent sur ladite ferme, de replanter les anciennes haies partout où il en pourrait manquer, et de faire vider et curer les fossés quand il en sera besoin.

7°. De bien façonner et cultiver les vignes suivant les usages des lieux, les provigner, en replanter d'autres à la place de celles qui périraient ou qu'il faudrait arracher;

8°. D'écheniller les arbres toutes les fois qu'il en sera besoin, et de replanter d'autres arbres à la place de ceux qui mourraient;

9°. De payer, sans aucune imputation sur les fermages, l'impôt foncier pendant la durée dudit bail. (*condition facultative.*)

10°. De rendre, à la fin de son bail, les ustensiles de culture et de labour qui y sont compris, en bon état tels qu'il les aura reçus, et tous lesdits biens en bon état de culture et labourage.

11°. De ne pouvoir céder ni transporter son droit au présent bail, sans le consentement exprès et par écrit du bailleur. (*Condition facultative.*)

En outre, ce bail est fait moyennant le prix de de fermage annuel, que le preneur s'oblige de payer par chaque année en espèces métalliques ayant cours, audit bailleur, en sa demeure à   en

paiement égaux aux époques ordinaires (indiquer les époques), dont le premier de la somme de

, sera fait le   prochain; le 2°, etc., pour ainsi continuer à être payé d'année en année aux mêmes époques.

Fait double à   ·le
(Signatures des parties.)

Ce bail est susceptible d'un grand nombre de clauses, telles que caution, obligation solidaire de la femme après le mariage du preneur, résiliation, etc.

MODÈLE DE DÉSISTEMENT DE BAIL DU CONSENTEMENT DES PARTIES.

(Le préambule de la formule précédente.)

A été faite la convention suivante :

Les sieurs R.... et S...., déclarent se désister de l'exécution du bail à ferme, fait par M. R...., à M. S...., pour   années, qui ont commencé à courir le

à raison de   pour chaque année, d'une ferme située à   suivant acte, sous
signatures privées, à   en date du
et consentir que ledit bail soit définitivement annulé
et résolu entre eux sans aucune indemnité de part ni
d'autre, pour tout le temps qui en reste à courir, à
partir du   prochain, auquel jour ledit sieur
S...., preneur, s'oblige de rendre lesdits lieux en bon
état de réparations locatives, sans préjudice des loyers
qui pourraient être dûs à cette époque (a).

Fait double à   le
(Signatures.)

(a) Si la résiliation n'était faite que moyennant indemnité, on
ajouterait : cette résiliation est consentie de la part du preneur,
moyennant une indemnité, à son profit, de la somme de
que M. R..., bailleur, promet de payer à M. S...., qui accepte,
le même jour de l'exécution du présent acte par la mise du bailleur en possession des lieux.

MODÈLE DE CONTINUATION DE BAIL.

Entre les soussignés,
(Le préambule des formules précédentes.)
A été faite la convention suivante:
Le bail fait par M. R...., à M. S...., pour
années consécutives, qui ont commencé le
pour finir le   à raison de
francs, par chacune desdites années.

D'une ferme située à   suivant acte sous
seing privé, en date à   du
Sera continué pour   années, qui commenceront à courir du   pour finir à pareil
jour de l'année.

Cette continuation de bail est consentie, moyennant pareille somme de   que le preneur s'oblige
de payer au bailleur pour chacune des années conti-
nuées, aux lieux, époques, et de la manière convenue
au bail susdaté et aux charges et conditions qui y sont
portées.

Fait double à   le   mil
(Signatures des parties.)

17.

MODÈLE DE QUITTANCE DE FERMAGE.

Je soussigné, propriétaire de la ferme de
reconnais avoir reçu de M. S...., cultivateur, demeurant à   la somme de   pour le
terme échu le   des fermages de ladite
ferme dont le bail lui a été fait par acte, devant
M⁰ N...., notaire, (ou seing privé,) le
dont quittance
A   le   mil
              (Signatures.)

MODÈLE DE BAIL A CHEPTEL SIMPLE.

Entre les soussignés,
M. Joseph-Adrien R...., propriétaire, demeurant
à
Et M. François S...., fermier, demeurant à
A été faite la convention suivante :
M. R...., donne, à titre de cheptel simple, pour
              années consécutives, à partir du
       à M. S...., qui accepte, le fond de bétail ci-après
désigné :
       1°.   brebis et   béliers, qui sont désignés
par (*indiquer.*)
       2°.   vaches laitières, dont   (*indi-
quer.*)
       3°. Et
Pour en jouir par ledit sieur R....., qui reconnaît
que lesdits bestiaux lui ont été livrés et sont en sa
possession, à titre de preneur à cheptel pendant ledit
temps, profiter seul des laitages, du fumier et du travail des animaux et partager par moitié avec le bailleur, le croît qui en proviendra pendant le même temps.
       Ce bail est fait aux conditions prescrites par les ar-
ticles 1804 et suivans, formant la section II du chapitre VI, titre VIII du code civil.
       Pour constater le profit ou la perte du fonds du bé-
tail, il sera fait à l'expiration du bail une nouvelle

estimation par deux experts dont les parties conviendront, et qui pourront s'adjoindre un troisième arbitre, en cas de partage.

Le bailleur et le preneur auront réciproquement la faculté d'exiger à la fin de chaque année, ou quand bon leur semblera, le partage du croît et de toutes les laines; quant au croît, le partage n'aura lieu néanmoins qu'après qu'il aura été constaté par une prisée, que le fond du cheptel n'est pas diminué de valeur; dans tous les cas, le profit seul sera mis en partage, en sorte qu'il sera toujours pris sur le croît, avant partage, de quoi remplacer la diminution de valeur du fond du bétail.

Si quelques unes des bêtes du cheptel venaient à périr sans qu'il y eut faute du preneur, elles seront d'abord remplacées par le croît; le surplus seul sera partagé entre les parties.

Mais si quelques unes périssent ou se perdent par la faute ou négligence du preneur, il sera payé sur-le-champ par le preneur au bailleur, pour chaque brebis ou bélier, la somme de   pour chaque vache, celle de   etc., si c'est la totalité du bétail; et enfin la somme de   pour dommages-intérêts.

Fait double à   le   mil
                (Signatures des parties.)
Les autres baux à cheptel se font dans une forme analogue.

MODÈLE DE BAIL DE VACHES, IMPROPREMENT APPELÉ CHEPTEL.

Entre les soussignés,
(Le préambule de la formule précédente.)
A été faite la convention suivante :
M. R...., donne à bail à M. S...., qui accepte, pour   années consécutives, qui commenceront
le
Trois vaches laitières, âgées, l'une de   (les désigner.)

Ce bail est fait moyennant   francs de loyer annuel, que M. S...., promet et s'oblige de payer à M. R...., en deux termes égaux, chacun de
dont le premier sera fait le   , le deuxièm
le   pour ainsi continuer de six en six mois, jusqu'à l'expiration du présent bail.

Ledit sieur S...., reconnaît que lesdites vaches lui ont été livrées et sont maintenant en sa possession : il s'oblige à les nourrir et garder, et prendre pour leur conservation tous les soins convenables.

En cas de mort desdites vaches ou de l'une d'elles, par la faute ou négligence du preneur, il paiera immédiatement après l'événement, la valeur à M. R...., à raison de   pour chacune; si toutes trois, ou l'une d'elles, viennent à périr de mort naturelle, il sera déchargé en rapportant un certificat en forme, et ne sera tenu alors que de représenter les peaux des vaches ou de la vache morte.

Dans tous les cas, M. R...., se réserve les veaux qui naîtront des vaches.

Fait double à   le   mil
(Signatures.)

Conditions principales du bail de Roville. *Droit de surveillance.* Le bailleur aura le droit de parcourir personnellement, ou par quelqu'un envoyé spécialement de sa part, tous les terrains laissés.

Cession de bail. Le bailleur conserve aussi le droit d'agréer la personne que le preneur sera tenu de désigner pour lui succéder, seule manière où ledit preneur est autorisé à céder ses droits.

Aménagement. Le preneur devra avoir annuellement au moins 20 hect. de terrain, emplantés en racines ou autres plantes sarclées destinées à la nourriture des bestiaux; il sera tenu de faire consommer ces produits ou leurs résidus par son bétail, et fera consommer de même la totalité des pailles, foins et fourrages qui proviendront des terrains laissés, sans pouvoir en vendre ni en disposer différemment que dans les cas prévus ci-après. Le preneur pourra disposer de fourrages et de racines dans la proportion de la quantité du fumier ou autres engrais qu'il aura achetés ou fait faire, et qu'il aura employés à l'engrais et à l'amendement de la ferme; il pourra aussi échanger des fourrages et racines, des espèces dont il aurait surabondamment, contre un autre article devant être employé à la nourriture ou à l'engraissement du bétail de la ferme; il pourra également en échanger, dans le cas de surabondance, contre et en proportion d'un marnage fait en sus de celui dont il sera ci-après parlé, et pour le tout en quantité équivalente seulement. Si le preneur entretenait autant de bétail que les écuries, réduits à porcs, ou bergeries de la ferme pourront en contenir, et qu'après la provision des fourrages secs, nécessaires pour l'entretien de tout ce bétail pendant l'année, et une réserve en sus, pour moitié d'une autre année, il s'y trouvait encore un excédant, le preneur pourra disposer de cet excédant; bien entendu que, dans tous les cas et indépendamment des mérinos qui seront laissés au preneur, celui-ci sera obligé de se pourvoir d'une quantité assortie de bétail, proportionnée à l'étendue et au produit de la ferme bien exploitée.

Marnage. Le même preneur sera tenu, dès son entrée en jouissance, de profiter de la marne qui se trouve sur les terres du haut pour en amender celles du bas, et sans qu'il puisse se dispenser de marner convenablement chaque année moins d'un hectare de terrain; de continuer ainsi durant le bail, et ne pourra discontinuer qu'autant qu'il acquérerait la certitude que la marne à extraire dans les terres du haut, n'est point d'une nature propre à rendre son emploi avantageux, ce qu'il fera constater contradictoirement avec le bailleur, qui, le cas échéant, lui donnera décharge de cette obligation de marner.

Fumiers. D'appliquer aux terrains laissés, tous les fumiers et toutes les urines, provenant du bétail nourri par les produits de la ferme, ainsi que les fumiers qu'il aurait achetés ou échangés, conformément aux stipulations de l'article précédent. Tenu de labourer convenablement, d'engraisser de même et d'employer tous les moyens convenables pour rendre les terrains laissés plus fertiles en les améliorant.

Entretien des chemins. D'entretenir et améliorer particulièrement les chemins indispensables pour l'exploitation, et en cas de nécessité, d'en réparer tous les ans 150 mètres de longueur au moins

Entretien des fossés. D'entretenir non seulement les fossés qui existent soit pour entourages, soit pour écoulemens et que désignera la déclaration, mais aussi d'en établir partout où cela sera nécessaire pour l'écoulement des eaux et de les maintenir tels, jusqu'à la fin du bail, en veillant à ce qu'on répande et qu'on nivelle toujours les terres qu'on sortira des divers fossés, soit en les créant, soit en les curant.

Entretien des plantations. De conserver et entretenir toutes les plantations qui existent, à moins d'un consentement par écrit du bailleur, s'il l'accordait pour la destruction de partie; de remplacer sous 4 années au plus tard, les arbres manquans dans les entourages déjà établis et de les entretenir jusqu'à la fin du bail; mais dans le cas où les arbres d'entourage, maintenant existans, seraient trop rapprochés les uns des autres, le preneur pourra en exploiter une partie, de telle sorte, que ceux qu'il laissera, ne soient pas à plus de 10 mètres l'un de l'autre. Expliqué encore que les arbres plantés à l'extérieur des massifs, sont considérés comme faisant partie de ces massifs, et conséquemment, ne pourront être réduits aux distances ci-dessus autorisées pour les arbres d'entourage proprement dits. De replanter ou ressemer les places vides des plantations en massifs : néanmoins, si les nouveaux semis ou plantations qu'il fera d'ici à 4 ans dans les places vides des massifs, ne réussissaient pas, pour cause de la trop grande aridité du sol, il ne serait pas forcé de les renouveler; et, à l'égard de ce que le preneur plantera en massifs, il en jouira jusqu'à la fin du bail, à la charge néanmoins de laisser dans ces parties, des baliveaux en quantité convenable.

Plantations d'arbres d'entourage. Le preneur sera tenu de planter d'une ligne d'arbres d'entourage, et qui ne pourront être éloignés les uns des autres de plus de 10 mètres, les pièces d'héritage ci-après désignées : 1°.... Ces nouvelles plantations seront effectuées au plus tard dans 4 ans, et le preneur tenu de les entretenir et rendre à la fin du bail. Ces plantations pour entourages seront en peupliers, saules, frênes et autres essences, suivant qu'il conviendra à la nature et à l'exposition du sol.

Elagage et émondage. Le preneur jouira de la tonte des arbres existans ou à planter, et qui, par leur essence, sont propres à être exploités en têtards, à charge de les laisser à la fin du bail avec 2 années de recrue; mais il sera tenu de conserver soigneusement les arbres d'une autre essence; il jouira des haies, à la charge de les laisser à la fin du bail avec 3 années de recrue. Quant aux plantations massives déjà existantes, sa jouissance se bornera à un jardinage, qui se fait en laissant des baliveaux et d'autres brins plus jeunes bien venans, de manière que ces massifs ne paraissent pas trop dégarnis et puissent encore former abri. La situation de ces diverses plantations existantes, sera désignée dans la visite. Le preneur aura la faculté de faire comme bon lui semblera toutes les autres plantations, n'étant tenu de soigner et conserver que les parties des plantations mentionnées précédemment.

Fumiers. Les fumiers de la ferme qui n'auront pas été employés avant les semailles de l'automne prochain, ceux qui proviendront du bétail de la ferme et ceux à provenir de la bergerie, jusque après la tonte de   seront à la disposition du preneur. A la fin du bail, le preneur sera tenu de laisser à la disposition du bailleur : 1° Les fumiers que ledit preneur n'aura pas employés avant les semailles de la dernière année; 2° Les fumiers qu'il fera subséquemment jusqu'après la tonte de   et sur cette quantité de fumier qu'il laissera après les semailles d'automne de la dernière année, ledit preneur pourra aussi disposer

d'une quantité de   voitures, mais à la charge
de les employer sur les terrains de la ferme. Il est
convenu que si, dans le courant du bail, le preneur
exploitait des terres appartenant à d'autres personnes,
et en raison de cette augmentation d'exploitation, il
se procurerait d'autres écuries que celles de la ferme,
afin d'augmenter aussi son bétail dans la même proportion; ledit preneur, dans ces cas et conditions,
pourra, soit pendant le bail, soit à la fin du bail, disposer pour les autres terrains qu'il exploiterait, d'une
quantité de fumier proportionnelle et relative à l'augmentation de son exploitation. Il est convenu aussi,
quant aux eaux d'irrigation, que le preneur pourra les
employer également et pour partie, aux autres terrains
qu'il pourra exploiter, à la charge de remettre au
bailleur une reconnaissance des propriétaires de ces
autres terrains, partant que cette irrigation momen-
tanée ne leur confère aucun droit à l usage de ces eaux.

Pailles. Quant aux pailles, le bailleur en laissera
au preneur autant qu'il le pourra, et s'il en est ainsi
cédé lors de l'entrée en bail, la quantité sera constatée par un récépissé fait double, et lors de l'expiration
du bail, le preneur sera tenu d'en laisser aussi gra-
tuitement une pareille quantité; et s'il en possédait
plus il serait également obligé de la céder au bailleur,
mais ce surplus sera payé au preneur au prix où la
paille sera estimée alors.

Réparations. Le preneur sera tenu d'entretenir en
bon état, de réparer de toute manière, sans en rien
excepter, dès le moment même où il y aura lieu à
entretien ou à réparation, tout ce qui lui est laissé,
terrains et bâtimens, pour les mettre, à sa sortie,
exempts de toutes réparations, grosses et petites, ainsi
que cela devra être reconnu contradictoirement alors
par une visite, dont deux minutes du procès-verbal
seront remises au bailleur; le preneur lui remettra en
outre un nouveau *pied terrier, déclaration* en forme
légale, contenant la désignation de tous les objets qui
ont été laissés, et ce, avec indication des natures, contenances et nouveaux voisins. Ces visites, procès-ver-

baux et déclarations, seront faits et fournis aux frais du preneur, attendu qu'il ne supporte pas les frais de ces mêmes opérations lors de son entrée en jouissance, lesquelles seront aussi faites contradictoirement avec lui, mais aux frais du bailleur.

Empiétemens et usurpations. Pendant toute la durée du bail, à peine d'en être responsable et de tous dommages-intérêts, le preneur sera obligé de s'opposer à toute anticipation, à tous déplacemens de bornes, à l'établissement d'aucune servitude (tout ce qui est laissé en est exempt), d'intenter, soutenir ou défendre toutes actions possessoires à ses frais, risques et périls, et d'en donner avis au bailleur ; quant aux actions pétitoires, il sera seulement tenu d'en prévenir le bailleur, qui, à cet égard, prendra le parti qu'il jugera convenable.

Fin de la jouissance. A la fin du bail, le preneur laissera à celui qui lui succédera dans l'exploitation de la ferme, la jouissance des terrains et des bâtimens, aux mêmes époques que celles où il les aura reçus. Le bailleur ou le fermier qui succédera au preneur, aura le droit de semer les semences de prairies sur les terrains de la ferme qui seront susceptibles d'en recevoir, soit sur les grains de printemps de   soit sur les grains d'hiver à récolter en   sans que le preneur puisse s'y opposer, ni prétendre à aucune indemnité, ni diminution de canon ; cependant cette opération de semer les graines de prairies sur les grains de printemps de   ne pourra avoir lieu qu'après que ces grains seront bien levés. Le preneur jouira d'une semblable faculté, lors de son entrée en bail, sur les céréales d'hiver à récolter en

Indépendamment de ce qui a été précédemment stipulé relativement aux prés naturels et aux sainfoins, le preneur sera tenu de rendre à la fin du bail, en prairies artificielles annuelles, une quantité égale à celle qu'il recevra lors de son entrée, ce qui sera constaté par le procès-verbal de visite.

Assurance. Le preneur sera obligé d'assurer annuellement contre l'incendie, et à ses frais, tous les bâtimens dont il jouira, et, faute par lui de le faire, le bailleur aura la faculté, ou de l'y contraindre, ou de faire opérer lui-même l'assurance, soit près l'Assurance Mutuelle, soit près d'une compagnie à prime, et d'obliger de suite le preneur à lui en rembourser les frais et la quote-part du sinistre. Quant à l'assurance contre la grêle, le preneur est purement et simplement subrogé dans les droits et obligations qui pourraient résulter au bailleur de l'adhésion qu'il a donnée à l'association d'Assurance Mutuelle contre la grêle. Le preneur agira à cet égard comme bon lui semblera, sans que le bailleur soit inquiété à ce sujet.

Dispositions relatives à la prorogation du bail; clause dite de lord Kames. Les parties, considérant qu'une des clauses principales qui empêchent ordinairement les cultivateurs d'améliorer leurs fermes, est la crainte qu'ils éprouvent d'en voir augmenter le prix à la fin de leur jouissance sans aucune chance d'indemnité pour eux. Afin de parer à cet inconvénient et fournir un exemple qu'ils croient utiles à l'agriculture, ils sont convenus de ce qui suit :

Si le preneur laisse écouler entièrement l'avant-dernière année du présent bail, sans notifier au bailleur que le preneur entend proroger la durée du bail pour une autre période de 20 années, le présent bail sera terminé de plein droit.

Le preneur ne pourra valablement faire cette notification qu'en offrant au bailleur, pour tout le temps de la prorogation, une augmentation de canon de 1,000 fr. chaque année, et si cette notification reste un mois sans réponse, le bail sera prorogé aux mêmes clauses et conditions, à la charge de ladite augmentation de canon.

Si dans le mois de la notification ci-dessus mentionnée, le bailleur répond par une autre notification, qu'il ne consent pas à la prorogation, elle n'aura pas lieu; mais ledit bailleur sera tenu de payer une somme de 10,000 fr. au preneur à titre d'indemnité.

A cette notification de la part du bailleur, le preneur pourra en faire une ou plusieurs subséquentes, mais toujours dans le mois qui suivra celle qu'il aura reçue, et ce, pour demander la prorogation du bail, moyennant une ou deux nouvelles augmentations de canon, qu'il portera alors chaque fois à 500 francs.

Le bailleur pourra aussi de son côté répliquer à chacune de ces notifications, qu'il n'entend pas consentir à la prorogation du bail, mais à la charge par lui d'offrir au preneur une augmentation d'indemnité de 5,000 fr. pour chaque fois que le preneur aurait fait des offres de 500 fr. d'augmentation par canon.

Cette sorte d'enchère ouverte entre le bailleur et le preneur, ne sera terminée qu'après qu'une notification sera restée un mois sans réplique.

Si la dernière notification a été faite à la requête du preneur, le bail sera prorogé pour 20 années, moyennant l'augmentation de canon qui résultera de cette dernière notification, et alors un acte authentique de renouvellement sera passé aux frais du preneur, qui ne serait pas pour cela dispensé des frais d'une visite et de fournir une déclaration.

Si la dernière notification a été faite à la requête du bailleur, le présent bail sera terminé le
mais le bailleur sera obligé de payer au preneur l'indemnité qui résultera de la dernière notification. Cette indemnité sera exigible par moitié, de 6 mois en 6 mois, à partir de l'époque fixée pour l'expiration du présent bail.

Dans le cas de prorogation du bail, en conformité des conditions prescrites par le présent article, il est entendu que la cession de la dernière récolte, ainsi que le paiement de la construction des usines, que le preneur aura pu faire construire, seront supportés à l'expiration du second bail, ainsi que le mode de jouissance établi pour les dernières années.

CHAPITRE III.

DE L'ORGANISATION, DE L'EXPLOITATION ET DE LA DIRECTION DES TRAVAUX.

Nous ne pouvons que tracer quelques règles générales sans entrer dans tous les détails qu'exigerait la matière. Nous allons d'abord nous occuper de l'organisation et passer ensuite à la direction.

I. DU CAPITAL. La première chose que l'exploitant doit établir, est le service des capitaux : sans eux, le cultivateur comme tout entrepreneur souffre et se trouve bientôt ruiné; en effet, les entraves apportées au prêt lui rendent un emprunt impossible, du moins onéreux, puisqu'il est presque toujours à un intérêt usuraire très élevé. Les capitaux nécessaires à l'exploitation sont de deux sortes : ceux qui s'appliquent à l'achat du fonds, à son amélioration permanente, aux machines stables et de grande valeur, enfin aux constructions et clôtures; on nomme ceux-ci *capitaux fonciers*. Les autres sont dits *d'exploitation;* ils sont excessivement variables, et s'appliquent aux améliorations de culture, à l'achat des animaux de travail et de rente, et à celui du mobilier.

Le capital foncier ne demande qu'un examen fort simple : il se compose, comme nous l'avons dit, du prix d'achat du fonds, des améliorations permanentes, c'est-à-dire des dessèchemens des parties humides du domaine, des endiguemens, embanquemens, des constructions à faire et des machines stables et importantes, telles que machines à battre, à vanner le grain, pompes pour puiser de l'eau dans les citernes ou puits, etc. ; l'examen des nécessités du domaine afin d'établir la quotité de ce capital, est facile, mais il doit cependant être sérieux, et s'occuper du système de culture à admettre sur la propriété.

Le capital foncier est ordinairement au propriétaire, car le fermier ne pourrait construire ou établir des choses qui dureraient beaucoup plus long-temps que son bail. Il peut cependant résulter d'arrangemens particuliers, que le fermier soit chargé par les clauses du bail de certaines constructions ou de certaines machines : soit qu'il se trouve indemnisé à la fin du bail, soit qu'enfin le canon de ferme soit réduit proportionnellement à la valeur des choses établies.

Le capital d'exploitation est tout-à-fait l'affaire du fermier : dans le métayage, les charges en sont partagées entre le bailleur et le preneur. Il se divise en deux portions : *le capital de mobilier* que l'on pourrait appeler stable, et *le capital mobile* ou *de roulement*.

Le premier comprend la somme nécessaire pour acquérir les bêtes de trait, de rente et de garde; le mobilier proprement dit; les instrumens de la laiterie, de l'écurie, des étables, des bergeries, de la basse-cour; les machines nécessaires aux transports : les ustensiles de grange et de grenier; les harnais, et enfin les instrumens de culture.

Le capital de roulement ou *mobile* est celui qui s'applique à l'acquisition des fourrages, racines, grains nécessaires à la nourriture des animaux domestiques et à leur entretien, pendant la première année au moins, aux dépenses du ménage, à l'entretien des objets mobiliers et immobiliers, aux salaires des domestiques et ouvriers, à l'achat des semences, des jeunes plants et de tout ce qui est nécessaire pour emplanter ou semer, aux améliorations qui sont à la charge de ce capital, à l'intérêt des capitaux engagés et circulant, aux dépenses diverses et frais de différens genres.

On doit encore, outre les sommes destinées à solder les diverses dépenses énoncées ci-dessus, on doit avoir une réserve pour les cas imprévus, qui sont malheureusement trop nombreux dans l'agriculture : nous ne citerons que les inondations, grêles, épizooties, sécheresses ou humidités extraordinaires. Ce fond de réserve ne doit pas être au-dessous du 7me du capital de roulement.

La fixation du capital de roulement demande une attention bien grande, des recherches nombreuses, un système de culture arrêté et la connaissance du pays. Sir John Sinclair nous apprend qu'en Angleterre le capital d'exploitation nécessaire pour une ferme en pâturage, varie de 3 à 10 fois le fermage, suivant le nombre et la qualité des bestiaux que l'on veut élever; dans les fermes arables de 8 à 10 fois, et dans les fermes mixtes de 5 à 6. Schwertz dit que dans certaines contrées riches de la Belgique, le capital d'exploitation doit s'élever à 8 fois la rente payée au propriétaire. Aelbroek l'évalue à 7 fois. Dans la Flandre française, suivant M. Cordier, les fermiers doivent avoir 566 francs de capital d'exploitation par hectare. La culture de la garance demande dans le comtat Venaissin, 600 fr. par hectare. En établissant une moyenne pour toute la France, M. de Dombasle trouve que le capital d'exploitation ne peut pas descendre au dessous de 300 fr. par hectare dans les fermes de 200 hectares ; au dessous de 400 fr. dans celles de 100 hectares, et suivant un accroissement progressif et semblable pour chaque diminution de l'exploitation ; ces calculs sont appliqués à l'assolement alterne. M. de Morogues veut dans la vallée de la Loire et dans la Beauce 500 fr. par hectare avec l'assolement quadriennal. Si l'on suit l'assolement triennal ancien, fort mauvais système, on doit avoir de 150 à 300 fr. par hectare, suivant les localités et le nombre de bestiaux. Dans les pays où cet assolement s'est perfectionné, M. Moll a trouvé de 300 à 450 fr. par hectare.

On peut établir le capital d'exploitation en se basant sur le fermage à payer ou sur l'étendue des terrains à cultiver et suivant leur nature. Quelque soit le mode de fixation, il faut que le capital soit au moins suffisant. Cette nécessité est prouvée par nos agronomes les plus distingués. Il y aurait folie, disent-ils, de compter sur les bénéfices à réaliser pour compléter le capital, et sans lui, aucun succès en agriculture; c'est à ce manque d'argent que l'on doit la position misérable de nos cultivateurs. En Angleterre, la culture prospère parce qu'elle obtient facilement de l'argent et à bas prix. Le devoir des gouvernans est donc de refouler sur les campagnes, une partie de ces sommes qui viennent s'ensevelir dans les tripots de la spéculation.

II. Du Personnel. Les petites exploitations n'emploient qu'un nombre restreint d'ouvriers et la famille du cultivateur suffit à presque tous les travaux. Alors le fermier travaille lui-même avec ses aides, et la surveillance s'exerce tout naturellement. Dans les fermes un peu plus importantes, le service se divise : le chef de la famille conduit les charrues et tous les attelages, tandis que la ménagère ou une de ses filles surveille, tout en travaillant elle-même, les terrassiers ou manouvriers. Nous nous occuperons peu de ces deux genres d'exploitation, mais bien de celles d'une grande étendue, parce que dans les préceptes que nous tracerons, il sera facile au plus petit fermier de trouver ce qui peut convenir à sa position. Nous supposerons donc une ferme de 150 hectares au moins.

Le fermier a besoin d'une grande activité, d'intelligence, et doit exercer sur tout ce qui l'entoure la surveillance la plus exacte et la plus sévère; il doit être levé le premier et se coucher le dernier; rien ne doit se faire qu'il ne le sache, et tous les ordres doivent partir de lui; il aura étudié son terrain et se sera tracé un plan de culture, se guidant d'après les diverses indications que nous avons données dans cet ouvrage. Un journal et quelques livres de comptabilités seront tenus par lui, avec beaucoup de régularité, comme nous le dirons plus loin. Il aura de l'ordre, de l'économie, et donnera à ses divers employés l'exemple d'une vie morale et probe; car ce ne sera qu'à ce titre, qu'il pourra demander aux autres ces garanties, les seules solides. Il devra connaître à fond la culture, tant en pratique qu'en théorie; l'une le conduira, et par l'autre, il guidera ses ouvriers et les dressera au maniement des instrumens nécessaires, et cependant inconnus dans presque toute la France. Il ne fera point de marchés hasardeux et aléatoires, mais calculera avec soin les chances de bénéfices qui peuvent lui être ouvertes.

La ménagère a par l'administration intérieure du ménage et de la basse-cour une importance égale à celle du fermier : d'elle dépend souvent la prospérité ou la ruine de l'établissement : elle doit savoir tirer mille petits profits de la laiterie, des produits de la basse-cour, de quelques préparations particulières à la localité. L'ordre, l'économie, l'activité, sont en elle des vertus d'une stricte nécessité; elle nourrit et entretient sa famille ainsi qu'un nombreux domestique; elle dirige les servantes attachées à l'intérieur de la ferme et souvent celles du dehors : enfin elle remplace son mari pendant l'absence de celui-ci, au moins dans la direction générale.

Dans une grande exploitation, le fermier ne pouvant surveiller tous les travaux se trouve forcé de remettre une portion de son autorité à quelques uns de ses domestiques qu'il élève par là au-dessus des autres; c'est par eux qu'il transmet ses ordres et exerce une partie de la surveillance. La méthode adoptée à Roville est sans contredit la meilleure, tout en admettant qu'elle peut être modifiée suivant le système des opérations agricoles.

Les domestiques maîtres sont les suivans : 1° *un chef d'attelage* chargé de la surveillance à exercer sur tous les animaux de travail, bœufs, chevaux, mulets, etc.; les labours et les transports s'opèrent sous sa direction; 2° *un chef de main-d'œuvre* qui conduit les travaux qui s'exécutent à la main, comme sarclage, plantation, arrachage, fauchage, moisson, etc.; 3° *un maître berger* qui dirige l'éducation des moutons, les conduit au pâturage et les soigne dans leurs maladies; 4° *un garde-magasin* qui délivre les produis à consommer ou vendus, et reçoit ceux qui doivent être enmagasinés; il tient les écritures, fait quelques marchés de peu d'importance et surveille les travaux d'intérieur, tels que le battage, le vannage, la fabrication des vins, l'arrangement des fumiers et l'engrais des bœufs. Les autres travaux d'intérieur ont pour surveillant spécial la maîtresse de la maison qui fait travailler un certain nombre de servantes.

Tous ces chefs ouvriers sont responsables de l'exécution des travaux qui leur sont confiés. Il est nécessaire que tous les ordres du maître passent par eux, pour que les ouvriers les regardent comme des supérieurs; le fermier doit leur montrer quelques égards et les distinguer de ses autres employés, au milieu desquels ils doivent vivre; en effet pour que leurs ordres soient bien exécutés, il faut qu'ils montrent l'exemple et qu'ils travaillent avec leurs subordonnés; ainsi le chef d'attelage conduira une charrue et semera; le chef de main-d'œuvre se placera et travaillera à la tête de l'atelier le plus important; le maître berger conduira un troupeau, et le garde-magasin, lors du battage des grains, ne se contentera pas de diriger, mais mettra la main à l'œuvre; lors de l'irrigation, il se trouvera sur le pré et tracera ou aidera à tracer les rigoles.

Dans une ferme de moyenne importance, le maître pourra se charger du poste de chef d'attelage ou de celui de garde-magasin; mais si la quantité de terre s'élevait à 200 ou 300 hectares, il devrait alors se borner au rôle de surveillance générale, qui au reste pour être bien exercée absorbera certainement tous ces instans. Nous allons donner ici ce qui nous semble le mieux pour organiser la distribution des travaux : ceux-ci s'arrêtent ordinairement vers le milieu du jour; soit pour que les ouvriers mangent, soit pour que les animaux domestiques se reposent et prennent la nourriture dont ils ont besoin; c'est à cet instant que le fermier doit distribuer les travaux du lendemain, les indiquant d'une manière très détaillée, à chaque chef de service; il peut pour plus d'exactitude donner ses ordres par écrit. Pendant le reste de la journée, les ordres sont tranmis par les premiers domestiques à chacun des ouvriers. Le soir les contre-maîtres apporteront la note des travaux entrepris et exécutés dans la journée, celle du nombre d'hommes employés, de leurs noms et des heures de travail fournies par chacun d'eux.

A cette note et dans une colonne particulière, il placeront quelques observations. Le papier sur lequel ils traceront ces rapports leur sera remis par le garde-magasin ; on l'aura rayé et disposé à l'avance afin qu'il n'y ait plus qu'à le remplir. Nous en donnerons un modèle dans le chapitre de la comptabilité.

Dans cette réunion du soir, on pourra avec fruit pour chacun, tenir une espèce de conseil où tous apporteront leur part de connaissances théoriques ou pratiques. Ces discussions seront d'une grande importance pour le fermier qui y trouvera le moyen de rectifier et de changer des pratiques vicieuses ; ces changemens, surtout s'ils sont importans, ne devront jamais être fait sur un simple rapport, mais seulement après que le maître aura vérifié sur place le désavantage de l'ancien mode et l'avantage du nouveau.

L'usage de nourrir les domestiques est fort répandu et se remplacerait difficilement par une augmentation de gages ; il est d'ailleurs nécessaire de les avoir continuellement sous la main et dans les momens de presse de retarder l'instant du repas, ce qui ne se pourrait s'ils étaient attendus dans une pension ou auberge. La nourriture à la ferme présente encore deux avantages : le premier est la consommation du produit du sol ; le second est une plus grande difficulté pour le domestique de se livrer à l'ivrognerie.

Quelques unes des raisons que nous venons de donner s'appliquent aussi aux manouvriers ou hommes de journée. Cependant ces ouvriers sont souvent mariés, et trouvent un certain bénéfice en élevant le prix de leur travail et mangeant avec leur famille. Dans ce cas, ils consomment toujours les produits de la ferme; produits qu'ils sont heureux de trouver à crédit et par avance sur le travail à faire.

On a beaucoup discuté pour savoir s'il serait meilleur d'employer des gens mariés ou des célibataires; nous laisserons pour notre compte la décision non tranchée, parce qu'à notre avis, il se trouve du bien et du mal des deux côtés.

Il est un mode d'emploi des ouvriers auquel nous donnerons notre complète approbation, au moins dans presque tous les cas : nous voulons parler du *travail à la tâche*. Cette méthode dispense d'une surveillance continuelle, excepté dans quelques circonstances fort rares, où le travail ne peut être vérifié lorsqu'il est terminé; on sait en l'employant, et avant de commencer, à combien s'élèvera la dépense totale, et l'on ne craint plus les interruptions et les accidens, ni les augmentations au delà des prévisions; augmentations qui frappent presque toutes les entreprises.

Dans quelques contrées où la meilleure division du sol est admise, c'est-à-dire partout où les habitations rurales se trouvent placées au milieu des terres qui en dépendent, les demeures des journaliers, ordinairement groupées en villages, sont à de grandes distances des bâtimens de la ferme même la plus voisine. Il faut donc en rapprocher quelques unes, et cela se fait ainsi : on construit de petites maisons, accompagnées d'étables et de toits à porcs, on leur joint un hectare ou deux de terre, et on les donne à des manouvriers qui deviennent alors fermiers du fermier ou du propriétaire. Ces petites fermes se nomment *borderies*, près de Nantes, et leur loyer se trouve presque toujours payé par les travaux exécutés par les *bordiers*.

Nous ne pouvons rien dire ici du salaire des aides agricoles. Il varie à chaque village, non seulement pour sa quotité, mais encore dans son mode de paiement. Ici il se fait en argent, là en denrées. Dans quelques pays la journée d'homme coûte 1 franc, ailleurs on la paie 2 francs et même 3 francs. Les époques et le genre de travail influent beaucoup aussi sur ces différens prix; la fauchaison et la moisson sont partout des travaux fort chers; en effet, la fatigue qu'ils causent est fort grande, et l'exécution doit en être précipitée.

III. **DES ANIMAUX DE TRAVAIL.** Les animaux domestiques les plus fréquemment employés par l'agriculteur sont le cheval, le bœuf, le mulet, l'âne, la vache et le taureau. Nous nous étendrons peu sur la préférence que l'on doit donner aux uns ou aux autres, non plus que sur les soins qu'ils réclament; nous avons traité fort longuement ces diverses questions et renverrons nos lecteurs au *Livre du Cultivateur* et à celui de *l'Éleveur et du Propriétaire des animaux domestiques.*

Nous nous contenterons de réclamer la plus grande attention dans l'examen des questions ci-dessus énoncées: en effet, il est d'une importance majeure de décider qu'elle est l'espèce de bête la plus propre au travail dans la localité et avec le système agricole adopté, ou si l'on veut celle qui donnera le plus grand profit, par un travail peu coûteux et cependant bien exécuté.

Il faut pourtant dire combien est malheureuse l'exclusion prononcée dans certains lieux contre le bœuf. Sans distinction de grande, de moyenne ou de petite ferme, on ne veut que des chevaux; non parce qu'ils conviennent mieux au pays et que l'on trouve à en tirer bon parti pour des charrois, mais seulement par caprice et par vanité. Le petit cultivateur, qui laboure 5 ou 6 hectares de mauvaise terre, préfère atteler à sa charrue deux chevaux décharnés et sans force, plutôt que d'y placer deux bœufs et même deux vaches, bien portantes. J'ai vu dans l'Est acheter deux chevaux, l'un 12 francs et l'autre 20, les mettre à la charrue, et croire avoir labouré après avoir promené celle-ci sur la terre; le soc ne pénétrait pas à plus d'un pouce et laissait toutes les herbes intactes; cette espèce de culture n'était pas même le résultat de la traction de l'attelage, celui-ci pouvait à peine se soutenir, mais bien le mouvement d'arrière en avant imprimé par le laboureur qui, appuyant peu sur les mancherons, poussait la charrue. On conçoit quelles étaient les récoltes obtenues par un pareil travail. Le sol de la commue où j'ai vu ce malheureux attelage

était très propre à la production des prairies artificielles et des racines fourragères, et notre orgueilleux laboureur, au lieu de croupir dans la misère, lui et sa
nombreuse famille, aurait du acheter au printemps
un couple de bœufs maigres, les soutenir et les améliorer par une bonne alimentation et les vendre après les
derniers labours d'automne. Ses terres, bien cultivées,
lui auraient donné des produits plus considérables,
et bientôt sa position de fortune eût été meilleure.

On a beaucoup controversé sur l'emploi des vaches
à la traction de la charrue et des autres instrumens
aratoires. Nous n'en avons jamais employé, et nous
nous contenterons de dire que tout semble prouver
que dans une foule de localités elles peuvent être
très utiles. Nous citerons comme un des constans
approbateurs de cette mesure, M. LE COMTE D'ESCLAI-
BES, un des plus savans agriculteurs de nos contrées
de l'Est.

On peut aussi employer les taureaux à quelques uns
des charrois de la ferme; au hersage, au roulage et au
manège quand celui-ci est peu chargé. Il serait très
utile de faire, par ce moyen, monter l'eau des citernes
ou des puits, concasser l'avoine, couper la paille et les
racines, etc. Le taureau doit toujours être dompté par
un anneau passé dans le nez, semblable à celui que
l'on emploie à Grignon.

Nous ne voulons pas terminer ce paragraphe sans
dire un mot du harnachement; il nous semble que sa place véritable est ici; les harnais quels qu'ils soient seront
simples, en cuir fort et souple; les colliers auront une
bonne garniture de crin; toutes les parties du harnachement seront souvent visitées, bien graissées et rac-
commodées avec soin. Nous avons déjà dit dans *le Livre
de l'Eleveur* tous les avantages et désavantages des divers modes d'atteler les bœufs, nous ne reviendrons pas
ici sur cette question.

IV. DES ANIMAUX DE RENTE. Ceux-ci sont nombreux
et doivent varier suivant les localités; on les élève et
on les nourrit pour deux raisons d'une importance majeure. La première, selon nous, est la production de

l'engrais, sans lequel il ne peut y avoir de culture; la seconde est de consommer certains produits du sol, en donnant à ceux-ci le plus haut prix possible. Nous allons en quelques mots parler de chacun des animaux de rente.

Le cheval présente dans quelques circonstances de grands bénéfices, qui se généraliseraient, si le système des haras de l'état subissait une transformation. Il ne faut point croire que l'on ait besoin d'un vaste espace pour élever les chevaux; il n'en faut au contraire qu'un fort restreint, comme on peut le voir dans notre *Livre de l'Eleveur;* on doit seulement procurer aux mères et aux élèves, une nourriture convenable et suffisante. L'élève du *mulet* et celle de l'*âne*, ont une foule de rapports avec celle du cheval.

Le bœuf, auquel nous devons joindre la *vache* et le *veau*, convient aux pays gras et fertiles, abondans en vastes prairies. Le système que nous conseillons pour les chevaux, serait, selon nous, très praticable pour les bêtes bovines. L'engraissement du bœuf à l'étable, est une pratique ordinairement très profitable. Le lait des vaches donne aussi lieu à des recettes considérables.

Les moutons sont de deux sortes : ceux à laine frisée, conviennent aux montagnes et aux pays secs et chauds; les bêtes ovines, à laine longue, aux plaines et dans les contrées septentrionales et humides. La laine, la via de, le lait, sont les principaux produits du mouton, et son fumier chaud convient aux sols froids et humides.

Les chèvres, les porcs et *les oiseaux de basse-cour* s'élèvent les premières dans les pays de montagnes, et les seconds partout : on connaît leurs produits, sur lesquels nous ne nous arrêterons pas.

V. DES AMÉLIORATIONS. Les améliorations doivent entrer dans le plan de l'agriculteur et dans la distribution de son capital et de ses travaux. Les améliorations sont de deux sortes : les premières qui donnent pour long-temps au fonds une valeur plus grande, sont dites *foncières;* les autres, que nous appellerons *de culture*, accroissent la fertilité du sol, mais seulement pour quelques années. Le capital *foncier* pourvoit aux premières, et les secondes appellent le secours du capital d'*exploitation* ou roulant.

Les améliorations foncières sont les plus importantes, et il faut presque toujours qu'elles soient le fait du propriétaire, au moins en partie; nous compterons parmi elles les desséchemens de marais et de terrains humides, les défrichemens d'une grande étendue, les endiguemens et embanquemens, les plantations des dunes ou des pentes rapides, les clôtures en pierre, ou murs, les constructions, l'établissement des machines à battre, pompes, etc. Nous avons déjà traité fort au long de toutes ces matières, dans les *Livres du Cultivateur, de l'Eleveur et du Propriétaire d'animaux domestiques, du Forestier;* nous nous contenterons donc de dire un mot des règles qui doivent présider à la construction des bâtimens ruraux.

Nous n'entretiendrons pas le lecteur de la distribution, du nombre, de l'étendue de ces divers bâtimens; il faudrait pour cela presqu'un volume, et nous ne pouvons plus disposer que de quelques pages. *Le Livre de l'Architecte,* de la même collection, renfermera sur la construction rurale tout ce qu'il est nécessaire de savoir; nous dirons seulement ici, que l'on doit employer dans les bâtimens de ferme, les matériaux les plus résistans, à moins qu'il ne s'agisse de quelques essais; que la distribution devra être commode; les écuries, étables et bergeries seront vastes et aérées, les fumiers bien placés et toutes les précautions seront prises pour en fabriquer la plus grande quantité possible. Nous ajouterons que toute chose doit être, suivant le but que l'on se propose, établi aussi bien que possible. On devra aussi couvrir les édifices avec des substances peu combustibles, et si l'on est obligé de recourir au chaume, on l'enduira de l'une des préparations indiquées dans les ouvrages d'agriculture. Voici celle de M. Gavrian, qui nous semble une des meilleures : parties égales de cendres de houille, de briques pulvérisées ou sable fin, d'argile, de chaux, de sang de bœuf, liquide et de bourre. Tout cela est réduit en poudre, puis broyé et mêlé ensemble au moyen d'un peu d'eau, de façon à conserver à la préparation la consistance d'une bouillie fort épaisse; il ne reste plus qu'à la répandre sur des paillassons cloués sur les voliges du toit. On peut aussi employer le bitume ou asphalte, mélangé de sable, fondu et coulé sur la volige, sur les joints de laquelle on a collé des bandes de papier gris.

Nous répéterons ce que nous avons déjà dit ailleurs, de l'avantage que l'on trouve à remplacer les granges par des *gerbiers* ou *meules*, sur colonnes de fonte. On peut ainsi diminuer beaucoup la grandeur des magasins à gerbes, éviter le ravage des rongeurs et conserver le blé intact beaucoup plus long-temps. La cour des meules devra se trouver très rapprochée de la grange et de la machine à battre, afin de diminuer les frais de transport.

Nous terminerons en disant que les bâtimens d'une ferme doivent être, autant que possible, placés au centre de l'exploitation, dans une position saine, bien orientés; être grouppés ensemble avec de vastes cours; ils auront des pignons dépassant le toit de deux pieds et percés le moins qu'on le pourra, afin de diminuer la part du feu en cas d'incendie; ils seront suffisamment étendus et d'une capacité calculée sur les besoins connus. Leur distribution et leur disposition intérieures seront bien entendues; et la plus grande économie sera apportée dans les frais de construction, mais sans nuire cependant à la solidité ni à la commodité du service.

Les améliorations de culture demandent avant tout un bon assolement, seule base sur laquelle on puisse établir des espérances de succès et de profits. Le premier pas à faire, lorsqu'un plan judicieux est tracé, est de donner à la couche arable toute l'épaisseur qu'elle doit atteindre; ici deux moyens se présentent : défoncer de suite le sol à 8 ou 10 pouces, ou le faire d'année en année, en creusant de plus en plus à chaque labour, mais bien peu à chaque fois. Le

premier de ces deux modes est et sera toujours le meilleur, si l'on peut disposer d'une masse considérable
de fumier : placé dans d'autres conditions et ramenant
dans la couche arable des terres qui n'auraient jamais
reçu d'engrais, ni les influences bénigues de l'air,
on se condamnerait à ne faire que de fort mauvaises
récoltes pendant assez long-temps, tandis que ne
creusant que peu à peu, on finit par obtenir l'amélioration, sans avoir diminué le produit de chaque année. Ainsi, partout ou l'engrais sera commun, défoncer
de suite; ailleurs, le faire peu à peu. Dans un grand
nombre de contrées que nous connaissons, et au milieu d'un sol argilo-calcaire assez riche, sol qui le deviendrait bien davantage par une bonne culture, nous
n'avons jamais vu la charrue descendre à plus de 5
pouces et cela bien à tort. La règle que nous venons de
poser, de défoncer à 8 ou 10 pouces, n'a que quelques
rares exceptions, qui se rencontrent encore moins en
France que partout ailleurs; nous voulons parler des
terrains magnésiens.

Les autres améliorations de culture, sont le marnage, le chaulage, l'irrigation, les fumages énergiques,
ce qui nécessite une production d'engrais suffisante, et
par conséquent l'élève des animaux domestiques; de
fréquens labours, sarclages et binages, l'écobuage
dans certains terrains et dans certaines circonstances;
enfin par dessus tout, la succession bien entendue des
cultures, améliorant le sol au lieu de l'épuiser, le nettoyant au lieu de le salir; cette dernière recomman-
dation, comme nous l'avons dit au début de cet article,
est de toutes la plus importante.

VI. Du mobilier. Nous ne parlerons ici que des instrumens agricoles et particulièrement de la machine
à battre, de celles à concasser l'avoine, à couper la
paille, à diviser les racines. Les autres ont été décrits
fort longuement dans les divers livres de la collection,
et surtout dans celui du *Cultivateur*.

La machine à battre est appellée à rendre d'immenses services à l'agriculture. Avec elle, on obtient
rapidité de battage, production plus considérable de

grains et diminution notable de dépense. Les fermes, d'une certaine importance, ne peuvent s'en passer, et l'on devrait en trouver au moins une dans chaque village; c'est ce qui se remarque dans un petit coin de la Bourgogne, où presque chaque commune possède une machine de ce genre. Nous en avons employé de plusieurs systèmes, et celle qui nous a satisfait complètement, sortait des ateliers de MM. de Raffin, à Nevers, département de la Nièvre.

La machine à concasser l'avoine peut diminuer d'un quart et même d'un tiers l'emploi de cette céréale pour l'alimentation des chevaux, tout en en rendant l'effet plus sûr et plus grand. *Le hache-paille* permet de mêler aux racines ou à l'avoine concassée, des fragmens de paille ou de foin, et de donner la nourriture sous forme de *masches*. Nous croyons qu'en employant ce mode de nourriture, on obtiendra le *maximum* d'effet des alimens offerts à l'animal. C'est du reste ce que nous avons expérimenté. Nous ne dirons rien du *coupe-racine*, instrument indispensable dans une ferme; nous préférons celui à *disque* à tous les autres. Nous ne ferons que rappeler parmi les instrumens les moins connus, *l'extirpateur, la houe à cheval, le butteur, les scarificateurs*, etc. On trouvera sur eux tous, de longues descriptions dans *le Livre du Cultivateur.*

CHAPITRE IV.

DE LA COMPTABILITÉ.

S'il est aujourd'hui quelque chose d'admis par les agronomes, c'est sans contredit la nécessité d'une comptabilité régulière et suffisamment détaillée. Sans elle, on ne peut en effet se rendre compte des béné-

fices et des pertes, des produits et des travaux, des recettes et des dépenses. La difficulté est donc moins de
faire sentir que sans comptes en règles, la culture
n'est autre chose qu'une nuit profonde, au milieu de
laquelle on marche et on vit sans savoir comment, que
de trouver un mode de comptabilité, à la fois satisfaisant et peu difficile; il doit surtout demander peu de
temps pour être mis au net.

La plupart des hommes savans qui nous ont tracés
les règles, que l'on regarde comme les meilleures, ont
vivement insisté sur l'adoption de la comptabilité en
partie double; obéissant à l'autorité de leur nom,
nous avons d'abord suivi leurs prescriptions, mais
bientôt il fut avéré pour nous que rien ne demandait
plus d'étude que ce mode. L'obligation de passer telle
ou telle chose à tel ou tel article, n'est point facile à
apprécier pour l'homme qui ne fait pas état de la profession de teneur de livre. Les plus petites erreurs for-
cent, dans ce système de comptabilité, à faire des recherches immenses et fort longues. Nous ne nierons
pas le résultat parfait que l'on obtient en tenant les
livres ainsi; nulle erreur n'est possible, et l'on peut
à chaque instant vérifier l'état des recettes et des dépenses, des profits ou des pertes. Mais cette exactitude scrupuleuse, est-elle tellement nécessaire sur une
exploitation, qu'il faille l'acheter par un travail considérable ou même par l'emploi continuel d'un agent
spécial, ce qui augmenterait beaucoup les dépenses?
A cette question, nous répondrons non, car des erreurs assez faibles pour échapper par l'emploi de
moyens plus simples, ont si peu de valeur, qu'elles ne
peuvent apporter aucune différence importante dans
les évaluations. Nous ne conseillerons donc l'emploi
de la comptabilité en parties doubles, que dans les
fermes d'une grande étendue et d'une importance majeure; en effet, si les écritures à passer sont assez
considérables pour occuper un commis, il est sûr qu'il
vaut mieux lui faire adopter ce que l'on regarde
comme la méthode la plus exacte. Nous allons, en peu
de mots, dire quel était le système que nous avions

adopté, et nous ajouterons que nous sommes heureux de nous trouver d'accord sur une grande quantité de points avec un de nos jeunes agronomes les plus distingués que la mort a ravi l'année dernière à la science agricole qu'il honorait et éclairait.

La nécessité d'un *inventaire* se fait d'abord sentir aussitôt après la prise de possession; il doit être très détaillé et placé dans un registre spécial. Il devra comprendre tout ce qui existe sur la ferme en objets mobiliers; et ici nous irons très loin, car nous considérons comme tel, non seulement l'argent, les produits obtenus du sol, les animaux de rente et de travail, les instrumens aratoires, le mobilier de la ferme, etc., mais encore les engrais en terre, les façons données aux terres et qui doivent profiter aux récoltes à semer ou à planter, enfin ces mêmes récoltes sur pieds ou seulement confiées au sol. Chacune de ces matières occupera dans l'inventaire tout l'espace nécessaire, pour qu'aucun détail ne manque, et elles se placeront en groupes et en divers chapitres. Un résumé sera établi à la suite du détail de l'inventaire et comprendra, outre les titres et les valeurs des chapitres, ceux de quelques groupes qui serviront de subdivisions et dans lesquels chaque objet trouvera sa place naturelle. Dans l'inventaire, une valeur approximative et aussi vraie que possible, doit être donnée à tout ce qui s'y trouve placé. L'inventaire doit être renouvelé tous les ans, et écrit dans le même livre, à la suite du dernier fait; puis on fera la balance entre les deux années.

Le premier livre à établir doit être celui du *journal*; il doit être le répertoire général de toutes les opérations de l'exploitation, et l'on ajoute à son intérêt, en plaçant au commencement de l'espace réservé à chaque jour, les observations météorologiques de la journée, ou si l'on aime mieux, celles qui résulte de l'examen du thermomètre, du baromètre, de la direction générale des vents et de l'état de l'atmosphère. Ce livre doit être tenu par le maître lui-même. Il sera divisé en 3 colonnes. La première recevra le nom de l'objet auquel se rapporte l'observation ; la seconde colonne beaucoup plus large que les autres, s'ouvrira pour l'explication et les indications détaillées de l'opération et de la chose ; la troisième sera destinée à inscrire le nom qui donne ou reçoit le premier ou l'action du ou des premiers.

Ici nous devons faire observer qu'il n'est pas d'opération qui ne donne lieu, en comptabilité, à écrire au moins sur deux comptes différens. Si par exemple les pommes de terre reçoivent un binage à la main, il est certain qu'il faut dire que les pommes de terre ont reçu et que les manouvriers ont donné; ou si l'on veut encore : il meurt une vache, le corps sert à créer une verminière, sa peau entre en magasin pour être vendue, ainsi que ses cornes, quelques uns de ses os, etc. Il faudra ici porter la perte de la vache, au compte qui est consacré aux animaux de même espèce, la chair à celui de la basse-cour et les autres produits au compte de magasin. Le journal renfermera, soit dans une quatrième colonne, soit à la fin de chaque journée, les observations que le fermier jugera convenable d'enregistrer sur sa culture, ou sur tout autre objet qui peut y avoir rapport.

Aux deux livres que je viens de décrire, je ne joignais que des livres auxiliaires, en grand nombre il est vrai, mais cependant d'une grande utilité. Un chiffre et quelques mots fort courts, suffisaient dans ce cas pour l'enregistrement d'une opération ou d'un produit

Dire ici le nom de tous ces petits registres, est chose d'une médiocre nécessité, parce qu'ils doivent varier suivant le système de culture. Ils sont, au reste, susceptibles de se subdiviser à l'infini ou de se réunir plusieurs ensemble, suivant qu'une branche de l'exploitation prend plus ou moins d'importance.

Nous allons cependant dire quels étaient les principaux d'entr'eux, parce qu'ils doivent se retrouver dans presque toutes les fermes. *Livre de caisse;* une partie de celui-ci était consacré aux *effets à recevoir,* toujours peu nombreux dans les transactions agricoles. —*Livre des instrumens aratoires;* je n'y comprenais que les instrumens qui se répartissent pour leur acquisition, leur remplacement et leur emploi sur les diverses cultures. — *Livre de dépenses de ménage;* j'avais placé dans celui-ci, ce qui regardait le mobilier du ménage et les frais de culture du jardin. — *Livre des employés de la ferme;* celui-ci était distribué en autant de compte courant qu'il existait d'employés : chacun de ces comptes était par *doit* et *avoir.* — *Livre des animaux de travail.* — *Livre des animaux de rente.* — *Livre des engrais et amendemens.* — *Livre des denrées en magasin :* chacune de celles-ci avait son compte spécial. — *Livre du compte d'améliorations foncières :* celles-ci ne sont pas applicables sur le capital d'exploitation, mais sur celui du fonds; elles sont rarement le fait du fermier; nous avons cru cependant devoir l'indiquer, parce que le propriétaire peut lui-même exploiter et qu'il est alors urgent pour lui de se rendre compte de ses dépenses et de ses profits. Tous ces comptes étaient en partie double, car, divisés ainsi, ils me demandaient très peu de besogne. Avec ces divers livres et quelques autres que des spécialités de culture me forçait de tenir, j'avais fait relier et rayer un grand registre de 13 feuillets; chaque mois occupait un folio et un verso, sur l'un était le *doit* et sur l'autre l'*avoir.* Dans le travers il était fait autant de lignes que le mois renfermait de jours; puis d'autres lignes perpendiculaires aux premières, divisaient chaque page en autant de colonnes que je possédais de livres auxiliaires, et les titres de chacune indiquait l'origine des chiffres qu'elles contenaient. Au fur et à mesure que je portais le relevé quotidien du journal sur les livres auxiliaires, je donnais une valeur au report, et j'additionnais ensemble toutes les dépenses portées dans un des livres, puis les profits transcrits sur le même livre et les résultats de mes deux additions étaient portés en *doit* et en *avoir,* dans les colonnes qui leur appartenait dans mon *Livre général,* ayant soin de les établir sur la ligne du jour, pendant lequel ils avaient été opérés. A la fin du mois, ma balance était bien facile à établir, et celle de fin d'année ne présentait aucune difficulté. Il est nécessaire lorsque l'on emploie le mode que je viens de décrire, de se faire un tarif pour trouver de suite la valeur de chaque chose ou de chaque opération. Ce tarif est très facile à établir. Nous ne pouvons en donner ici le moyen, parce que cela nous demanderait un grand développement et qu'il nous reste trop peu de place. Nous dirons seulement que l'on donne à chaque chose dans ce tarif, sa valeur réelle et que l'on change de suite tous les prix qui ont variés, ce qu'il est fort aisé de savoir.

Il est encore deux genres de livres fort importans dans la comptabilité et la direction d'une exploitation. Le premier est un *Livre d'assolement;* sur chacune des pages de celui-ci, se trouve une des soles de la rotation, et l'on indique par des signes conventionnels, quels sont les cultures, les engrais et les semis ou plantations reçus par elle. Cette sole sera divisée en autant de planches ou de billons qu'elle en renfermera. Si elle était trop étendue, on la mettrait sur plusieurs pages, indiquant par des signes le rapport qui existe entre chaque portion. Sur chaque pièce, ou mieux sur chaque planche, on placera le chiffre indicatif de sa contenance. Un livre ainsi disposé, est d'un immense secours pour les opérations subséquentes; il est facile de l'établir, si les pièces sont régulières et si elles ne le sont pas, on recourrait au calque, opération fort rapide.

Le second genre de livre est celui des *Livrets.* Chaque employé de la ferme doit avoir le sien : en tête se trouveront inscrits les services que l'on exige de cet aide et les conventions intervenues entre le maître et le serviteur. Toutes les semaines ce livret sera arrêté, c'est-à-dire que l'on additionnera ce qui lui sera dû et ce qu'il aura reçu à compte; puis on établira la balance, on signera et on lui fera signer, s'il le peut. On ne lui remettra jamais rien sans l'inscrire de suite sur le livret, qui doit au reste, être la reproduction de son article au compte-courant, ce qui est dire assez que le compte de ce livret s'établira en partie double. On obvie par ces livrets à une foule de difficultés qui ne surviennent que trop souvent entre le fermier et ses agens.

Nous finirons en donnant à l'appui de ce que nous venons de dire, quelques paroles du savant M. de Dombasle. « Dans toute exploitation agricole un peu considérable, une comptabilité régulière est une condition sans laquelle on ne peut espérer tirer de la culture, tout le profit qu'on peut en attendre. » Nous avons dû nous restreindre beaucoup sur la matière importante qui vient de nous occuper ; nous renverrons donc nos lecteurs qui voudraient obtenir sur ces matières, des lumières complètes, aux ouvrages de M. de Dombasle, de Thaer, du baron de Crud, de M. Bella, de sir John Sinclair, de Pfulguer, du comte de Plancy et de M. Antoine, que nous avons déjà nommé.

Nous terminerons ici l'œuvre que nous nous étions proposée ; puisse-t-elle rendre quelques services à une science que nous avons long-temps étudiée et pratiquée ; puisse-t-elle surtout être approuvée par les hommes honorables, véritables amis du pays, qui nous ont guidés par leurs leçons et leurs exemples. Nous leur reportons tout le mérite que nous pouvons avoir acquis, et nous nous contenterons d'observer que parmi les préceptes indiqués par nous, il en est bien peu que nous n'ayons expérimentés. On peut donc regarder toute la suite de notre collection, comme le fruit de connaissances acquises par une pratique longue et une étude consciencieuse de la matière.

PARTIE DE LÉGISLATION.

Nous avons donné à la suite de chacun des livres de cette collection, un court extrait de la législation qui régit la matière. Nous continuerons à le faire à la fin de ce livre, qui n'est que le corollaire obligé de ceux qui l'ont précédé, renvoyant pour ce qui a déjà été dit, aux cinq premières parties de cette *Encyclopédie agricole*. Les matières ne formant point ici un tout homogène, mais bien une série de connaissances et de travaux différens, nous adopterons la distribution alphabétique.

Abeilles. Les ruches à miel sont immeubles par destination, lorsque le propriétaire du fonds les y a placées pour le service de l'exploitation du fonds. (Code civ. art. 524). Par aucune raison, il n'est permis de troubler les abeilles dans leurs courses et dans leurs travaux ; en conséquence, même en cas de saisie légitime, une ruche ne peut être déplacée que dans les mois de décembre, janvier et février. (Loi du 28 septembre 1791, 3ᵉ sect. art. 1ᵉʳ). Les ruches d'abeilles ne peuvent être saisies ni vendues pour contributions publiques, ni pour aucune cause de dettes, si ce n'est par celui qui les a vendues ou celui qui les a accordées à titre de cheptel ou autrement. (*Id*. art. 2). Les abeilles ne sont saisissables pour le paiement des contributions directes, que dans les temps déterminés par les lois sur les biens et usages ruraux. (Arrêté du gouvernement du 16 therm. an 8, art. 52).

Lorsqu'un essaim d'abeilles ou mouches à miel, est suivi par le propriétaire des ruches, il a le droit de le prendre partout, sans aucune permission des officiers de la justice, dans laquelle l'essaim s'est arrêté, quand même ce serait le ressort d'une autre juridiction que celle de sa demeure. (Pratique des terriers. Tome 3). Le propriétaire d'un essaim a le droit de le réclamer et de le ressaisir, tant qu'il n'a point cessé de le suivre, autrement, l'essaim appartient au propriétaire du terrain sur lequel il s'est fixé ; un essaim qu'on aperçoit en l'air et qui n'est pas suivi, appartient aussi à celui qui l'a aperçu et le suit. (Loi du 28 septembre 1791 , 3ᵉ sect. art. 4 et 5).

Acte authentique. L'acte authentique est celui qui a été reçu par officiers publics, ayant le droit d'instrumenter dans le lieu où l'acte a été rédigé et avec les solennités requises. (Code civ. 1317). L'acte qui n'est point authentique par l'incompétence ou l'incapacité de l'officier, ou par un défaut de forme, vaut comme écriture privée, s'il a été signé des parties. (*Id.* 1318). L'acte authentique fait pleine foi de la convention qu'il renferme entre les parties contractantes et leurs héritiers ou ayant cause. Néanmoins, en cas de plaintes en faux principal, l'exécution de l'acte argué de faux, sera suspendue par la mise en accusation, et en cas d'inscription de faux, faite incidemment, les tribunaux pourront, suivant les circonstances, suspendre provisoirement l'exécution de l'acte (*Id.* 1319). Les contre-lettres ne peuvent avoir leur effet qu'entre les parties contractantes ; elles n'ont point d'effet contre les tiers. (*Id.* 1321).

Acte sous seing privé. L'acte sous seing privé, reconnu par celui auquel on l'oppose, ou légalement tenu pour reconnu, a, entre ceux qui l'ont souscrit et entre leurs héritiers et ayant cause, la même foi que l'acte authentique. (Code civ. 1322). Celui auquel on oppose un acte sous seing privé, est obligé d'avouer ou de désavouer formellement son écriture ou sa signalure. Ses héritiers ou ayant cause, peuvent se contenter de déclarer qu'ils ne connaissent point l'écriture ou la signature de leur auteur. (*Id.* 1323). Dans le cas où la partie désavoue son écriture ou sa signature, et dans le cas où ses héritiers ou ayant cause, déclarent ne les point connaître, la vérification en est ordonnée en justice. (*Id.* 1324). Les actes sous seing privé qui contiennent des conventions signallagmatiques, ne sont valables qu'autant qu'ils ont été faits en autant d'originaux qu'il y a de parties ayant un intérêt distinct. Il suffit d'un original pour toutes les personnes ayant un même intérêt. Chaque original doit contenir la mention du nombre des originaux qui en ont été faits. Néanmoins, le défaut de mention que les originaux ont été faits doubles, triples, etc., ne peut être opposé par celui qui a exécuté de sa part la convention portée dans l'acte. (*Id.* 1325). Les actes sous seing privé, n'ont de date contre les tiers que du jour où ils ont été enregistrés, du jour de la mort de celui ou de l'un de ceux qui les ont souscrits, ou du jour où leur substance est constatée dans des actes dressés par des officiers publics, tels que procès verbaux de scellé ou d'inventaire. (*Id.* 1328).

Animaux morts : doivent être enfouis dans la journée à 1 mètre 33 centimètres (4 pieds) de profondeur dans le terrain du propriétaire ou dans le lieu désigné par le maire, à peine d'une amende de la valeur d'une journée de travail et des frais de transport et d'enfouissement. (Loi du 6 oct. 1791. art. 13.) Cette disposition, résultat de préjugés et d'ignorance devra être rapportée ou modifiée lors de la publication d'un nouveau code rural.

Bail. Le louage des choses est un contrat par lequel une des parties s'oblige à faire jouir l'autre d'une chose pendant un certain temps et moyennant un certain prix que celui-ci s'engage à payer. (Cod civ. art. 1709.) On appelle *bail à loyer*, celui des maisons et celui des meubles, *bail a ferme* celui des héritages ruraux et *bail à cheptel*, celui des animaux dont le profit se partage entre le propriétaire et celui à qui il les confie. (*Id*. 1710.) On peut louer par écrit ou verbalement. (*Id*. 1714.) Si le bail fait sans écrit n'a encore reçu aucune exécution, et que l'une des parties le nie, la preuve ne peut être reçue par témoins, quelque modique que soit le prix et quoiqu'on allègue qu'il y a eu des arrhes données; le serment peut seulement être déféré à celui qui nie le bail. (*Id*. 1715). S'il y a contestation sur le prix du bail verbal, dont l'exécution a commencé et qu'il n'existe point de quittance, le propriétaire est cru sur son serment, si mieux n'aime le locataire demander l'estimation par expert; elle est à sa charge si elle excède le prix qu'il a déclaré. (*Id*. 1716.) Le preneur a le droit de *sous-louer*, même de céder son bail à un autre, si cette faculté ne lui a pas été interdite; elle peut l'être pour le tout ou partie; la clause doit être énoncée. (*Id*. 1717.) Le bailleur est obligé, sans qu'il soit besoin d'aucune stipulation particulière, de livrer au preneur, la chose louée en bon état de réparation de toute espèce; de l'entretenir en état de servir à l'usage pour lequel elle a été louée; d'en faire jouir paisiblement le preneur pendant la durée du bail et d'y faire pendant toute ladite durée, toutes les réparations nécessaires autres que les locatives. (*Id*. 1719 et 1720.) Il est dû garantie au preneur pour tous les vices ou défauts de la chose louée qui en empêchent l'usage, quand même le bailleur ne les aurait pas connus lors du bail; s'il en résulte quelque perte pour le preneur, le bailleur est tenu de l'indemniser. (*Id*. 1721). Si la chose louée est détruite par cas fortuit, le bail est résilié de plein droit; si elle n'est détruite qu'en partie, le preneur peut suivant les circonstances, demander ou une diminution de prix ou la résiliation même du bail. Dans l'un et l'autre cas, il n'y a lieu à aucun dédommagement. (*Id*. 1722). Le bailleur ne peut pendant la durée du bail, changer la forme de la chose louée. (*Id*. 1723). Le bailleur n'est pas tenu de garantir le trouble qu'un tiers apporte à la jouissance par voies de fait, sans prétendre à aucun droit sur la chose louée, sauf au preneur, à poursuivre ledit tiers en son nom personnel. Si le trouble provient d'une action concernant la propriété du fonds, il a droit à une diminution proportionnée sur le prix de sa location, pourvu que le trouble ait été dénoncé au propriétaire. (*Id.* 1725 et 26). Le preneur doit user de la chose louée, en bon père de famille et suivant la destination convenue ou présumée, et payer le prix du bail aux termes convenus. (*Id.* 1728). S'il emploie la chose louée à un autre usage que la destination convenue, ou dont il résulte un dommage pour le bailleur, celui-ci peut, suivant les circonstances, faire résilier le bail. (*Id.* 1729). S'il a été fait un état des lieux, le preneur doit rendre la chose telle que la porte cet état, excepté ce qui a péri ou a été dégradé par vétusté ou force majeure. S'il n'a pas été fait d'état des lieux, le preneur est présumé les avoir reçus en bon état de réparations locatives, et doit les rendre tels, sauf la preuve contraire. (*Id.* 1730 et 31). Il répond des dégradations ou des pertes qui arrivent pendant sa jouissance, par sa faute, celles des personnes de sa maison ou de ses locataires. (*Id.* 1732 et 33). Si le bail a été fait sans écrit, l'une des parties ne peut donner congé à l'autre, qu'en observant les délais fixés par l'usage des lieux. (*Id.* 1736). Le bail écrit, cesse de plein droit à l'expiration du temps fixé, sans qu'il soit besoin de congé. (*Id.* 1737). Si à l'expiration, le preneur reste et est laissé en possession, il est censé les occuper aux mêmes conditions du bail, mais comme location verbale; il ne peut sortir des lieux, ni en être expulsé, qu'après un congé donné dans les délais accoutumés. (*Id.* 1738 et 39). Lorsqu'il y a un congé signifié, le preneur, quoiqu'il ait continué sa jouissance, ne peut invoquer la tacite réconduction. (*Id.* 1739). Dans le cas des deux articles précédents, la caution donnée pour le bail, ne s'étend pas aux obligations résultant de la prolongation. (*Id.* 1740). La location se résout, à défaut, par le bailleur et le preneur, d'accomplissement de leurs engagemens. (*Id.* 1741). La location n'est point résolue par la mort du bailleur, ni par celle du preneur.

19.

(*Id.* 1742). L'acquéreur d'une chose louée, ne peut expulser le fermier ou le locataire par bail, à moins que le bailleur ne se soit réservé ce droit par le bail, cas auquel, s'il n'a été fait aucune stipulation contraire, il doit en indemnité au locataire ou fermier s'il s'agit d'une maison, appartement ou boutique, une somme égale au prix du loyer pendant le temps accordé par l'usage, entre le congé et la sortie, et s'il s'agit de biens ruraux, le tiers du prix du bail, pour tout le temps qu'il reste à courir. Si le bail n'est pas fait par acte authentique ou n'a pas de date certaine, l'acquéreur n'est tenu d'aucuns dommages et intérêts. (*Id.* 1743, 44, 45, 46, 47 et 50). En cas d'éviction, le fermier ou locataire doit être averti au temps d'avance, usité dans le lieu, pour les congés. S'il s'agit de biens ruraux, il doit être prévenu au moins un an à l'avance. (*Id.* 1748). Le fermier ou locataire, ne peut être expulsé avant d'être payé des dommages et intérêts ci-dessus expliqués. (*Id.* 1749) L'acquéreur à pacte de rachat, ne peut user de la faculté d'expulser le preneur, jusqu'à ce que, par l'expiration du réméré, il devienne propriétaire incommutable. (*Id.* 1751). *Nous avons donné jusqu'ici les règles générales qui s'appliquent à toute espèce de baux, nous allons donner maintenant celles qui sont particulières aux baux à ferme.* Celui qui cultive sous la condition d'un partage de fruits avec le bailleur, ne peut souslouer, ni céder, si la faculté ne lui en a pas été accordée expressément par le bail. En cas de contravention, le propriétaire peut rentrer en jouissance, et le preneur est condamné aux dommages et intérêts résultant de l'inexécution du bail. (Code civ. 1763 et 64). Si dans un bail à ferme on donne aux fonds une contenance moindre ou plus grande, que celle qu'ils ont réellement, il n'y a lieu à augmentation ou diminution du prix pour le fermier, qu'autant que la différence est d'un 20ᵉ en plus ou en moins. Si la différence excède un 20ᵉ en plus, le fermier a le choix ou de fournir un supplément de prix ou de résilier le bail. (*Id.* 1765, 1618 et 19). Si le preneur d'un héritage rural ne le garnit pas de bestiaux et des ustensiles nécessaires à son exploitation, s'il en abandonne la culture ou ne cultive pas en bon père de famille, ou emploie la chose louée à un autre usage qu'à celui de sa destination, ou en général, n'exécute pas les clauses du bail, et qu'il en résulte un dommage pour le bailleur, celui-ci peut, suivant les circonstances, faire résilier le bail. En cas de résiliation par le fait du preneur, il est tenu des dommages-intérêts envers le bailleur. (*Id.* 1766 et 64). Tout preneur d'un bien rural, est tenu d'engranger dans les lieux à ce destinés par le bail. (*Id.* 1767). Le preneur est tenu d'avertir le propriétaire, des usurpations qui peuvent être commises sur les fonds, sous peine de tous dépens, dommages-intérêts. (*Id.* 1768). Si pendant la durée d'un bail fait pour plusieurs années, tout ou moitié d'une récolte est enlevé par cas fortuit, le fermier peut demander une remise du prix de sa location, s'il n'a pas été indemnisé par les récoltes précédentes; l'estimation de la remise n'a lieu qu'à la fin du bail et il se fait alors une compensation de toutes les années de jouissance. Le preneur peut toutefois être dispensé provisoirement de payer une partie du prix, en raison de la perte soufferte. (*Id.* 1769). Si le bail n'est que d'un an, le preneur est déchargé d'une portion proportionnelle du prix de sa location. Il ne peut prétendre aucune remise, si la perte est moindre de moitié. (*Id.* 1770). Le fermier ne peut obtenir de remise, lorsque la perte des fruits arrive après la récolte, à moins que le propriétaire ne se soit réservé par le bail, une partie de la récolte en nature; dans ce cas, il doit supporter sa part de la perte, à moins que le fermier ne soit en demeure de lui délivrer sa portion de récolte. Le fermier ne peut également demander une remise, lorsque la cause du dommage existait et était connue à l'époque du bail. (*Id.* 1771). Le preneur peut être chargé des cas fortuits par une stipulation expresse. Elle ne s'entend que des cas fortuits ordinaires, tels que feu du ciel, gelée ou coulure. Elle ne s'entend pas des cas fortuits extraordinaires, tels que les ravages de la guerre ou une inondation, auxquels le pays n'est pas ordinairement sujet, à moins que le preneur n'ait été chargé de tous ces cas fortuits prévus et imprévus. (*Id.* 1772 et 73). Le bail sans écrit d'un fonds rural, est censé fait pour le temps nécessaire au preneur, pour recueillir tous les fruits de l'héritage affermé ; ainsi le bail à ferme d'un pré, d'une vigne et autres fonds, dont les fruits se recueillent en entier dans le cours d'une année, est censé fait pour un an ; celui des terres labourables, lorsqu'elles se divisent par soles ou saisons, est censé fait pour autant d'années qu'il y a de soles. (*Id.* 1774.) Le bail des héritages ruraux, quoique fait sans écrit, cesse de plein droit à l'expiration du temps pour lequel il est censé fait, selon l'art. précédent. (*Id.* 1775). Si à l'expiration du bail écrit, le preneur reste ou est laissé en possession, il s'opère un nouveau bail comme il est dit en l'art. 1774. (*Id.* 1776). Le fermier sortant, doit laisser à celui qui lui succède dans la culture, les logemens convenables et autres facilités pour les travaux de l'année suivante, et réciproquement, le fermier entrant, doit procurer à celui qui sort, les mêmes avantages pour la consommation des fourrages et pour les récoltes à faire. Dans l'un et l'autre cas, on se conforme à l'usage des lieux. (*Id.* 1777). Le fermier sortant, doit aussi laisssr les pailles et engrais de l'année, s'il les a reçus lors de son entrée ; si même il ne les a pas reçus, le propriétaire peut les retenir suivant estimation. (*Id.* 1778).

BORNAGE. Tout propriétaire peut obliger son voisin au bornage de leurs propriétés contiguës. Le bornage se fait à frais communs. (Code civ. 646). Quiconque aura en tout ou en partie, comblé des fossés, détruit des clôtures, de quelques matériaux qu'elles soient faites, coupé ou arraché des haies vives ou sèches : quiconque aura déplacé ou supprimé des *bornes* ou *pieds corniers*, ou autres arbres plantés ou reconnus pour établir les limites entre divers héritages, sera puni d'un emprisonnement qui ne pourra être au dessous d'un mois, ni excéder une année, et d'une amende

égale au quart des restitutions et des dommages-intérêts, qui dans aucun cas ne pourra être au-dessous de
50 francs. (Code pén. 456).

CHANVRE ET LIN. Les routoirs dans lesquels on dépose ces végétaux, sont placés dans la troisième classe
des établissemens insalubres et comme tels, soumis à
l'autorisation du sous-préfet et à la surveillance de la
police municipale.

FROMAGES (Dépôts de). Ce que nous venons de dire
des routoirs, s'applique aussi aux dépôts de fromages.

IMPÔTS. L'impôt est proposé par le roi, voté par la
chambre des députés, puis par celle des pairs et enfin
sanctionné par le roi. La loi est ensuite envoyée au
préfet, qui la communique au conseil-général, ainsi
que l'indication du contingent auquel est taxé le département. Le conseil général le répartit entre les ar-
rondissemens et le conseil d'arrondissement entre les
communes. Dans chaque commune, ce travail de ré-
partition entre tous les propriétaires se fait par sept
répartiteurs, y compris le maire et l'adjoint. Deux des
répartiteurs doivent être domiciliés hors de la commune. La liste des répartiteurs est soumise au préfet
ou au sous-préfet, qui l'approuve ou la rejette en tout
ou en partie. Ils s'assemblent sur la convocation du
maire ou du plus ancien d'entre eux, et ne peuvent
prendre de délibération qu'au nombre de cinq au
moins. Tous les rôles doivent être confectionnés pour
le 1er décembre au plus tard, et remis immédiatement
au préfet pour être par lui arrêtés et rendus exécu-
toires. Le directeur fait passer à chaque contrôleur les
rôles des communes de sa division. Le contrôleur les
adresse aux maires, pour être publiés et remis au percepteur. Le maire doit faire afficher à la porte de la
maison commune, que le rôle est entre les mains du
percepteur. Cette affiche tient lieu de la publication
des rôles, et doit être placée le dimanche qui suit la
réception du rôle par le maire. Les états de sections et

matrices de rôle sont déposés au secrétariat de chaque commune, afin que chacun puisse en prendre connaissance et réclamer contre les erreurs que l'on aurait pu commettre dans les contenances, le classement et l'évaluation de leurs fonds. Le propriétaire n'a qu'un mois pour faire ses réclamations. Celles-ci sont de quatre espèces : demande en *décharge*, en *réduction*, en *remise*, en *modération*. La demande en décharge se fait quand l'impôt frappe un bien qui n'existe pas dans la commune ou qui appartient à un autre que le propriétaire taxé ; celle en réduction, quand la cotisation est trop élevée et qu'elle n'est point en rapport avec les autres cotisations de la commune. La remise et la modération tiennent plus à la bienfaisance et à l'humanité qu'à la justice distributive, et la quotité de l'allégement peut être subordonnée à la latitude du fonds de non valeur destiné à y pourvoir. L'impôt foncier se verse entre les mains du percepteur. Les percepteurs doivent résider dans la commune dont la perception leur est confiée, et s'ils ont la perception de plusieurs communes réunies, ils résident dans la commune qui est fixée par le préfet. (Inst. minist. du 7 therm. an 12). La cotisation de chaque contribuable est divisée en douze portions égales et payables de mois en mois; nul ne peut être contraint que pour les portions échues. (Loi du 3 frim. an 7.)

Lorsqu'un percepteur a plusieurs communes dans sa perception, il doit se transporter dans chacune d'elles, et indiquer le jour dans la feuille d'avertissement. Les percepteurs ne peuvent rien percevoir, qu'ils ne soient porteurs d'un rôle rendu exécutoire et publié. Le percepteur doit émarger en toutes lettres sur les rôles les sommes payées et en présence du contribuable, croiser les articles entièrement soldés. Il doit donner quittance des sommes reçues sur papier libre et sans frais. Cette quittance doit être à talon et extraite d'un registre à souche. Les percepteurs perdent le droit de poursuivre le contribuable s'ils ont laissé trois ans s'écouler depuis le jour où la contribution était exigible. Il en est de même si la poursuite est discontinuée pendant trois ans. On doit, aussitôt après la confection des rôles, faire remettre au contribuable un avertissement portant le montant de sa contribution, tant en principal qu'en centimes additionnels. Cet avertissement doit être remis par un homme assermenté, et il est touché pour son coût la somme fixe de 5 centimes. (Loi de finance, 25 mars 1817.) Deux sommations gratuites doivent d'abord être remises au rétardataire. Si elles restent sans effet, on emploie la contrainte et le garnisaire. Le porteur de contraintes prête serment et reçoit une commission signée du sous-préfet. C'est à ce dernier que s'adresse les plaintes que les contribuables peuvent avoir à faire contre le porteur de contraintes. C'est le percepteur qui envoie le porteur de contraintes. Les garnisaires sont choisis de préférence parmi les militaires. Le porteur de contraintes ou le garnisaire ne peut s'établir chez un contribuable que sur une réquisition du percepteur, adressée au contribuable. Celui-ci ne doit rien payer qu'entre les mains du percepteur. Il doit au porteur de contraintes ou garnisaire, établi chez lui, le logement et une place au feu commun. Le garnisaire ne peut rester plus de dix jours chez le débiteur. Si au bout de ce temps, le redevable ne s'est libéré, on lui fait un commandement à trois jours par ministère d'huissier. A défaut de paiement dans les trois jours, on peut saisir chez le contribuable. La saisie ne peut d'abord frapper que les récoltes, fruits, loyers et revenus. L'expropriation des immeubles n'est permise qu'à raison d'insuffisance des objets relatés ci-contre. On ne peut saisir pour non paiement des contributions et des frais de poursuites, les lits et vêtemens nécessaires au contribuable et à sa famille; les outils, chevaux, mulets, bœufs et autres bêtes de somme servant au labour; les charrues, charrettes, ustensiles et instrumens aratoires, les harnais de bêtes de labourage; on doit laisser une vache à lait, et à défaut de vache, une chèvre, ainsi que la quantité de graines nécessaires à l'ensemencement des terres. Le fermier ne peut être poursuivi que quand le propriétaire ne réside pas dans la commune.

Il ne peut être contraint au paiement des sommes dues qu'à l'époque fixée pour le solde de sa ferme.

Il est encore quelques impôts qui se joignent à la contribution foncière; les uns sont votés par les conseils-généraux, dans les limites fixées par la loi de finance ou approuvé par un vote spécial des trois pouvoirs. Les autres sont fixés par le conseil municipal, qui use dans ce cas du pouvoir que la loi d'attribution lui concède.

PARTIE HYGIÉNIQUE.

—

Nous allons passer en revue quatre des principales occupations des habitans de la campagne, occupations décrites et traitées dans le cours de ce volume. Comme quelques unes d'entre elles ont passé long-temps pour avoir une influence pernicieuse sur la santé de ceux qui s'y livraient, nous nous y arrêterons quelque peu, en raison toutefois de l'espace qui nous est donné.

Les observations de M. de RÉAUMUR ont beaucoup éclairé l'histoire anatomique et physiologique des abeilles; c'est surtout l'histoire anatomique, qui a pour nous de l'importance, à cause des accidens que ces insectes peuvent produire avec un organe qui leur est propre, nous voulons parler de l'*aiguillon*.

La base de l'aiguillon va se fixer à des écailles qui lui transmettent le mouvement; le fourreau qui enveloppe cet aiguillon, est lui-même mu par un muscle très puissant; c'est là que vient se terminer le conduit de la vésicule du venin. Cette vésicule parait, suivant M. de RÉAUMUR, douée de contractilité, puisqu'il l'a vue faire jaillir le venin, bien qu'elle vînt d'être arrachée avec l'aiguillon. Ce venin est liquide, incolore, d'une saveur acide, plus ou moins âcre, chaude, excitant la salivation; introduit sous la peau par des moyens mécaniques, il y détermine les mêmes effets que la piqûre elle-même, ce qui prouve que c'est moins à cette piqûre qu'au venin que l'on doit attribuer les accidens. Quelques différences dans tout cet appareil, suivant les espèces et les individus, ne doivent pas nous occuper ici. Mais la piqûre de l'abeille et le venin qu'elle injecte dans la blessure, a quelquefois donné lieu à des accidens graves; nous devons d'abord dire que ces accidens peuvent dépendre de circonstances toutes étrangères, comme, à la constitution de l'individu (*Idiosyncrasie*), à la disposition physiologique de l'insecte, à la nature de la partie blessée, à l'état de l'atmosphère, l'été par exemple, enfin au nombre de piqûres. Une jument placée avec son poulain, près d'un buisson, fait sortir par ses mouvemens un essaim de guêpes, qui les assaillirent et les firent périr sur place. (*Guerry Champneuf*). Un jardinier de Nancy, ayant mordu dans une pomme où se trouvait une guêpe, fut piqué au voile du palais, et périt suffoqué. (*Gazette de Santé*). Une jeune fille fut blessée par une guêpe auprès de l'oreille droite, gonflement à toute la tête, suivi de la formation d'un abcès. (*Fabria de Hilden*). Chez un autre sujet, l'inflammation se termina par gangrène. (*Id.*) Chez une femme piquée à la main, il y eut fièvre, délire, vomissemens; la chaleur dans ce dernier cas était étouffante. En un mot, sans multiplier les exemples, la piqûre des abeilles ne doit pas être méprisée, et comme on n'est pas à même de juger des circonstances qui peuvent la rendre dangereuse, on ne devra pas négliger les moyens d'y apporter remède le plus promptement possible.

Quoiqu'il en soit, et bien qu'en général cette piqûre mérite à peine l'attention, on aura recours pour dissiper l'enflure, aux moyens suivans : on fera des lotions avec de l'ammoniaque liquide, de l'eau de Goulard, de l'eau salée; le vinaigre, le jus de diverses plantes, de persil, de mauve, les onctions huileuses, ont aussi amené une guérison rapide; dans des cas où les piqûres étaient très nombreuses, on s'est servi avec succès de chaux vive dont on a frotté toutes les parties malades. Mais une circonstance importante est l'extraction de l'aiguillon; il n'est pas inutile de dire qu'en raison de la disposition dentelée des lames qui composent cette arme, elle est laissée dans la plaie avec une partie des intestins de l'abeille, si cette dernière chassée brusquement, n'a pas eu le temps de la dégager. Il faut alors se hâter de couper ce qui reste en dehors de la plaie, en évitant de comprimer la poche du venin, et d'en faire pénétrer dans la blessure. On procède ensuite à l'extraction de l'aiguillon, et on lave la plaie avec de l'eau vinaigrée, pour amortir la vigueur du poison. Une circonstance que nous nous hâtons de mentionner, c'est qu'une fois sa provision de venin épuisée, l'abeille ne produit plus de blessures. M. de RÉAUMUR prit une guêpe qui l'avait piqué, il la mit sur la main d'une autre personne qui n'en éprouva qu'une blessure légère, il la prit alors et voulut provoquer sur lui une troisième piqûre, elle fut très faible, et enfin il eut beau irriter l'animal, il ne put se faire piquer une quatrième fois.

Une opération de la plus haute importance par les discussions quelle a agitées, consiste dans le *rouissage du chanvre*, et les autres préparations qu'on fait subir à cette plante. Il importe d'éclaircir cette question, nous entrerons donc dans tous les détails qui nous seront nécessaires.

De tout temps les esprits scientifiques se sont occupés de ce sujet; des ordonnances anciennes proscrivent le rouissage comme étant pernicieux, non-seulement pour la santé de ceux qui l'exécutent, mais encore pour celle des villages avoisinant les routoirs. Les eaux où cette opération se pratiquait, surtout les eaux stagnantes, passaient pour avoir des propriétés délétères; on les considérait comme des poisons dangereux, donnant la mort aux poissons qui les habitaient, et pouvant produire sur l'homme des effets narcotiques et purgatifs. On poussait la crainte jusqu'à défendre le rouissage, même dans les eaux courantes, prétendant qu'elles pouvaient empoisonner les prairies, les plantes qu'elles arrosaient, et les rivières dans lesquelles elles allaient se jeter. Ici, on disait que les ouvriers occupés à arracher le chanvre, étaient pris d'éblouissemens, de maux de tête violens, et tombaient même sans connaissance. Là, que l'on se trouvait souvent incommodé de s'être baigné dans une rivière au dessous de l'endroit où l'on avait mis rouir le lin. Ailleurs, on prétendait que les exhalaisons fournies par le rouissage, étaient tellement pernicieuses, que si on les respirait pures, on tombait comme frappé de la foudre. *Ramazzini* s'exprimait ainsi à ce sujet : « Rien n'est plus connu que les dangers qui résultent de la macération du chanvre et du lin pendant l'automne, lorsque cette macération répand au loin une odeur infecte et nuisible. » Suivant cet auteur, les femmes qui se livraient à ce travail, mouraient de maladies de mauvaises nature. Enfin, d'autres savans allaient même jusqu'à attribuer au rouissage le développement de fièvres pestilentielles. Mais d'autres part, ces opinions formidables ne furent pas partagées par tout le monde.

En 1832, *M. Parent Duchâtelet* s'est occupé spécialement de ce sujet qui en méritait la peine. Nous ne pouvons mieux faire que d'analyser rapidement le travail de cet observateur distingué. Il a examiné la question sous les quatre points de vue suivans : 1° L'eau dans laquelle on fait rouir le chanvre, contracte-t-elle des propriétés malfaisantes et capables de nuire à la santé de ceux qui s'en servent comme boisson? 2° Cette eau nuit-elle aux poissons? 3° Le chanvre et ses préparations diverses agissent-ils à la manière des narcotiques et des purgatifs? 4° L'air chargé des émanations du chanvre, peut-il nuire à la santé de ceux qui le respirent? Pour résoudre ces quatre questions, *M. Parent Duchâtelet* a fait les expériences suivantes. 1° Il a fait macérer une forte proportion de chanvre parvenu à sa maturité, dans une moindre proportion d'eau, de manière que cette eau fut très fortement chargée du principe malfaisant en question; il en a nourri et abreuvé des animaux tels que oiseaux, cochons d'Inde, sans qu'ils en fussent aucunement incommodés. Mais ne pouvant conclure des animaux à l'homme, il a poussé le courage jusqu'à continuer ses expériences sur lui-même, pour s'assurer de l'effet que pouvait produire cette eau sur l'homme; cet effet a été complètement nul. Mais loin de s'en tenir là, *M. Parent Duchâte-*

lel recommença les mêmes expériences avec une macération de chanvre vert, qui acquiert, en raison de son peu de maturité, un prompt degré de putréfaction; les résultats ont été les mêmes. 2° Cette eau nuit-elle aux poissons? L'observateur dont nous parlons a prouvé que bien que cette eau soit nuisible aux poissons, elle ne l'est cependant pas plus que les macérations de choux des jardins, de foin ordinaire, et l'est beaucoup moins que les macérations de feuilles de saule, de peupliers et d'écorces vertes des arbres; il faut encore tenir compte d'autres circonstances qui peuvent influer sur la vie des poissons, et même l'opinion de ceux qui prétendent que ces animaux recherchent le chanvre et y trouvent un principe nutritif, n'est pas denuée de fondement. 3° Le chanvre de nos climats est une substance tout-à-fait inerte, et à laquelle on ne doit attribuer aucun effet purgatif ou narcotique. 4° Enfin, vient la question des émanations délétères du chanvre sec et celles plus putrides du chanvre vert; ici encore *M. Parent Duchâtelet* se prononce pour la négative; non, ces émanations ne sont pas nuisibles, elles n'agissent en aucune manière sur la santé de l'homme et des animaux; bien plus, elles sont impuissantes à rappeler les fièvres intermittentes chez ceux qui en ont déjà été atteints. Quelqu'extraordinaires que paraissent ces opinions, elles méritent cependant notre confiance, et le talent d'observation de M. Parent Duchâtelet, fait que nous devons nous ranger à sa manière de voir; nous devons ajouter qu'à l'époque où ces travaux étaient terminés, un autre médecin, *M. Giraudet,* de l'Allier, arrivait aux mêmes résultats sur le même sujet. Pour nous résumer, nous dirons que les influences fâcheuses que l'on a attribuées au chanvre roui, sont bien plutôt dues aux diverses localités où se fait ce rouissage et à la saison où l'on pratique cette opération. Ainsi, les marais, les fossés, la saison d'automne, voilà la cause des maladies. Les miasmes marécageux, toujours si nuisibles, produisent leurs ravages, pour ainsi dire d'une manière inaperçue, puisque leur présence ne nous est pas appréciable. On

les croira toujours innocens d'une épidémie dont on ne p
manquera pas d'accuser des agens plus perceptibles à
nos sens.

L'opération qui consiste à préparer le lin et le chanvre, à les dépouiller de leur écorce, à les carder n'est pas
aussi exempte d'inconvéniens. Nous en dirons quelques mots. Comme toutes les professions qui exposent
à respirer des poussières, celle-ci peut entraîner des accidens plus ou moins graves. C'est ainsi que les ouvriers qui s'y livrent, sont atteints d'une toux convul-
sive, due aux particules fines de chanvre qui pénètrent
dans les voies respiratoires, et finissent, suivant les
dispositions individuelles, par amener la pthysie pul-
monaire (*Ramazzini*).

Ils devront travailler dans des lieux vastes, aérés,
se mettre le dos au vent, se laver souvent le nez et la
bouche, et même au besoin, s'envelopper le visage
d'une gaze fine, qui empêchera l'abord de ces particules nuisibles.

Nous dirons maintenant quelques mots de l'*équarrissage*. Chacun est à même de juger de la santé floris-
sante des équarrisseurs; sans chercher à connaître les
causes de cet accroissement de forces vitales que l'on
observe également chez les bouchers et autres gens de
professions analogues, sans nous inquiéter si les chances de longévité sont plus favorables pour eux que
pour les autres artisans, qu'il nous suffise de savoir
que ceux qui travaillent les dépouilles des animaux
ne paraissent pas sensiblement affectés par les gaz fétides qu'ils respirent, et que même les maladies char-
bonneuses n'exercent pas sur eux de ravages, comme
on serait porté à le croire de prime-abord.

Il nous reste à parler de la fabrication des fromages,
nous aurons fort peu de choses à en dire. C'est d'ordinaire dans les pays de montages que l'on prépare ce
genre d'aliment, et nous ne sachons pas que les gens
qui se livrent à cette occupation, aient lieu de s'en
trouver incommodés. Les fromages vieux et qui ont

acquis des propriétés alcalescentes pourraient à la rigueur, en dégageant des vapeurs ammoniacales, déterminer chez ceux qui respireraient ces vapeurs, des ophtalmies ou des maux de gorge. Mais le seul inconvénient véritable à indiquer, consiste dans le froid et les variations de température auxquels on est exposé dans les hautes montagnes; pour éviter les effets fâcheux qui résulteraient d'un brusque refroidissement, on aura le soin d'être toujours convenablement vêtu. Ceci est important pour le montagnard qui, se livrant en général à un exercice plus violent que l'habitant des plaines, est plus exposé que ce dernier à avoir chaud et froid; or la suppression de la transpiration occasionne le plus souvent des imflammations de poitrine auxquelles le montagnard, à cause des hauteurs qu'il habite, est déjà prédisposé à l'avance.

PARTIE BIBLIOGRAPHIQUE.

1. — Ouresiphoïtes helveticus, seu Itinera per Helvetiæ alpinas regiones facta Scheuchzerio. Ann. 1702-1711. Leyde, 4 vol. in-4, avec 132 planches.

2. — William Marshall's *Rural economy* of Norfolk — of Yorskshire — of the Midland counties — of Glocestershire — of the West of England — of the Southern counties— Minutes, experiments, observations and remarks on agriculture in Southern counties. London, 1795-99, 14 vol. in-8.

3. — *Rural economy*, by Young. London, 1773, in-8.

4. — *La Maison des Champs*, ou Manuel du Cultivateur, etc., par Pfluguer. Paris, 1819, 4 vol. in-8, fig.

5. — *Essays on the Management of the dairy*, including the modern practice of the best districts in the manufacture of Cheese and Butter, by J. Twamley, Esq. London, 1816.

6. — *Recreations in agriculture*, by doctor Anderson. London, 1817.

7. — *Des associations rurales pour la fabrication du lait*, connues en Suisse sous le nom de fruitières, par M. de Lullin. Paris, 1812, in-8.

8. — *Précis d'expériences et observations sur les différentes espèces de lait*, etc., par MM. Parmentier et Deyeux. Strasbourg, an VII, in-8.

9. — *Art de faire le beurre et les meilleurs fromages*, par les agronomes qui s'en sont le plus occupés. Paris, 1828, 1 vol in-8.

10. — *Le livre de tous les ménages*, ou l'art de conserver pendant plusieurs années toutes les substances alimentaires, par M. APPERT. 4ᵉ édit. Paris, 1831, in-8.

11. — *Essai sur la culture du chanvre*, dans les départemens de l'Ouest de la France, par M. de LA TOUCHE. Paris, 1826, in-8.

12. — *Mémoire sur la culture du lin* et le genre d'industrie propre aux habitans de la campagne, par M. MARCELLIN-VE-TILLARD. Paris, 1829, in-8.

13. — *Recueil de Mémoires sur la culture et le rouissage du chanvre* et sur les moyens de prévenir les inconvéniens des routoirs. Lyon, 1787, in-8.

14.—*Traité du chanvre*, par MARCANDIER. Paris, 1795, in-12.

15. — *Portrait de la mouche à miel*, par Al. de MONTFORT. Liège, 1646, in-8, fig.

16. — *Histoire naturelle des abeilles*, par BAZIN. Paris, 1744, 2 vol. in-12.

17. —*Le gouvernement admirable* ou la république des abeilles, par J. SIMON. Paris, 1742, in-12.

18.—*Mémoires pour servir à l'histoire des insectes*, par M. de RÉAUMUR. Paris. 6 vol. in-4, 1734 à 1742.

19. — *Nouvelle construction des ruches de bois*, par PALTEAU. Metz, 1756, in-12, fig.

20. — J. MILLS's, *essay on the management of the bees.* London, 1766, in-8.

11. — *Histoire naturelle de la reine des abeilles*, par A. G. SCHIRACH. Tr. de l'all., par J. J. Blassière. La Haye, 1771, in-8, fig.

22. — *Culture des abeilles*, par DUCHET. Vevey, 1771, in-8.

23. — *Traité de l'éducation des abeilles*, par DUCARNE DE BLANGY. 2ᵉ édit. Paris, 1802, in-12.

24. — *A Treatise on management of the bees*, by Thom. WILDMAN. London, 1768, in-4.

25. — *A complete guide for management of the bees*, by DAN. WILDMAN. London, 1785, in-8, fig.

26. — *Traité sur les abeilles*, par Della Rocca. Paris, 1790, 3 vol. in-8, fig.

27. — *Nouvelles observations sur les abeilles*, par Fr. Huber. 2e édit. Genève, 1814, 2 vol. in-8, et un atlas.

28. — W. Kirby, *Monographia aptum*. London, 1801, 2 vol. in-8.

29. — *Manuel du propriétaire d'abeilles*, contenant les instructions pratiques les plus récentes pour soigner ces insectes, par M. Lombard. 6e édit. Paris, 1825, in-8, avec fig.

30. — *Méthode avantageuse de gouverner les abeilles*, par Dubost. Bourg, 1800, in-8, fig.

31. — *Ruche des bois*, ou moyen d'augmenter les abeilles et de mettre tout le monde dans la possibilité de tenir des ruches, par M. Fremiet. Dijon, 1827, in-8.

32. — *Traité complet théorique et pratique sur les abeilles*, par M. Féburier. Paris, 1810, in-8, fig.

33. — *Traité élémentaire et pratique sur le gouvernement des abeilles*, par Desormes. 2e édit. Paris, 1825, in-8, fig.

34. — *Administration de l'agriculture*, par M. le comte de Plancy. Paris, 1822, 1 vol. in-folio, avec 17 états en tableaux.

35. — *Mémoire sur le bornage*, ou la limitation des possessions rurales, par P. J. Amoreux.

36. — *Economie de l'agriculture*, par le baron de Crud. Paris, 1820, in-4.

37. — *Guide des propriétaires des biens ruraux affermés*, par M. de Gasparin. Paris, 1829, in-8.

38. — *Mémoires sur les attelages de vaches*, par M. de Lullin. Genève. 1826, in-8.

39. — *Principes raisonnés d'agriculture*, par M. Thaer, trad. de l'all., par le baron de Crud. Paris, 1829 à 1830, 4 vol. in-8.

40. — *Annales agricoles de Roville*, ou mélanges d'agriculture, d'économie rurale et de législation agricole, par M. de

DOMBASLE. Paris-Nancy, 1824 à 1837, 9 vol. in-8, avec un grand nombre de figures et de tableaux.

41. — *Annales de l'institut agronomique de Grignon.* Paris, 1828 à 1837, 6 vol. avec fig.

42. — *Cours complet d'agriculture théorique et pratique,* etc., ou Dictionnaire universel d'agriculture, par une société d'agriculteurs. Paris, 1785 à 1805, 12 vol. in-4, fig., y compris deux volumes de supplément.

Cet ouvrage est dû presqu'entièrement aux soins et au travail de M. l'abbé ROZIER, sous le nom duquel il est connu.

43. — *Nouveau cours complet d'agriculture théorique et pratique,* ou Dictionnaire raisonné et universel d'agriculture, rédigé par les membres de la section d'agriculture de l'Institut de France. Paris, 1821 à 1823, 16 vol. in-8, avec fig.

44. — *Cours complet d'agriculture,* ou Nouveau dictionnaire d'agriculture théorique et pratique, etc., rédigé par MM. le baron de MOROGUES, de MIRBEL, PAYEN et VATEL, sous la direction de M. VIVIEN. Paris, 1833 à 1838, 16 vol. in-8, avec fig.

45. — *Maison rustique du 19e siècle,* rédigée par une réunion d'agronomes et de praticiens, sous la direction de MM. B. de MERLIEUX, MALEPEYRE et BIXIO. Paris, 1834 à 1837, 4 grands vol. in-8 à 2 colonnes, avec plus de 2,000 figures.

Nous allons relater ici tous les journaux que nous avons nommés dans les diverses parties de notre *Encyclopédie agricole,* ou que nous avons omis.

1. — *Annales de l'agriculture française,* 3e série, par des membres de la société royale et centrale d'agriculture. Paraît tous les mois, 15 francs. Mme Huzard.

2. — *Le Cultivateur,* journal des progrès agricoles, mensuel ; donne par mois 4 feuilles in-8, avec gravures. 12 fr. par an, rue Taranne, n° 10.

3. — *Journal de l'agriculture pratique,* complémentaire de la Maison rustique du 19e siècle, quai aux Fleurs, n° 15.—12 fr. par an; mensuel.

4. — *Journal des haras*, des chasses et des courses, sous la direction de M. le comte de MONTENDRE; mensuel, fig., 40 fr. par an, rue du Bac, n° 104.

5. — *Bulletin des sucres français et étrangers*, publié par l'Agence agricole, rue Favart, n° 8. Paraît deux fois par mois, 10 fr. par an.

6. — *Annales de la société d'horticulture*. Mensuel, avec fig.; 15 fr. par an, rue Taranne, n° 12.

7. — *Annales de Flore et Pomone*, ou Journal des jardins et des champs, par une société de praticiens et d'amateurs; mensuel; sans figures, 7 fr. 50 c.; avec figures noires, 18 fr.; avec figures coloriées, 30 fr.; chez Rousselon, rue d'Anjou-Dauphine, n° 8.

FIN.

Table des Matières.

FIN DE LA TABLE.

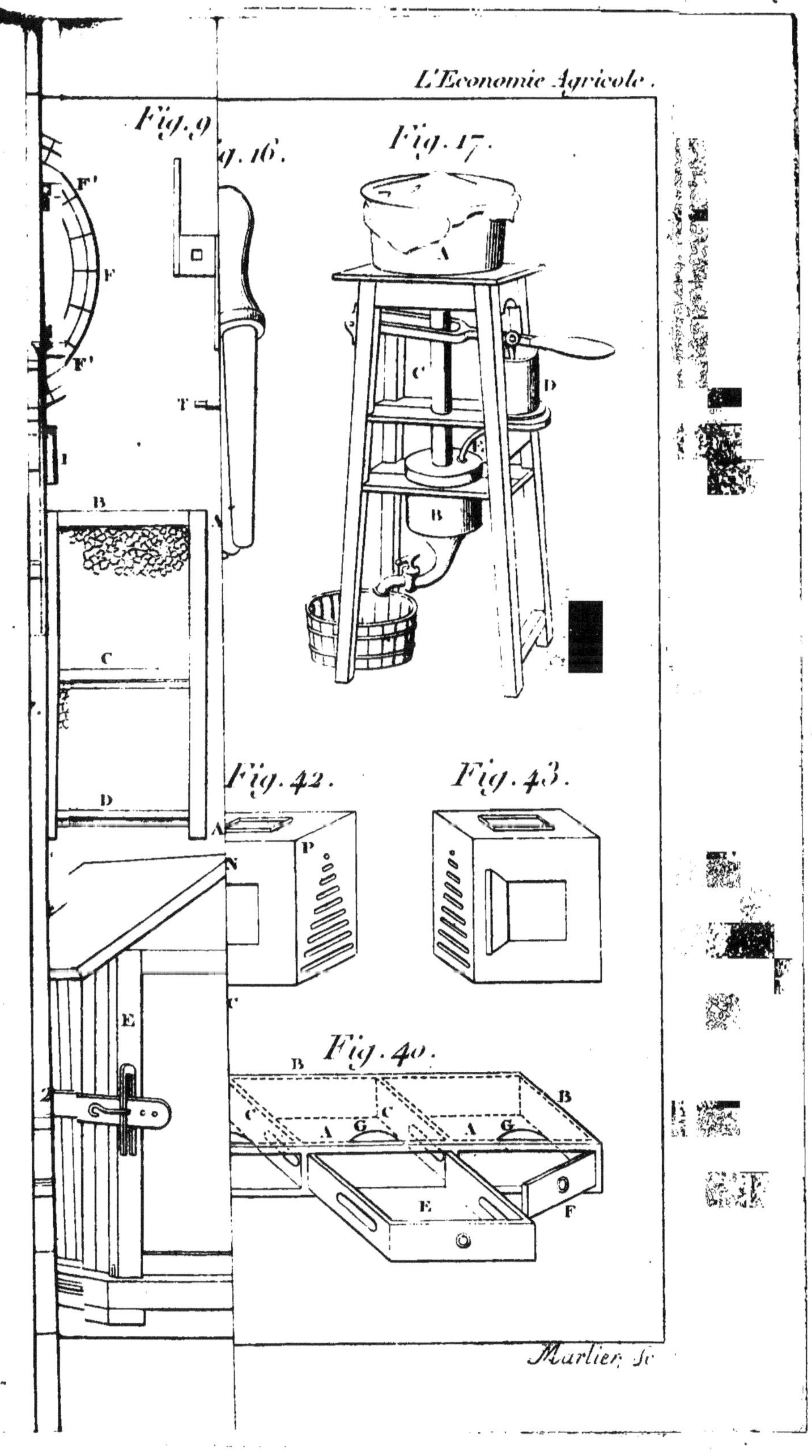
Fig. 9.
Fig. 16.
Fig. 17.
Fig. 42.
Fig. 43.
Fig. 40.
Marlier, Sc

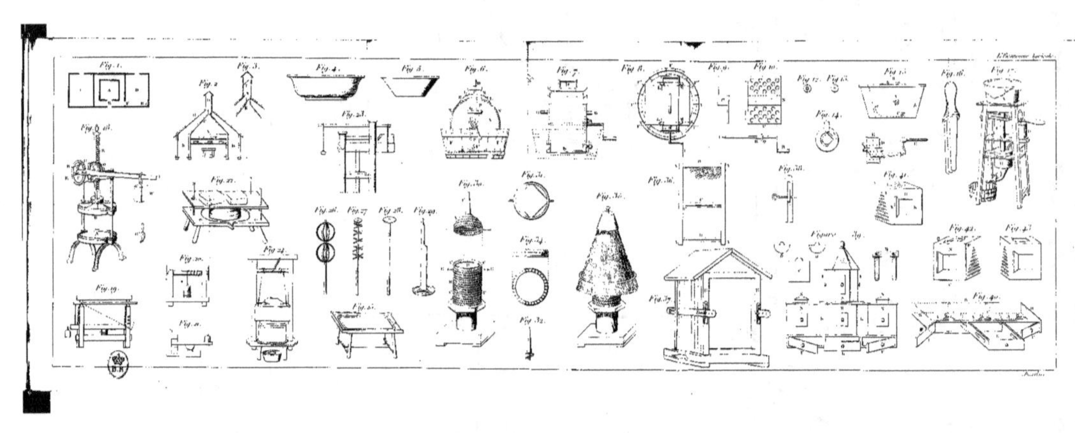